高等职业教育计算机类专业系列教材：项目/任务驱动模式

Web 前端开发任务式教程（HTML5+CSS3）（微课版）

主　编　刘培林　龙　浩　汪菊琴　许益成

参　编　李天祥　黄　翀　谭　畅　侯嘉越

主　审　杨文珺

電子工業出版社

Publishing House of Electronics Industry

北京 · BEIJING

内容简介

本书共10个模块，模块1～3介绍HTML知识，包括文件结构、开发环境和常用元素，如图像、音频、视频、超链接、表格、表单等元素的用法，完成了网页内容的设计。模块4～6介绍CSS基础知识，包括CSS语法、选择器和元素基本样式，重点介绍了元素的框模型和背景样式，基于图像背景和背景起点属性实现了图像精灵，完成了网页样式的初步设计。模块7～9介绍CSS3知识，包括定位、过渡、动画和布局的知识，基于定位、过渡和动画技术设计了轮播图像、菜单和幽灵按钮等典型网页效果，基于布局技术设计了常用网页布局，包括自适应响应式布局，完成了实用复杂网页和网页实用效果的设计。模块10为综合实训，仿照华为官网首页设计了一个网站首页，将全书内容进行了贯穿和升华，可用作课程配套的实训参考。

本书可作为应用型本科或高职专科网页基础课程的教材；也可作为前端开发技术人员的技术参考资料、培训用书或自学参考用书；还可以作为1+X认证《Web前端开发》的初级认证培训教材。

本书配有授课电子课件和源代码，需要的教师可登录华信教育资源网（https://www.hxedu.com.cn）免费注册、审核通过后下载。

未经许可，不得以任何方式复制或抄袭本书之部分或全部内容。
版权所有，侵权必究。

图书在版编目（CIP）数据

Web前端开发任务式教程：HTML5+CSS3：微课版 / 刘培林等主编. —北京：电子工业出版社，2024.4
ISBN 978-7-121-47847-5

Ⅰ. ①W… Ⅱ. ①刘… Ⅲ. ①超文本标记语言－程序设计－高等学校－教材②网页制作工具－高等学校－教材 Ⅳ. ①TP312.8②TP393.092.2

中国国家版本馆CIP数据核字（2024）第095150号

责任编辑：贺志洪
印　　刷：天津嘉恒印务有限公司
装　　订：天津嘉恒印务有限公司
出版发行：电子工业出版社
　　　　　北京市海淀区万寿路173信箱　邮编 100036
开　　本：787×1092　1/16　印张：16.75　字数：428.8千字
版　　次：2024年4月第1版
印　　次：2025年5月第2次印刷
定　　价：49.80元

凡所购买电子工业出版社图书有缺损问题，请向购买书店调换。若书店售缺，请与本社发行部联系，联系及邮购电话：（010）88254888，88258888。

质量投诉请发邮件至zlts@phei.com.cn，盗版侵权举报请发邮件至dbqq@phei.com.cn。

本书咨询联系方式：（010）88254609，hzh@phei.com.cn。

前言

随着互联网技术的发展，Web 技术越来越重要，教师希望讲好 Web，学生希望学会 Web，但是上好和学好 Web 却一直是一个痛点。学生普遍觉得学习 Web 很简单，但是学会很难；教师普遍觉得 Web 的知识点很多，可是上课却没什么内容可讲。那么，到底是什么原因导致了这种现象？

Web 知识点比较琐碎，又非常多，单个知识点学习非常容易，但是应用却非常灵活，解决真实问题具有难度。为了解决这一难点，本书从实践的角度来阐述 Web 技术，将 Web 琐碎的知识点精心组织设计为前端开发中 24 个典型的应用场景，并按照认知规律，基于学科模式组织为 9 个理论教学模块。让学生在画面中、情境中学习（学中做），真正掌握元素的用法和学会设计 Web 的样式；让教师在教学中转换角色，反转课堂教学，由教学主体转换为教学引导主体，将课堂转换为实践场所，使 Web 前端开发成为一门实践的课，在实践中完成教学（做中学）。为了进一步夯实教学效果，在最后一个模块仿照民族企业华为官网首页设计一个网站首页，贯穿全书知识点，实践全书技术点，深化教学效果。

本书理论教学建议 48 或 64 课时。48 课时按照每 2 课时 1 个任务实施教学，64 课时在每个模块理论学习结束增加 1 次实训课（模块 1 除外），完成模块的课后实践任务，进行任务拓展和能力提升训练。实训教学建议 1 周或 2 周，1 周建议参考本书最后一个模块做一个网站首页，2 周建议在首页的基础上增加内容页和用户管理的内容。全书内容充实、结构清晰、节奏明确，教与学都基于情境，非常适合实践。

为加快推进党的二十大精神进教材、进课堂、进头脑。在任务和示例设计中，介绍了大国工匠、中国高铁、中国桥梁等先进人物和先进技术，以及中国诗词、中国节日、新中国成立等历史文化知识，突出展示了社会主义核心价值体系的内核和中华优秀传统文化，牢固树立中国特色社会主义道路自信、理论自信、制度自信、文化自信，进一步增强学习贯彻的自觉性和坚定性。任务设计遵循软件项目开发规范，强调认知规律。在任务一开始就给出任务的要求和说明，对应软件项目的需求分析，符合带着问题学的认知规律；接下来讲授基本知识点，对应软件项目开发的技术分析，并针对知识重难点给出翔实的使用示例，方便知识点的掌握；最后基于知识点设计和实施任务，对应软件项目的设计与编码实现，升华知识点的学习，并培养创新精神。针对比较复杂的任务给出了测试运行步骤，对应软件项目的测试环节。每一个任务都较为完整地实践了软件项目的基本开发流程，潜移默化了职业素养培养。

本书由无锡职业技术学院刘培林、汪菊琴、徐州工业职业技术学院龙浩、台州职业技术学院许益成主编，由成都工贸职业技术学院（成都市技师学院）李天祥、中国船舶科学研究中心黄翀、中国电子科技集团公司第二十九研究所谭畅、无锡职业技术学院侯嘉越参编完成。全书由刘培林统稿，由无锡职业技术学院杨文珺主审。在编写过程中得到了编者所在单位领导和同事的帮助与大力支持，参考了一些优秀的前端设计书籍和网络资源，在此表示由衷的感谢。

由于编者水平所限，书中不足之处在所难免，欢迎广大读者批评指正。

编者

目　录

模块 1

Web 开发概述

本模块介绍前端开发的基础知识，包括 Web 标准、网页结构、网页开发环境，以及 HTML 元素及简单 HTML 元素的用法。

知识目标

1）了解 Web 标准的内涵。
2）掌握 HTML 文件的结构。
3）掌握注释、HTML 头部元素、常用简单元素、实体的用法。
4）掌握 HTML 元素通用属性的用法。
5）熟悉 HBuilderX 开发环境。

能力目标

1）能够使用 HBuilderX 开发环境创建 HTML 项目。
2）能够使用 HTML 元素设计简单网页。
3）能够书写格式规范的 HTML 文件。

任务 1.1 书写一封家信

书写一封家信

新的学期开始了，大家又回到了教室，请使用文本格式化元素设计一封书信，跟父母交流一下在学校的情况，具体要求如下。

1）首行顶格书写，加粗显示，以示尊重，正文斜体字书写，增加亲切感。
2）有签名和日期，且符合书信基本格式规范要求。

网页显示效果如图 1-1 所示。

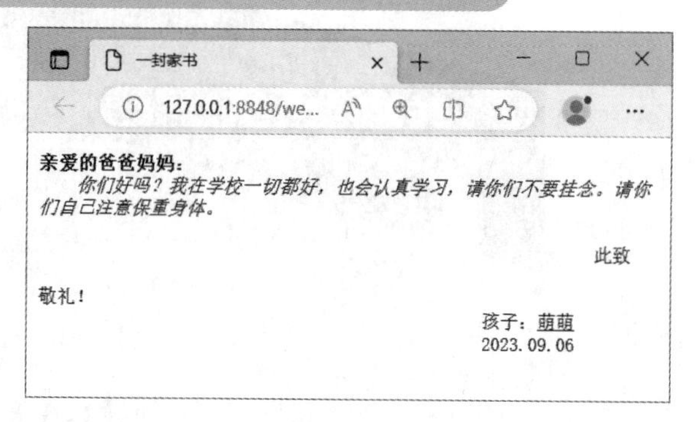

图 1-1　一封家信

Web 标准

1.1.1　Web 标准

Web 标准也即网页标准，是一个标准集合。一个网页一般包含结构（Structure）、表现（Presentation）和行为（Behavior）3 个组成部分，结构是网页展示的内容，表现是内容的呈现形式，行为是网页提供的功能，三者共同组成一个具有一定功能、以一定形式呈现的网页。对应这 3 个部分，有 3 类标准，共同组成 Web 标准。

1．结构标准

结构标准对应结构化标准语言，主要包括可扩展标记语言 XML（Extensible Markup Language）和可扩展超文本标记语言 XHTML（Extensible HyperText Markup Language）。XML 源于标准通用标记语言，是为了弥补超文本标记语言 HTML（Hyper Text Markup Language）的不足而设计的，以期用强大的扩展性来满足网络信息发布的需要。XHTML 是用 XML 规则对 HTML 进行扩展而得来的，实现了 HTML 向 XML 的过渡。但是，针对数量庞大的已有前端，直接采用 XML 还为时过早，目前 XML 主要用于网络数据的转换和说明，结构化标准语言主要使用 HTML 和 HTML5。

2．表现标准

表现标准对应层叠样式表 CSS（Cascading Style Sheets），是一种用来表现 HTML 或 XML 文件的计算机样式语言，用于对网页元素进行格式化，能够对网页中元素的大小和位置排版进行像素级的精确控制，支持几乎所有的字体和字号样式，主要有 CSS 和 CSS3 两个版本，CSS 定义元素的基本样式，CSS3 定义一些实用的新样式。

3．行为标准

行为标准主要指文档对象模型 DOM（Document Object Model），DOM 是万维网联盟 W3C 组织推荐的、处理可扩展标记语言的标准编程接口，是一种与平台和语言无关的应用网页接口 API（Application Programming Interface）。使用 DOM 能够动态地访问网页，更新网页内容、结构和文件风格，是一种基于树的 API 文件。

4．Web 标准的作用

Web 标准将网站建设从结构、表现和行为进行了分层，为网站重构、升级与维护带来了极大的方便。

1）结构化的开发模式使得代码重用和网站维护更为容易，降低了网站开发和维护的成本。

2）开发完毕的网站对用户和搜索引擎更加友好。

3）文件下载与网页显示速度更快，内容能被更广泛的设备访问。

4）数据符合标准，更容易被访问。

HTML 文件

1.1.2 HTML 文件

网页文件是 HTML 文件，HTML 是万维网的核心语言，是一种用于说明网页的标记语言，非编程语言，使用标签说明网页。最新版本是 HTML5，草案于 2008 年公布，正式规范于 2012 年由 W3C 宣布，根据 W3C 发言稿，HTML5 是开放 Web 网络平台的奠基石。

1．HTML 元素

（1）标签

标签是 HTML 语言中最基本的单位，是由尖括号（< >）包围起来的具有特殊含义的关键词，如<html>表示 HTML 文件。

标签通常成对出现，由标签开头和标签结尾组成。由尖括号括起来的关键词是标签开头，如<html>；标签开头加单斜杠“/”组成标签结尾，如标签开头<html>的标签结尾是</html>。

（2）标签对

HTML 标签对由标签开头、标签内容和标签结尾组成。标签内容可以是文本或标签对，如果是标签对，属于标签嵌套，嵌套层数不受限制，但是不能发生交错。图 1-2（a）为内容为文本内容标签，图 1-2（b）为内容为标签对的标签嵌套。

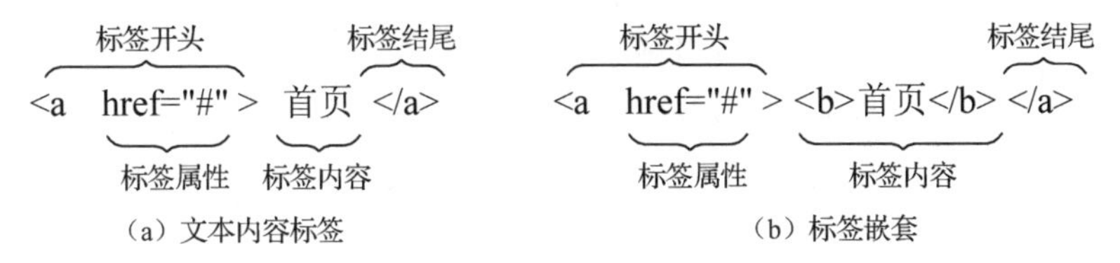

图 1-2 标签对组成

（3）单标签

部分标签没有标签结尾，称为单标签。规范的单标签必须用单斜杠“/”结束，但 HTML 并不严格检查单标签是否有“/”，往往缺少后也不影响网页显示效果，常用单标签有<img><meta><link>等。以下代码定义了<img>单标签。

```
<img src="img1.jpg" />
```

标签名不区分大小写，如<body>和<BODY>都表示网页体，HTML 中一般推荐使用小写标签名。

（4）HTML 元素定义

标签对和单标签统称为 HTML 元素，HTML 元素是一种语义化元素。

（5）HTML 元素的作用

根据元素的标签名就能判断出元素的内容和作用，有助于网页内容的阅读，具有以下作用。

1）元素的标签嵌套规范，能够清晰网页内容的层次结构。

2）元素的标签能够使网页内容更容易被搜索引擎收录。

3）元素的标签能够使屏幕阅读器更容易读出网页内容。

2. HTML 元素的属性

如果元素有属性，属性必须在 HTML 元素的标签开头中规定。属性规定了 HTML 元素的更多的信息，总是以“属性名/属性值”对的形式出现，如属性 src="img1.jpg"规定了 img 元素显示的图像的路径。多个属性之间用空格进行分割，属性值需要用引号引起来，建议使用双引号，也可以使用单引号。在某些特殊的情况下，如属性值本身含有双引号的情况，就必须使用单引号，例如，

```
<!-- 只能使用单引号 -->
<meta name='Bill "HelloWorld" Gates'/>
```

与 HTML 标签一样，属性名和属性值也不区分大小写，但是，W3C 在 HTML4 推荐标准中推荐小写的属性名和属性值。

3. HTML 文件的结构

HTML 文件遵循标记语言文件基本规范，是一种树形结构文件，由文件类型说明和 HTML 元素组成，规范的 HTML 文件结构如图 1-3 所示。

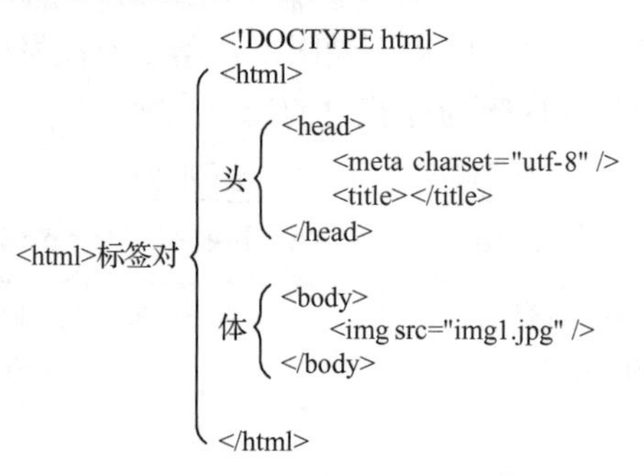

图 1-3　HTML 文件结构

其中，<!DOCTYPE html>是文件类型说明，表明文件的类型是 HTML5。

网页说明位于 HTML 元素中，由网页头和网页体两部分组成，网页头信息位于 head 元素中，用于说明网页的基本信息，如标题、字符格式、语言、兼容性、关键字、说明等，对外部样式文件的引用一般也放在网页头中。网页体位于 body 元素中，说明网页的可见内容。

HTML 文件对结构要求并不严谨，就显示而言，网页内容放在 body 元素之外，甚至 HTML 元素之外，往往也能正确显示。但是，这会带来网页编程时 DOM 节点查找的问题，建议养成良好的编程习惯，严格遵循 HTML 文件结构规范。

1.1.3　HTML 项目

概述 HBuilderX 编辑器

1. 编辑器概述

HTML 文件运行在浏览器中，常用的文本编辑器都可以用于开发 HTML 文件，但是，使用专用编辑器开发效率更高，主流编辑器包括 HBuilder、VSCode、Dreamweaver、Frontpage 等，本书使用 HBuilder 的下一代版本 HBuilderX。相较于 HBuilder，HBuilderX 功能更为强大，使用更为方便，具有如下优点。

1）轻巧极速：HBuilderX 编辑器是一个绿色压缩包，占用空间很小，较 HBuilder 的启动和编辑速度更快。

2）支持 markdown 编辑器和小网页开发，强化了 Vue 开发，开发体验更好。

3）具有强大的语法提示，拥有自主 IDE（Integrated Development Environment）语法分析引擎，对前端语言提供了准确的代码提示和转到定义（Alt+鼠标左键）操作。

4）开发界面清爽护眼，绿柔主题界面具有适合人眼长期观看的特点。

2. 安装 HBuilderX 编辑器

HBuilderX 编辑器不需要安装，下载 HBuilderX 压缩包以后直接解压缩，在解压缩后的目录中找到可执行文件 HBuilderX.exe，双击即可打开使用。HBuilderX 编辑器第一次使用后关闭时会提示创建桌面快捷方式，建议创建，以方便下一次使用。

创建与运行 HTML 项目

3. 创建与运行 HTML 项目

（1）创建基本 HTML 项目

在“文件（File）”菜单中单击“新建”→“项目”，打开“新建项目”窗口，如图 1-4 所示，选择项目模板“基本 HTML 项目”，单击“浏览”按钮选择项目存放路径，输入项目名称“ch1”，单击“创建(N)”按钮完成项目创建。

图 1-4　“新建项目”窗口——创建基本 HTML 项目

（2）编辑与运行 HTML 项目

项目创建完毕自动生成 HTML 项目结构和项目首页（index.html），并打开项目开发环境，如图 1-5 所示。左侧为项目结构窗口，显示项目的目录结构。中间为编辑窗口，选中的文件可以在该窗口进行编辑。右侧为内置浏览器窗口，文件保存后单击工具栏最右侧的“预览”按钮即可在该窗口中运行预览。第一次单击“预览”按钮时会提示安装内置浏览器插件，选择自动安装，安装完毕自动打开 Web 浏览器窗口，浏览器默认为“PC 模式”，也可以选择移动设备，单击“PC 模式”右侧的下拉按钮，打开移动设备选择列表，选定手机型号或 iPad 完成移动设备模式设置。也可以将保存好的文件运行到真实浏览器中，选择“运行（R）→运行到浏览器（B）→Edge”菜单项，即可将项目运行到 Edge 浏览器中。当然也可以运行到 Chrome、Firefox、IE 浏览器中，选择对应的浏览器即可。

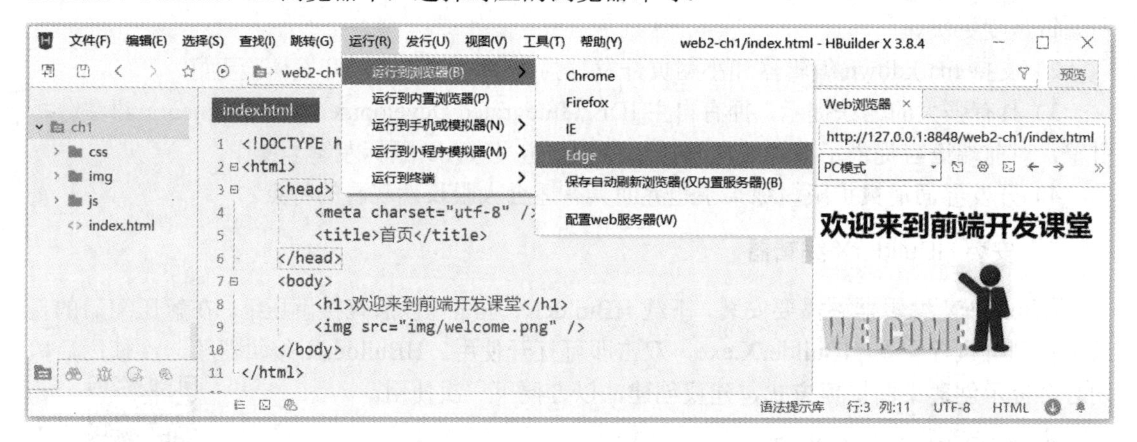

图 1-5　项目开发环境（HTML 项目工作窗口）

HTML 项目自动创建了 3 个目录和 1 个 HTML 文件。目录用于存放对应类型的文件，img 目录存放项目使用的媒体资源（例如图像），css 目录存放项目使用的样式文件，js 目录存放项目使用的脚本文件。index.html 静态网页文件是项目的默认首页和可执行文件，文件编辑以后必须手动保存才能运行查看编辑效果。

（3）创建其他文件

HBuilderX 编辑器创建文件非常方便，在“新建”窗口中选择文件类型和保存位置即可创建，也可以在项目指定位置右击，再选择文件类型创建。

1.1.4　文本格式化元素

文本格式化元素

HTML 定义了很多供格式化输出的元素，实现文本的格式输出，常用文本格式化元素如表 1-1 所示。

表 1-1　常用文本格式化元素

元　素　名	说　　明	元　素　名	说　　明
b	定义粗体文字	pre	定义预格式文字
big	定义大号文字	q	定义短的引用

续表

元素名	说明	元素名	说明
blockquote	定义长的引用	samp	定义计算机代码样本
cite	定义引用	small	定义小号文字
code	定义计算机代码文字	strong	定义语气更为强烈的强调文字
del	定义被删除文字	sup	定义上标文字
dfn	定义定义项目	sub	定义下标文字
em	定义强调文字	time	定义日期/时间
i	定义斜体文字	tt	定义打字机文字
ins	定义被插入文字	u	下画线

1.1.5　任务实现

任务 1.1 实现

1. 技术分析

本任务需要熟悉网页开发环境和 HTML 文件结构，并使用 HTML 文本格式化元素实现网页文字显示，涉及主要元素如下。

1）pre 元素，预格式化文字的对齐格式。

2）u 元素，设置文字的下画线。

3）i 元素，设置文字斜体显示。

4）b 元素，设置文字加粗显示。

2. 编码实现

新建 HTML 文件，编写代码如下。

```
<html>
        <head>
                <meta charset="utf-8">
                <title>一封家信</title>
        </head>
        <body>
                <pre>
<b>亲爱的爸爸妈妈：</b>
       <i>你们好吗？我在学校一切都好，也会认真学习，请你们不要挂念。请你
们自己注意保重身体。</i>

                                                    此致

敬礼！
                                        孩子：<u>萌萌</u>
                                        2023.09.06
                </pre>
        </body>
</html>
```

本任务为了确保文字格式是书信格式，元素对齐格式就没办法兼顾了。

任务 1.2 设计一个公告

设计一个公告

社团能够凝聚志同道合的同学，通过活动锻炼提升自己的能力。新的学期开始了，请为某羽毛球社团设计一个招新公告，展示社团的招新信息，具体要求如下。

1）公告标题和正文之间用水平线进行分隔，以清晰公告结构。

2）公告正文包括 3 个段落，其中第 3 个段落中报名的具体方式另起一行显示。

网页显示效果如图 1-6 所示。

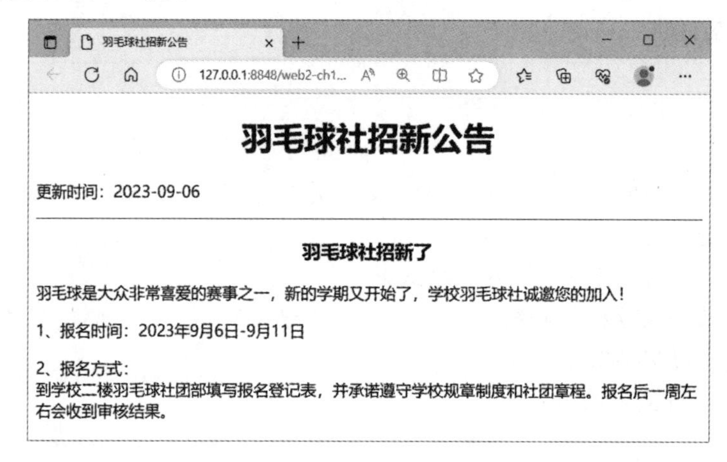

图 1-6　羽毛球社招新公告

1.2.1　HTML 注释

HTML 注释与头部元素

“<!--　-->”标签在 HTML 文件中用于插入注释，改善文件的可阅读性。注释内容放在短横线中间，以下代码定义一条注释。

```
<!-- 注释的内容 -->
```

单行和多行注释都使用该标签，有快捷操作方式，将待注释内容选中，同时按下【Ctrl】和斜杠（/）键能够快速注释选中的内容。

1.2.2　HTML 头部元素

创建 HTML 文件时默认自动添加 2 个头部元素，即 title 和 meta，这两个元素永远内嵌于 HTML 文件的 head 元素内。

1．title 元素

title 元素定义 HTML 文件的标题，以元素内容的形式进行定义，定义的标题通常显示在浏览器窗口的标题栏或状态栏上。以下代码定义 HTML 文件的标题为“首页”。

```
<title>首页</title>
```

2. meta 元素

meta 元素定义 HTML 文件的元信息，如针对搜索引擎和更新频度的说明、网页关键词等。该元素不包含任何内容，用属性定义文件元信息，是单标签，常用属性如表 1-2 所示。

表 1-2　meta 元素的常用属性

属 性 名	说 明
content	定义与 http-equiv 或 name 属性相关的文件元数据信息
http-equiv	把 content 属性的值关联到 HTTP 头部，为文件元数据信息提供属性名称，取值说明如下。 ● content-type：定义文件的类型 ● expires：定义文件的有效时间 ● refresh：定义文件的刷新时间 ● set-cookie：定义文件的 cookie ● charset：定义文件的编码类型
name	把 content 属性的值关联到一个名称，为文件元数据信息提供属性名称，常用取值说明如下。 ● author：定义文件的作者 ● description：定义文件的说明信息 ● keywords：定义文件的搜索关键词 ● generator：定义文件的公司信息 ● revised：定义文件的版本 ● others：定义文件的其他信息
scheme	定义翻译 content 属性值的字符串格式，取值为有效正则表达式

【例 1-1】文件元信息定义举例。

```
<!-- 定义文件的编码方式为 utf-8 -->
<meta http-equiv="charset" content="utf-8"/>
<!-- 定义文件的有效时间为 2023-9-30 -->
<meta http-equiv="expires" content="30 Sep 2023"/>
<!-- 定义文件的搜索引擎关键词为 HTML,JS,Vue -->
<meta name="keywords" content="HTML,JS,Vue"/>
<!-- 定义文件的类型为 text/html，是 HTML 文件的默认类型 -->
<meta http-equiv="content-type" content="text/html" />
<!-- 定义文件 5ms 后刷新，刷新后打开新网页 http://www.w3school.com.cn -->
<meta http-equiv="refresh" content="5;url=http://www.w3school.com.cn" />
```

文件编码方式元信息定义往往简写为 charset="utf-8"，使用默认模板生成的 HTML 文件会自动生成文件编码元数据信息，代码如下。

```
<meta charset="utf-8">
```

文件编码方式元信息定义不能省略，省略后网页运行容易出现乱码。

1.2.3 HTML 元素分类

HTML 元素分类

根据元素在网页中占用空间的属性，可以将 HTML 元素分为 3 种不同的类型，分别为块元素、内联块元素（又称行内块元素）和内联元素。

1）内联元素可以与其他内联或内联块元素显示在一行，且不能设定宽度与高度值。常用内联元素包括 a、span、i、em、strong、label、q、var、cite、code 等。

2）块元素独自占有一行，不能与其他元素共享行。在不设置宽度的情况下默认填满父元素的宽度。常用块元素包括 div、p、h1...h6、hr、ol、ul、dl、table、address、blockquote、form 等。

3）内联块元素兼具内联元素和块元素的特点，可以与其他内联或内联块元素在同一行显示，能够设置宽度和高度。常用内联块元素包括 img 和 input。

1.2.4 简单 HTML 元素

标题元素

1．标题元素

h1…h6 元素定义网页标题，h1 定义的标题最大，h6 定义的标题最小。标题元素是块元素，独占一行，浏览器会自动在标题的前后添加空行和进行文字换行。元素属性如表 1-3 所示。

表 1-3 h1…h6 元素的属性

属 性 名	说 明
align	规定元素中内容的对齐方式，取值说明如下。 ● left：左对齐，默认值 ● right：右对齐 ● center：居中对齐

h1…h6 元素的对齐属性（align）是块元素的通用属性，对所有块元素均有效。

【例 1-2】在 HTML 文件的 body 元素里书写标题元素并执行，查看网页显示效果，掌握标题元素的用法。标题元素代码如下。

```
<h1>标题 1</h1>
<h2>标题 2</h2>
<h3>标题 3</h3>
<h4>标题 4</h4>
<h5>标题 5</h5>
<h6>标题 6</h6>
```

网页显示效果如图 1-7 所示，由显示效果可见，标题元素数字越大，字号越小，默认标题左对齐，各级标题自动换行。

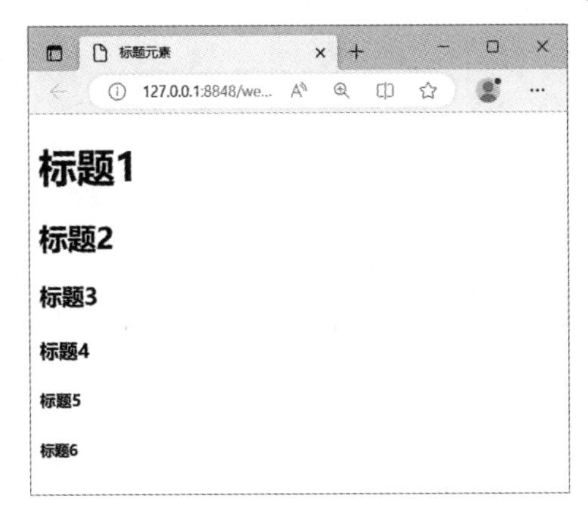

图 1-7　标题元素

水平线与换行元素

2. 水平线元素

hr 元素绘制一条水平线，元素属性如表 1-4 所示。

表 1-4　hr 元素的属性

属　性　名	说　　明
size	规定 hr 元素的高度，也即水平线的宽度，有默认值，为像素值（1 px）
width	规定 hr 元素的宽度，也即水平线的长度，可以是像素值（px），也可以是百分比（%）
color	规定水平线的颜色，取值为颜色名或十六进制颜色值

3. 换行元素

浏览器默认会忽略文字本身的换行，根据浏览器宽度显示尽可能多的文字。br 元素能够实现文字的换行，使内容另起一行显示，该元素是一个单标签元素。

【例 1-3】使用标题元素显示两个新闻标题，标题之间用水平线进行分割，第 2 个标题的两个内容之间用 br 元素进行换行，网页显示效果如图 1-8 所示。

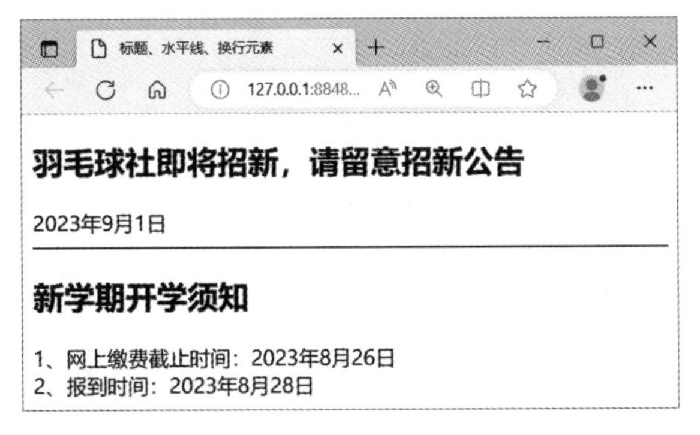

图 1-8　新闻概要信息显示

新建 HTML 文件，编写代码如下。

```
<html>
    <head>
        <meta charset="utf-8">
```

```
        <title>标题、水平线、换行元素</title>
    </head>
    <body>
        <h2>羽毛球社即将招新，请留意招新公告</h2>
        2023 年 9 月 1 日
        <hr color="blue">
        <h2>新学期开学须知</h2>
        1、网上缴费截止时间：2023 年 8 月 26 日
        <br>
        2、报到时间：2023 年 8 月 28 日
    </body>
</html>
```

4. 段落元素

段落元素

p 元素定义段落，段落的内容放在 p 元素的标签开头和标签结尾之间。浏览器会自动在段落的前后添加空行。

p 元素是块元素，与标题元素一样具有对齐属性align，属性取值较标题元素多一个 justify，表示调整右边距，实现文字的两端对齐。

【例 1-4】使用标题、段落和水平线元素显示一段新闻，新闻标题用 h1 元素，新闻时间和内容之间用水平线进行分隔，新闻时间和内容用段落元素定义，要求新闻内容两端对齐显示，网页效果如图 1-9 所示。

图 1-9 新闻显示

新建 HTML 文件，编写代码如下。

```
<html>
    <head>
        <meta charset="utf-8">
        <title>新闻信息</title>
    </head>
    <body>
        <!-- 新闻标题，居中显示 -->
        <h2 align="center">无锡职业技术学院成功入选……</h2>
        <!-- 新闻时间，居中显示  -->
        <p align="center">2019 年 12 月 18 日</p>
        <!-- 水平线 -->
        <hr>
```

```
        <!-- 新闻内容，两端对齐显示 -->
        <p align="justify">
            2019 年 12 月 18 日，教育部、财政部发文……
        </p>
    </body>
</html>
```

5. 分区元素

分区与无语义元素

div 元素定义 HTML 文件的分区，使文件分割为独立的不同部分，方便文件的按区操作。

6. 无语义元素

span 元素并没有特别的含义，因此也被称为无语义元素，常常被用来组合文字，以便组合后统一设置文字的样式。

【例 1-5】使用分区与无语义元素区分诗词的不同部分，清晰 HTML 文件的结构，网页显示效果如图 1-10 所示。

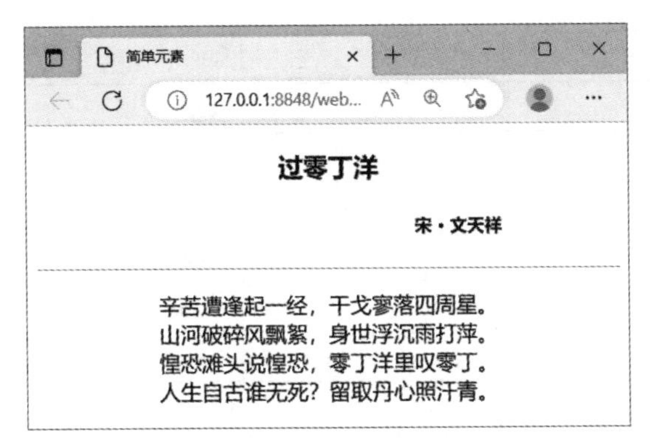

图 1-10 诗词显示

新建 HTML 文件，编写代码如下。

```
<html>
    <head>
        <meta charset="utf-8">
        <title>简单元素</title>
    </head>
    <body>
        <div align="center">
            <h3>过零丁洋</h3>
        </div>
        <div align="right" style="width: 80%;">
            <h5>宋 ・ 文天祥</h5>
        </div>
        <hr>
        <div align="center">
            <p>
                <span>辛苦遭逢起一经，干戈寥落四周星。</span><br />
```

```
                <span>山河破碎风飘絮，身世浮沉雨打萍。</span><br />
                <span>惶恐滩头说惶恐，零丁洋里叹零丁。</span><br />
                <span>人生自古谁无死？留取丹心照汗青。</span><br />
            </p>
        </div>
    </body>
</html>
```

1.2.5 字符实体

字符实体

在 HTML 文件中，有些字符具有特定的含义，属于预留字符。如果想要显示这些预留字符，就必须将其转换为字符实体，常用字符实体如表 1-5 所示。

表 1-5 常用字符实体

显示结果	实体说明	字符实体
	空格	
<	小于号	<
>	大于号	>
&	和号	&
"	引号	"
'	撇号	' (IE 浏览器不支持)
×	乘号	×
÷	除号	÷

【例 1-6】使用字符实体与元素显示 h1 元素的用法说明，网页显示效果如图 1-11 所示。

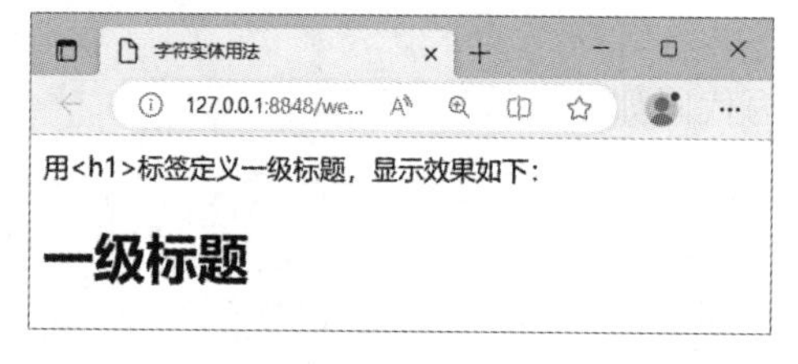

图 1-11 使用字符实体

新建 HTML 文件，编写代码如下。

```
<html>
    <head>
        <meta charset="utf-8">
        <title>字符实体用法</title>
    </head>
    <body>
        用&lt;h1&gt;标签定义一级标题，显示效果如下：<br>
        <h1>一级标题</h1>
    </body>
</html>
```

元素通用属性

1.2.6　元素的通用属性

属性能够定义元素的更多信息，每个元素根据功能不同具有专有的属性，所有元素还具有一些通用的属性，元素通用属性如表 1-6 所示。

表 1-6　元素通用属性

属　性　名	说　　明
accesskey	规定激活元素的快捷键
class	规定元素的一个或多个类名（引用样式表中的类）
id	规定元素的唯一 id
lang	规定元素内容使用的语言
style	规定元素的 CSS 样式
tabindex	规定元素的 tab 键次序
title	规定有关元素的额外信息
translate	规定是否应该翻译元素的内容

任务 1.2 实现

1.2.7　任务实现

1. 技术分析

本任务需要熟悉 HTML 基本元素的用法，涉及主要元素及其属性设置如下。

1）标题元素 h1 和 h3 的用法，块元素的对齐属性 align。

2）水平线元素 hr 的用法，水平线宽度用 size 属性进行设置。

3）p 元素定义文字段落，br 元素设置换行。

2. 编码实现

新建 HTML 文件，编写代码如下。

```
<html>
    <head>
        <meta charset="utf-8">
        <title>羽毛球社招新公告</title>
    </head>
    <body>
        <div>
            <!-- 公告标题 -->
            <h1 align="center">羽毛球社招新公告</h1>
            <p>更新时间：2023-09-06</p>
            <hr size="1" color="blue" />
            <h3 align=" center">羽毛球社招新了</h3>
            <p>羽毛球是大众非常喜爱的赛事……</p>
            <p>1、报名时间：2023 年 9 月 6 日-9 月 11 日</p>
```

```
            <p>2、报名方式：<br />
                到学校二楼羽毛球社团部……
            </p>
        </div>
    </body>
</html>
```

模块小结 1

模块 1 小结

本模块用 2 个任务介绍了 HTML 项目的创建方法和简单 HTML 元素的用法，知识点总结如图 1-12 所示。

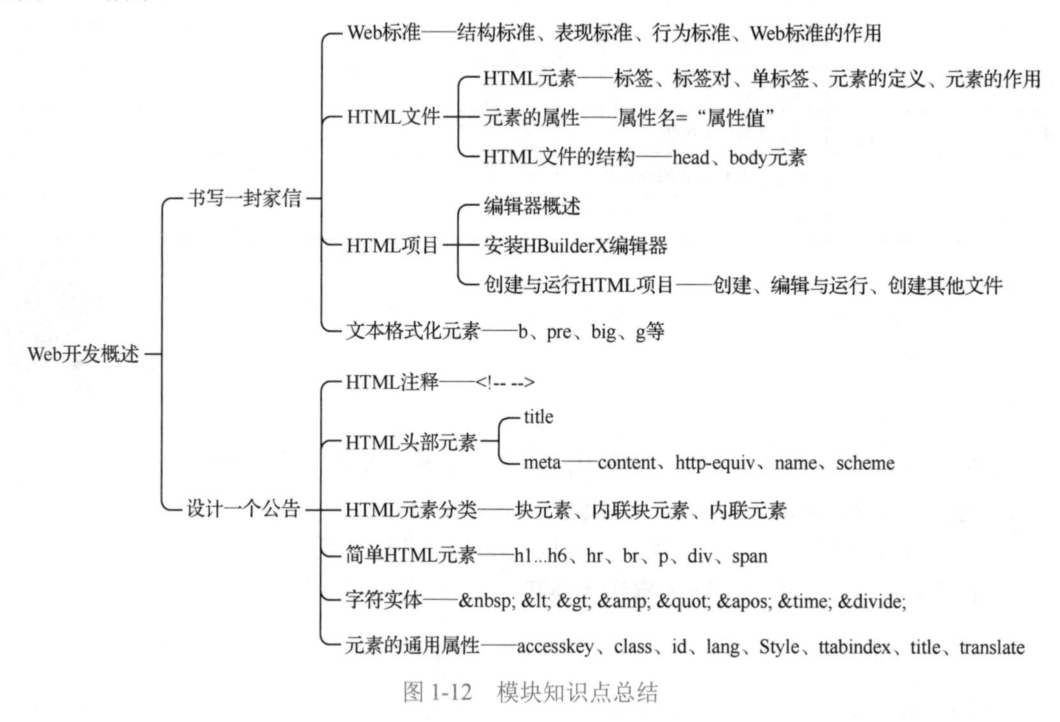

图 1-12　模块知识点总结

随堂测试 1

1．以下哪个元素不是块元素，不能独占一行？（　　）

A．<h3>　　B．<div>　　C．<p>　　D．

2．以下哪种是 HTML 文件注释的写法？（　　）

A．<!--　　-->　　B．/**/　　C．//　　D．""

3．以下哪个不属于 HTML 文件的基本组成部分？（　）

A．<style></style >　　B．<body></body >

C．<html></html >　　D．<head></head >

4．以下哪段代码可以设置红色、宽度为 1px 的水平线？（　　）

A．<hr width="1" color="#F00"/>　　B．<hr size="1" color="#F00"/>

C．<hr width="1" color="#00F"/>　　D．<hr size="1" color="#00F"/>

5．以下哪个说明是正确的？（　　）

A．HTML 是结构标准　　B．HTML 是表现标准

C．HTML 是行为标准　　D．结构标准里不能出现样式定义

6．以下哪个说明是错误的？（　　）

A．title 元素说明 HTML 文件的标题

B．meta 元素不能定义搜索引擎的信息

C．<meta http-equiv="charset" content="utf-8"/>定义文件的编码方式为 utf-8

D．<meta charset="utf-8">定义文件的编码方式为 utf-8

7．HTML 的精确含义是什么？（　　）

A．超文字标记语言（Hyper Text Markup Language）

B．家庭工具标记语言（Home Tool Markup Language）

C．超链接和文字标记语言（Hyperlinks and Text Markup Language）

D．网页设计文字语言

8．以下哪个是 Web 标准的制定者？（　　）

A．微软（Microsoft）　　B．万维网联盟（W3C）

C．网景公司（Netscape）　　D．谷歌公司（Google）

9．在 HTML 中，以下哪个标题最大？（　　）

A．<h6>　　B．<head>　　C．<heading>　　D．<h1>

10．以下哪个元素能够实现文字换行的功能？（　　）

A．
　　B．<continue>　　C．<break>　　D．<return>

11．以下哪个不是 HTML 文件的主流编辑器？（　　）

A．HBuilder　　B．VSCode　　C．Dreamweaver　　D．NotePad

12．以下哪个元素书写有错误？（　　）

A．<p/>　　B．
　　C．<hr/>　　D．<img/>

13．以下哪个实体可以输出引号？（　　）

A．>　　B．©　　C．"　　D．

14．以下哪个实体可以输出空格？（　　）

A．<　　B．×　　C．"　　D．

15．以下哪种方式定义标题最合适？（　　）

A．<big>文章标题</big>　　B．<p><b>文章标题</b></p>

C．<h1>标题</h1>　　D．<div>文章标题</div>

16．以下哪个 HTML 元素能够预定义文字格式？（　　）

A．<pre>　　B．<q>　　C．<dfn>　　D．<cite>

17．以下哪个 HTML 元素能产生斜体字？（　　）

A．<i>　　B．<italics>　　C．<ii>　　D．<li>

18．以下哪个 HTML 元素能产生上标文字？（　　）

A．<sub>　　B．<sup>　　C．<small>　　D．<dfn>

19．关于 Web 标准下列说法正确的是（　　）。

A．HTML 决定网页的行为，CSS 决定网页的样式，JS 决定网页的结构

B．HTML 决定网页的样式，CSS 决定网页的结构，JS 决定网页的行为

C．HTML 决定网页的结构，CSS 决定网页的样式，JS 决定网页的行为

D．以上都不正确

课后实践 1

1．参考任务 1 设计一封书信，可以写给自己尊敬的人、祖国最可爱的人，或是其他需要帮助的人，要求符合书信规范，并使用尽可能多的文本格式化元素丰富文字的样式显示。

2．在主流网站，例如华为官网，查看网站服务相关的信息。参考网站服务信息设计一个自己网站的服务，要求给出服务标题、服务电话，以及服务时间段等信息。服务标题和具体信息之间用水平线进行分割。

3．使用标题和换行元素设计一组标题列表。

模块 2

常用 HTML 元素

本模块介绍网页开发常用 HTML 元素，包括图像、视频、音频、超链接和列表元素的定义及用法。

知识目标

1）掌握 img、video、audio、object、a、ol、ul、li、area、map 元素的属性及用法。

2）掌握图像映射的步骤。

能力目标

1）能够基于应用场景灵活使用 video、audio、object 和 a 元素播放音频和视频。

2）能够基于应用场景灵活使用 img、object 和 a 元素显示图像。

3）能够灵活应用 a 元素加载页面、下载文件、发送邮件和导航链接。

4）能够使用图像映射高效设计网页导航。

5）能够使用列表元素列表呈现网页内容。

任务 2.1 设计一个海报

设计一个海报

1949 年 10 月 1 日 15:00 在北京天安门城楼举行中华人民共和国中央人民政府成立仪式，称为开国大典。中华人民共和国的成立开辟了中国历史的新纪元，从此，中国结束了一百多年来被侵略、被奴役的屈辱历史，真正成为独立自主的国家。

电影《开国大典》以新中国成立为背景，讲述新中国成立的历史，请大家学习了解相关历史，收集电影相关资料，制作一个电影海报。

本任务给出的范例海报如图 2-1 所示，显示电影的海报图像、获奖情况、剧情介绍，以及影像资料。要求如下。

1）海报图像左对齐。

2）文字显示首行缩进，两端对齐。

3）影像资料自适应浏览器宽度放映。

图 2-1　电影海报

2.1.1　img 元素

img 元素

img 元素定义显示在网页中的图像，是单标签空元素，也即其只包含属性，不包含元素内容，没有标签结尾。使用 img 元素能够显示各种格式和大小的图像，图像与文字能够按各种方式对齐。常用属性如表 2-1 所示。

表 2-1　img 元素的常用属性

属 性 名	说 明
alt	设置图像的替换文本，当浏览器无法载入图像时，显示替换文本的信息，有助于更好地显示信息，增加网页的友好性和易读性
src	设置待显示图像的 URL 地址，可以是项目中的图像，也可以是网络图像，项目中的图像用相对地址，网络图像用网址，该属性必须设置
height	设置图像的高度，取值为 pixels 或%
width	设置图像的宽度，取值为 pixels 或%

续表

属 性 名	说 明
align	设置图像的对齐方式，取值说明如下。 ● top：顶部对齐 ● bottom：底部对齐，默认对齐方式 ● middle：居中对齐 ● left：左对齐 ● right：右对齐
usemap	将图像定义为客户端图像映射时，使用该属性与 map 元素的 name 或 id 属性相关联，能够建立 img 与 map 元素之间的关系，取值为“#”+map 元素的 name 或 id 属性值，例如“#img_id”

【例 2-1】使用 img 元素显示如图 2-2 所示的 3 张大小不同和 1 张来源不同的图像。

图 2-2　图像显示

1）新建 HTML 项目，在 img 目录下准备名为“logo.jpg”的图像素材。

2）在项目 HTML 文件中编写代码如下。

```
<html>
    <head>
        <meta charset="utf-8">
        <title>显示图像</title>
    </head>
    <body>
        <img src="img/logo.jpg" width="80px"/>
        <img src="img/logo.jpg" width="160px"/>
        <img src="img/logo.jpg"/>
        <img src="https://www.phei.com.cn/templates/images/img_logo.jpg " />
    </body>
</html>
```

3）修改 img 元素的 src 属性值，并为元素增加 alt 属性，查看网页运行效果，体会 alt 属性值的含义。

【例 2-2】设置 img 元素的对齐属性，实现文字与图像的不同对齐方式，显示效果如图 2-3 所示。

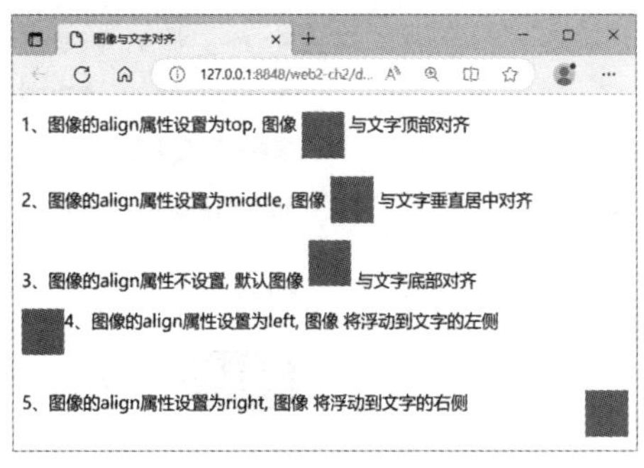

图 2-3　图像与文字对齐显示

1）新建 HTML 项目，在 img 目录下准备名为“logo-1.jpg”的图像素材。

2）在项目 HTML 文件中编写代码如下。

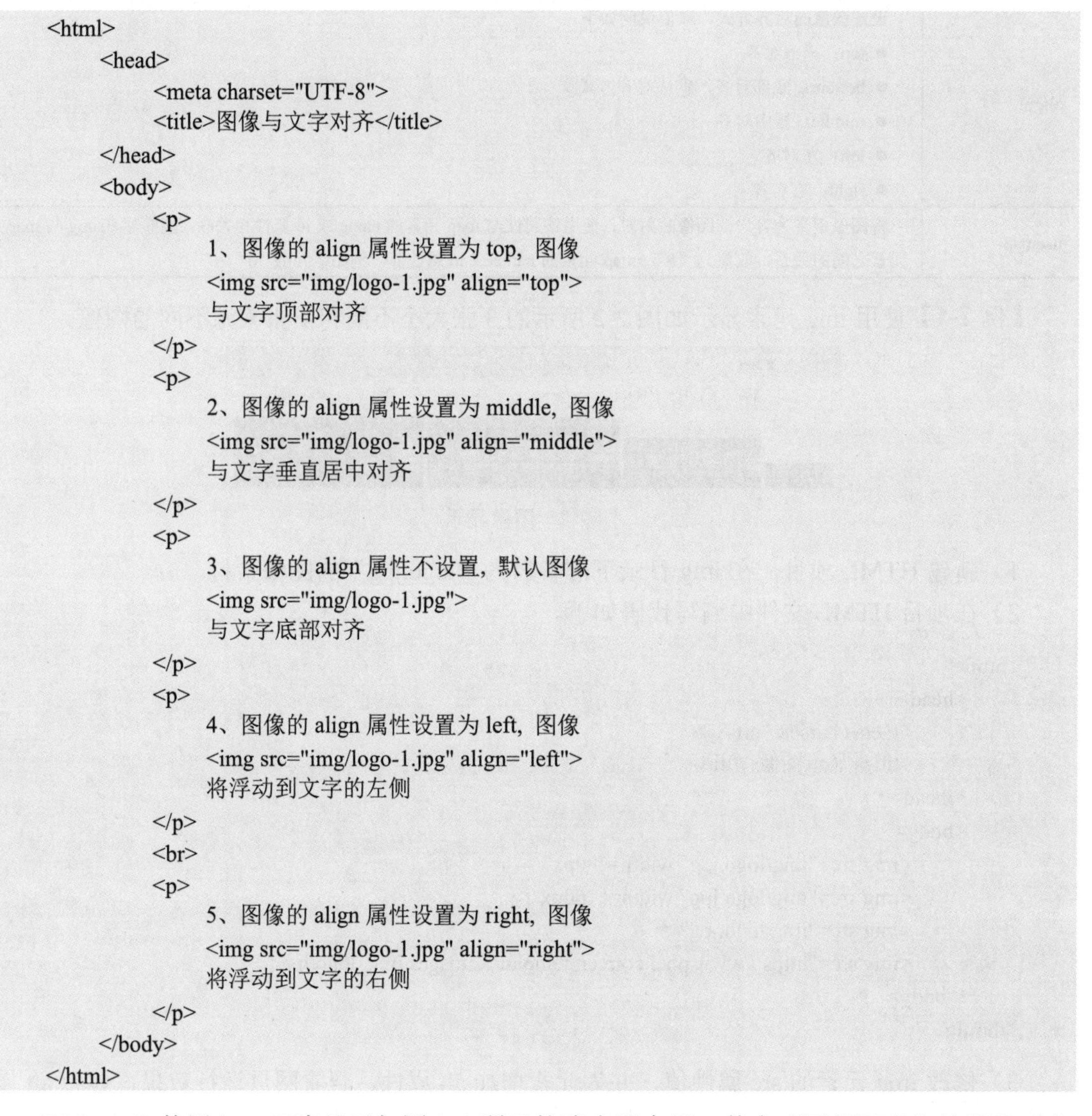

```
<html>
    <head>
        <meta charset="UTF-8">
        <title>图像与文字对齐</title>
    </head>
    <body>
        <p>
            1、图像的 align 属性设置为 top, 图像
            <img src="img/logo-1.jpg" align="top">
            与文字顶部对齐
        </p>
        <p>
            2、图像的 align 属性设置为 middle, 图像
            <img src="img/logo-1.jpg" align="middle">
            与文字垂直居中对齐
        </p>
        <p>
            3、图像的 align 属性不设置, 默认图像
            <img src="img/logo-1.jpg">
            与文字底部对齐
        </p>
        <p>
            4、图像的 align 属性设置为 left, 图像
            <img src="img/logo-1.jpg" align="left">
            将浮动到文字的左侧
        </p>
        <br>
        <p>
            5、图像的 align 属性设置为 right, 图像
            <img src="img/logo-1.jpg" align="right">
            将浮动到文字的右侧
        </p>
    </body>
</html>
```

【例 2-3】使用 img 元素显示如图 2-4 所示的路由器介绍，其中“了解更多”按钮和“立即购买”按钮也是图像。

图 2-4　图像与文字混排显示

1）新建 HTML 项目，在 img 目录下准备名为“路由器.png”、“按钮-了解更多.png”、“按钮-立即购买.png”的图像素材。

2）在项目 HTML 文件中编写代码如下。

```
<html>
    <head>
        <meta charset="utf-8">
        <title>路由器介绍</title>
    </head>
    <body>
        <img src="img/路由器.png" width="340px" align="left">
        <h3>150 平方米以上大户型、复杂户型</h3>
        <h1>路由器 Q2S</h1>
        <h3>即插即用 | 超级组网 | 1 拖 15</h3><br>
        <h3>￥199 起</h3><br>
        <img src="img/按钮-了解更多.png">
        <img src="img/按钮-立即购买.png">
    </body>
</html>
```

2.1.2　video 元素

audio 与 video 元素

video 元素定义网页中的视频，可以在标签开头和标签结尾之间放置文字内容，以便在不支持该元素的浏览器中给出提示信息。常用属性如表 2-2 所示。

表 2-2　video 元素的常用属性

属 性 名	说　明
src	设置待播放的视频 URL
autoplay	设置视频在就绪后马上播放
controls	设置显示播放控制控件
height	设置视频播放器的高度，取值为 pixels 或%
width	设置视频播放器的宽度，取值为 pixels 或%
loop	设置视频循环播放功能
muted	设置视频静音
poster	设置视频播放前显示的图像
preload	设置在网页加载时加载视频，并预备播放。如果使用了"autoplay"，则该属性会被忽略

【例 2-4】使用 video 元素播放一段视频，网页显示效果如图 2-5 所示。

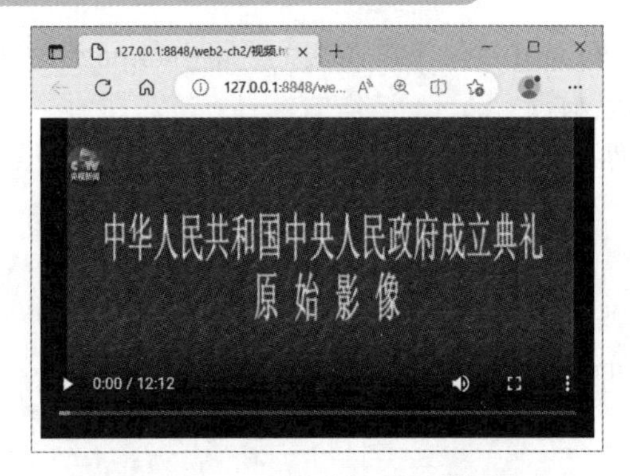

图 2-5　video 元素视频播放效果

1）新建 HTML 项目，在 img 目录下准备名为“开国大典.mp4”的视频素材。

2）在项目 HTML 文件中编写代码如下。

```
<html>
    <head>
        <meta charset="utf-8">
        <title>视频</title>
    </head>
    <body>
        <video controls src="img/开国大典.mp4" width="500px"/>
            视频
        </video>
    </body>
</html>
```

2.1.3　audio 元素

audio 元素定义网页中的声音，可以在标签开头和标签结尾之间放置文字内容，以便在不支持该元素的浏览器中给出提示信息。常用属性及属性含义与 video 元素类似。

2.1.4　object 元素

object 元素

object 元素定义网页中的嵌入式对象，能够将多媒体（例如图像、音频、视频、Java applets、ActiveX、PDF 以及 Flash）和 HTML 网页添加到 HTML 文件中。常用属性如表 2-3 所示。

表 2-3　object 元素的常用属性

属性名	说明
align	定义围绕该对象的文字对齐方式，取值说明如下。 ● left：左对齐 ● right：右对齐 ● top：顶部对齐 ● bottom：底部对齐
data	规定对象要使用资源的 URL

续表

属 性 名	说 明
height	定义对象的高度，取值为 pixels 或%
width	定义对象的宽度，取值为 pixels 或%
standby	定义当对象加载时显示的文字
type	规定对象的 Internet 媒体类型

【例 2-5】使用 object 元素显示图像、播放视频和引入 HTML 文件，网页显示效果如图 2-6 所示。

图 2-6　使用 object 元素示例

1）新建 HTML 项目，在 img 目录下准备名为“开国大典.jpg”的图像素材和名为“开国大典.mp4”的视频素材。

2）在项目下新建名为“word.html”的 HTML 文件，并编写代码如下。

```
<html>
    <head>
        <meta charset="utf-8">
        <title>开国大典介绍</title>
    </head>
    <body>
        <p align="justify">
            1949 年 10 月 1 日，庆祝中华人民共和国......
        </p>
    </body>
</html>
```

3）在项目下新建名为 demo5.html 的 HTML 文件，并编写代码如下。

```
<html>
    <head>
        <meta charset="utf-8">
        <title>object 元素</title>
    </head>
    <body>
```

```
        <div>
            <object data="img/开国大典.jpg" width="314px"></object>
            <object data="img/开国大典.mp4"> </object>
        </div>
        <div>
            <object data="word.html" width="622px"> </object>
        </div>
    </body>
</html>
```

2.1.5 任务实现

任务 2.1 实现

1. 技术分析

1）图像元素使用 align 属性设置左对齐，实现文字和图像紧密排列的效果。
2）使用空格字符实体实现文字首行缩进。

2. 编码实现

1）新建 HTML 项目，在 img 目录下准备名为“开国大典.jpg”的图像素材和名为“开国大典.mp4”的视频素材。

2）新建 HTML 文件，编写代码如下。

```
<html>
    <head>
        <meta charset="utf-8" />
        <title>电影海报</title>
    </head>
    <body>
        <div>
            <h2 align="center">电影《开国大典》</h2>
            <img src="img/开国大典.jpg" height="160px" align="left"
                style="margin:0 10px 5px 0;">
            <h4>获奖情况</h4>
            <p style="font-size: 14px;">
                    第 10 届中国电影金鸡奖(1990)<br>
                    第 13 届大众电影百花奖(1990)<br>
                    第 10 届金凤凰奖(2005)<br>
            </p>
            <h4>剧情介绍</h4>
            <p style="font-size: 14px; text-align: justify;">
                    电影《开国大典》从……
            </p>
            <h4>影像资料</h4>
            <video controls src="img/开国大典.mp4" width="100%"></video>
    </body>
</html>
```

margin 属性设置 img 元素的外边距，设置后会在图像周边增加空间，显示更为美观。边距在本书 5.1.1 节介绍，这里设置为右外边距 10px，下外边距 5px。

任务 2.2　设计海报导航

设计海报导航

任务 2.1 中列出了电影的获奖情况，本任务以链接的方式进一步给出奖项的详细介绍，方便用户全面了解电影，具体要求如下。

1）网页初始显示效果如图 2-7（a）所示，显示电影的海报图像和获奖情况。

2）在获奖的奖项上单击跳转到奖项介绍的位置，分别如图 2-7（b）、图 2-7（c）所示。

3）将电影视频播放放在单独的 HTML 文件中，并链接到电影的海报图像上，在图像上单击时，打开视频播放网页，播放电影影像资料，如图 2-7（d）所示。

（a）初始显示效果

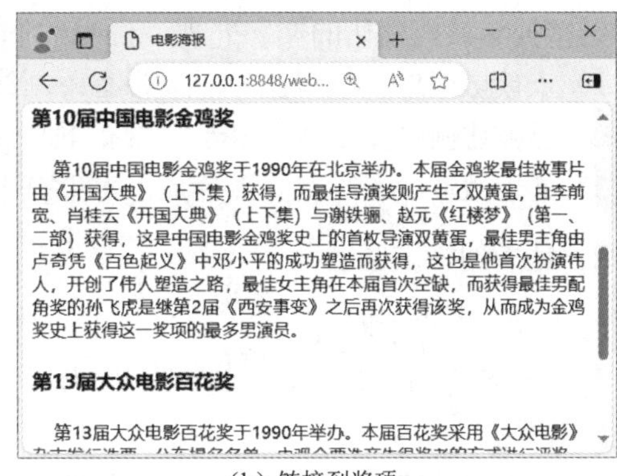

（b）链接到奖项

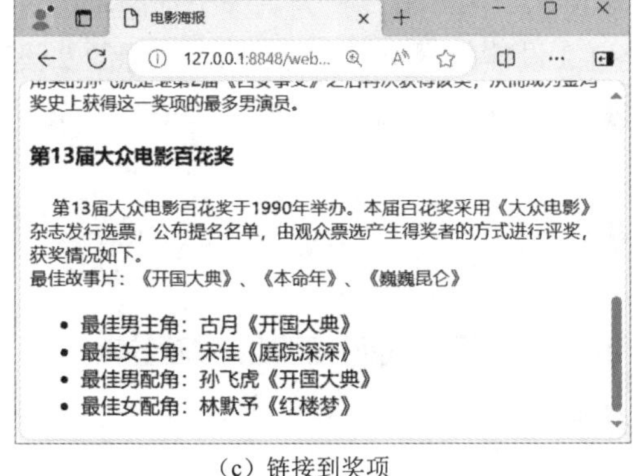

（c）链接到奖项

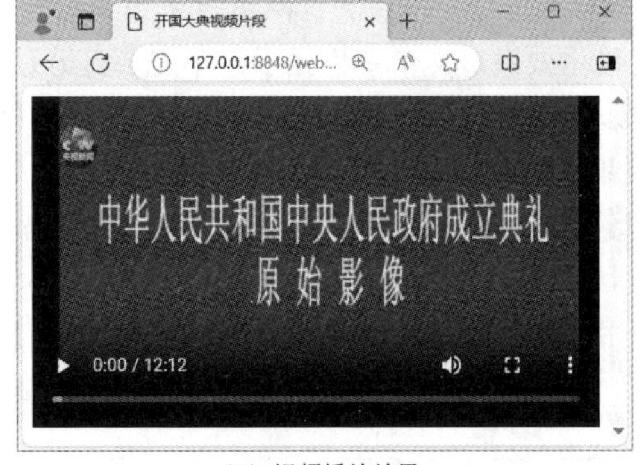

（d）视频播放效果

图 2-7　电影海报及其导航

2.2.1　a 元素

1. 基本定义

a 元素定义超链接，用于从一个网页链接到另一个网页，或从网页当前位置链接到网页指定位置。链接提示信息放在标签开头与标签结尾之间；可以是文本或其他元素。常用属性如表 2-4 所示。

表 2-4　a 元素的常用属性

属 性 名	说　明
href	规定链接指向的 URL，该属性必须设置，设置为井号（#）表示链接目标不确定
download	使用超链接元素实现下载功能，规定下载后的文件名
target	规定在何处打开链接文件，取值说明如下。 ● _blank：在一个新打开、未命名的窗口中载入目标文件 ● _self：在相同的框架或者窗口中载入目标文件 ● _parent：在父窗口或者包含超链接引用框架的框架集中载入目标文件。如果这个引用是在浏览器窗口或者在顶级框架中的，则与_self 值等效 ● _top：清除所有被包含的框架，将目标文件载入整个浏览器的窗口 ● framename：在框架中载入目标文件

链接提示具有默认的文字外观，说明如下。

1）未被访问前文字蓝色显示，带有下画线。

2）已被访问过文字紫色显示，带有下画线。

3）处于激活状态时文字红色显示，带有下画线。

链接到指定网页

2. 链接到指定位置

（1）链接到指定网页

将 a 元素的 href 属性设置为网页网址，可以链接打开网页，网址可以是相对路径，也可以是绝对路径。

【例 2-6】修改例 1-3，将标题 1 使用相对路径链接到模块 1 任务 1.2 设计的网页，将标题 2 链接到网址指定的位置。网页显示效果如图 2-8 所示，图 2-8（a）为第一个标题单击过再打开的显示效果，文字紫色显示，单击后打开任务 1.2 设计的网页，参见图 1-6。标题 2 没有被单击过，文字蓝色显示。图 2-8（b）为第一个标题激活瞬间的显示效果，文字红色显示，网页底部显示链接的网址。

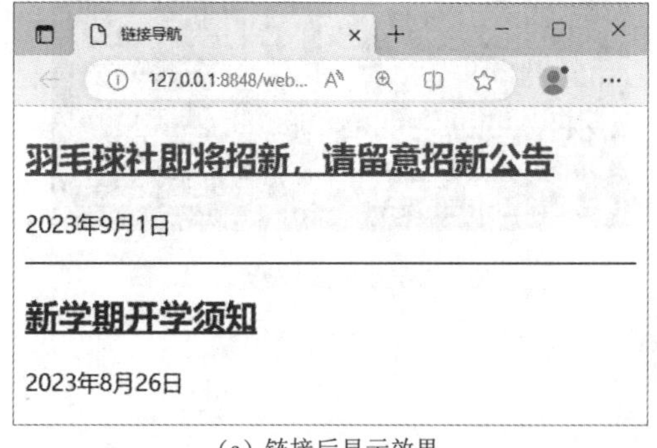

（a）链接后显示效果

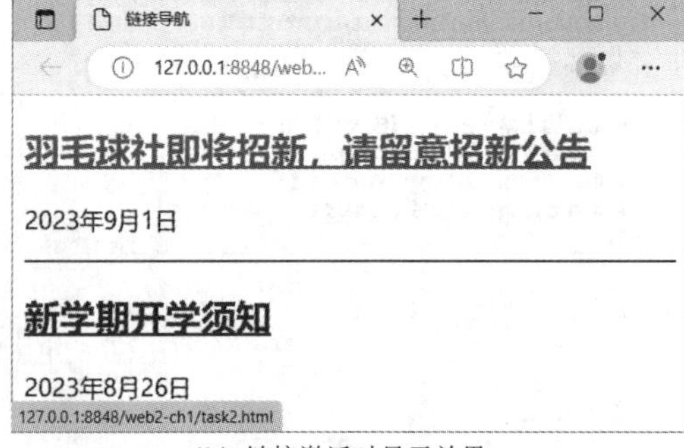

（b）链接激活时显示效果

图 2-8　链接到指定网页

新建 HTML 文件，编写代码如下。

```
<html>
    <head>
```

```
            <meta charset="utf-8">
            <title>链接导航</title>
        </head>
        <body>
            <a href="../web2-ch1/task2.html">
                <h2>羽毛球社即将招新，请留意招新公告</h2>
            </a>
            <p>2023 年 9 月 1 日</p>
            <hr color="blue">
            <a href="http://www.wxit.edu.cn">
                <h2>新学期开学须知</h2>
            </a>
            <p>2023 年 8 月 26 日</p>
        </body>
    </html>
```

（2）图像链接

将 img 元素嵌套在 a 元素内，在图像上单击可以链接到 a 元素 href 属性指定的位置，实现图像的链接功能。

【例 2-7】为例 2-3 的“了解更多”和“立即购买”图像按钮增加链接，使用户在图像上单击时打开对应的网页。

复制例 2-3 HTML 文件，并重命名为“demo9.html”，修改两个图像按钮的代码如下。

```
<a href="www.more.com">
    <img src="img/按钮-了解更多.png">
</a>
<a href="www.bye.com">
    <img src="img/按钮-立即购买.png">
</a>
```

（3）链接到网页中指定位置

元素的 id 属性值具有唯一性，将 a 元素的 href 属性值设为井号（#）加某元素的 id 属性值，可以链接到网页中某元素所在的位置。

链接到网页指定位置

【例 2-8】修改例 2-2，在网页开头增加网页主题，在网页底部增加“回到主题”的链接，当网页浏览到底部时单击“回到主题”的链接直接回到网页主题。网页显示效果如图 2-9 所示，图 2-9（a）为初始和单击“回到主题”链接后的显示效果，图 2-9（b）为滚动到网页底部的显示效果。

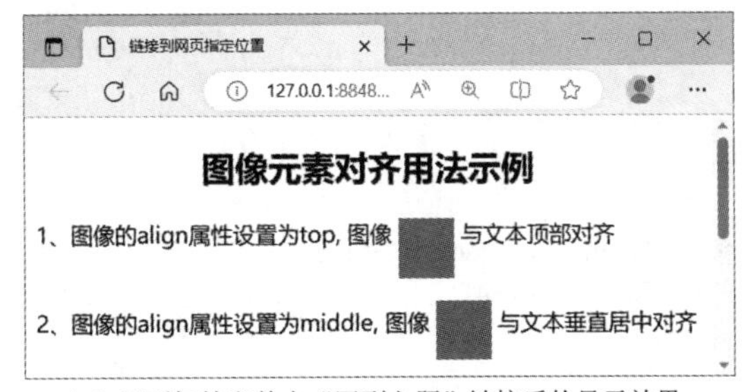

链接到网页指定位置
127.0.0.1:8848...
图像元素对齐用法示例
1、图像的align属性设置为top, 图像 与文本顶部对齐
2、图像的align属性设置为middle, 图像 与文本垂直居中对齐

（a）网页初始和单击“回到主题”链接后的显示效果

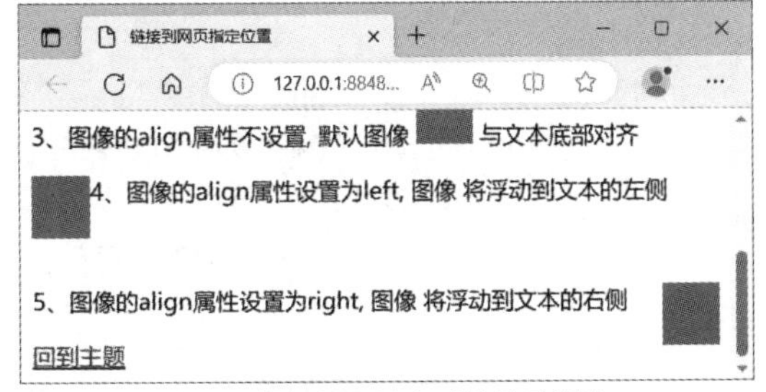

（b）滚动到网页底部时的显示效果

图 2-9　链接到网页中指定位置

1）复制例 2-2 HTML 文件，并重命名为“demo7.html”，在网页体 body 元素内，紧挨 body 元素标签开头增加网页主题标题元素，代码如下。

```
<h2 id="home" align="center">图像元素对齐用法示例</h2>
```

2）在网页体 body 元素内，紧挨 body 元素标签结尾增加导航链接元素，代码如下。

```
<a href="#home">回到主题</a>
```

3. 打开电子邮件发送页面

打开电子邮件发送页面

将 a 元素的 href 属性设置为以“mailto:”开头，后接邮箱地址的字符串，单击超链接能够打开邮件发送页面。

【例 2-9】编写代码实现单击打开发送邮件的功能。

新建 HTML 文件，编写代码如下。

```
<a href="mailto:webmaster@example.com">发送邮件</a>
```

4. 音频视频播放

播放音频和视频

将 a 元素的 href 属性设置为音频或视频的路径可以播放音频和视频，该属性值可以是相对路径，也可以是绝对路径。

【例 2-10】使用 a 元素播放音频和视频，网页显示效果如图 2-10 所示。图 2-10（a）为初始显示效果，图 2-10（b）为单击音频链接播放效果，图 2-10（c）为单击视频链接播放效果。

（a）初始显示效果

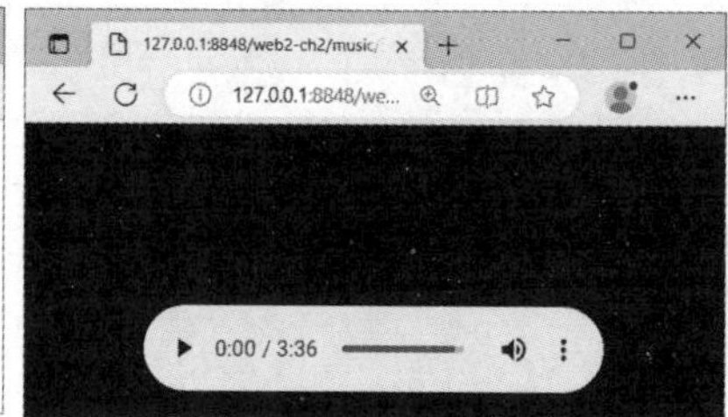

（b）单击音频链接播放效果

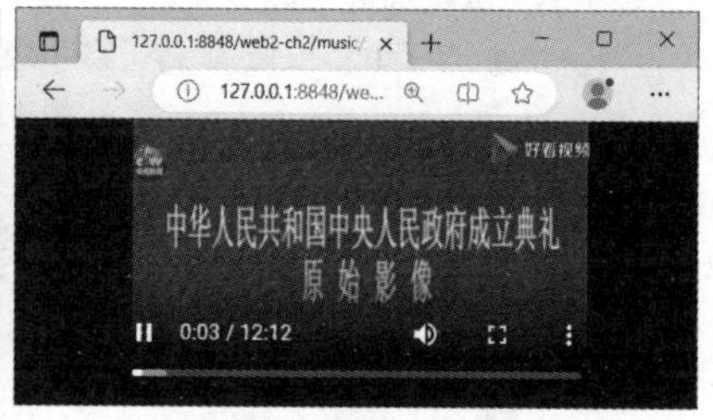

（c）单击视频链接播放效果

图 2-10　音频视频链接

1）新建 HTML 项目，并新建 music 目录，在 music 目录下准备名为“开国大典.mp4”的视频素材和名为“开国大典.mp3”的音频素材。

2）在项目 HTML 文件中编写代码如下。

```
<html>
    <head>
        <meta charset="utf-8">
        <title>链接到音频和视频</title>
        <!-- 引入播放插件 -->
        <script type="text/javascript" src="http://mediaplayer.yahoo.com/js"></script>
    </head>
    <body>
        <a href="music/开国大典.mp3">音频</a>
        <a href="music/开国大典.mp4">视频</a>
```

```
    </body>
</html>
```

在 a 元素标签开头和标签结尾中间应给出链接提示信息，例如本例的“音频”、“视频”文字提示。

script 元素用于引入播放插件，新版本浏览器支持音频和视频的播放，可以不添加该元素，但是，保险起见建议添加，确保音频和视频能够正常播放。

5. 文件下载

文件下载

将 a 元素的 href 属性设置为文件路径，包括文本文件、压缩包、图像文件等，能够实现单击超链接下载文件的功能。

【例 2-11】编写代码实现单击能够下载文本文件、图像、压缩包的功能，网页显示效果如图 2-11 所示。图 2-11（a）为初始显示效果，图 2-11（b）为单击“单击下载 HBuilderX 安装包”链接显示效果。下载完毕，文件被保存到下载路径中，并保存为“HBuilderX.rar”。

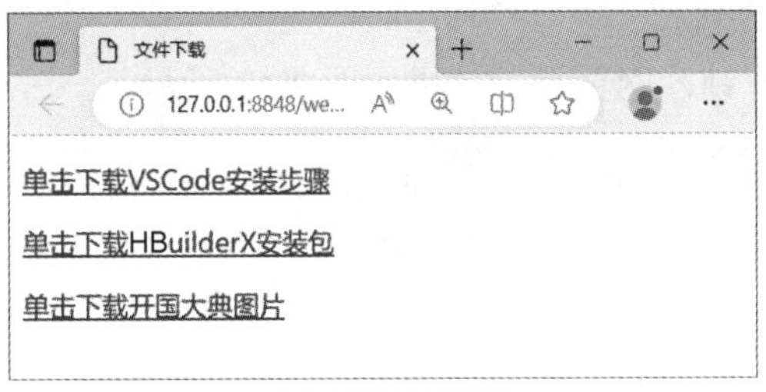

（a）初始显示效果

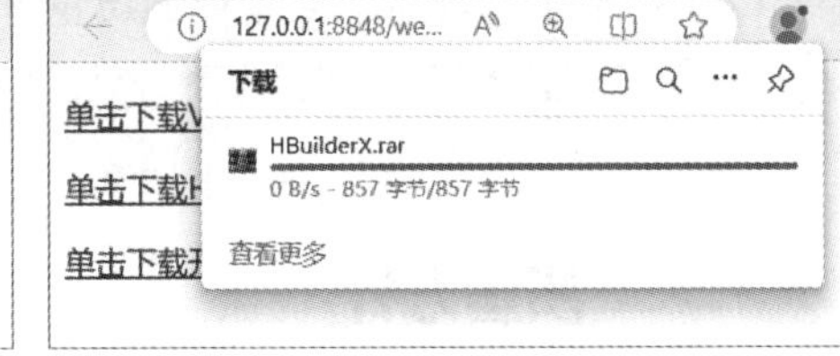

（b）单击“单击下载 HbuilderX 安装包”链接显示效果

图 2-11　下载文件

1）新建 HTML 项目，并新建 src 目录，在 src 目录下准备名为“VSCode.docx”的文本文件素材和名为“HBuilderX.rar”的压缩包文件素材。在项目 img 目录下准备名为“开国大典.jpg”的图像文件素材。

2）在项目 HTML 文件中编写代码如下。

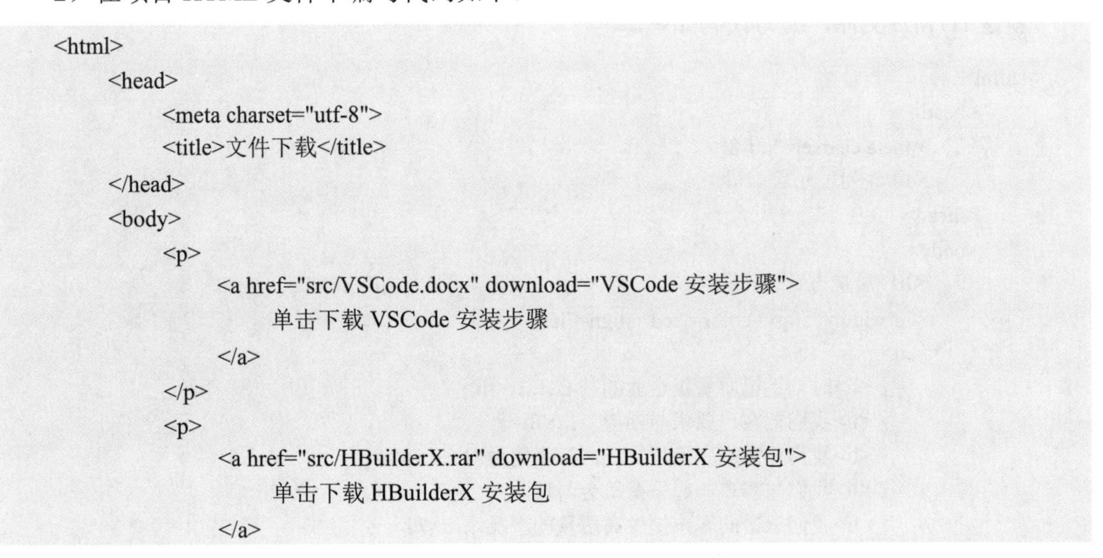

```
<html>
    <head>
        <meta charset="utf-8">
        <title>文件下载</title>
    </head>
    <body>
        <p>
            <a href="src/VSCode.docx" download="VSCode 安装步骤">
                单击下载 VSCode 安装步骤
            </a>
        </p>
        <p>
            <a href="src/HBuilderX.rar" download="HBuilderX 安装包">
                单击下载 HBuilderX 安装包
            </a>
```

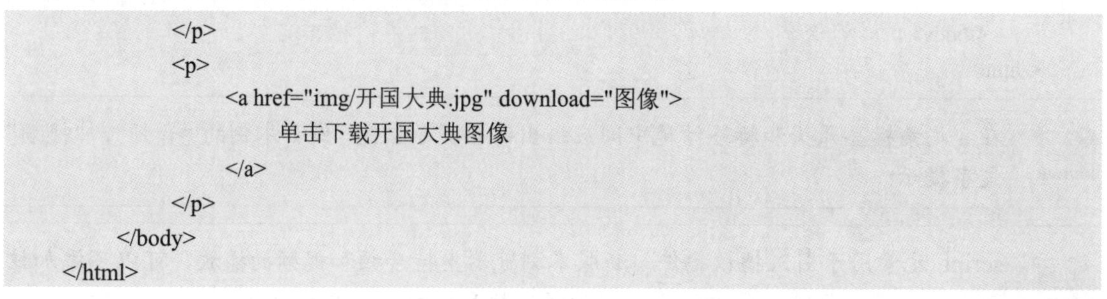

```
            </p>
            <p>
                <a href="img/开国大典.jpg" download="图像">
                    单击下载开国大典图像
                </a>
            </p>
        </body>
    </html>
```

2.2.2 列表元素

列表元素

列表是一种常用的网页内容显示形式，HTML 支持无序和有序列表。

1．无序列表

无序列表是关于项目的列表，列表的每一项使用粗体圆点或典型的小黑圆圈标记，具有自动对齐功能。无序列表用 ul 元素表示，每个列表项用 li 元素表示。列表项内部可以是简单文本，也可以是段落、换行符、图像、链接等元素。

【例 2-12】用无序列表显示某企业的质量方针，网页显示效果如图 2-12 所示。

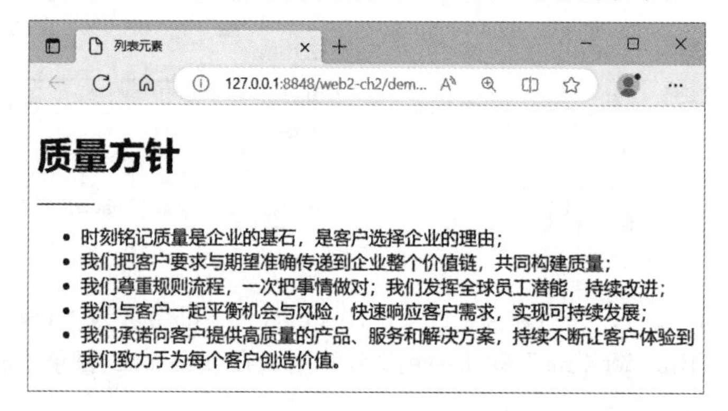

图 2-12　无序列表显示企业质量方针

新建 HTML 文件，编写代码如下。

```
<html>
    <head>
        <meta charset="utf-8">
        <title>列表元素</title>
    </head>
    <body>
        <h1>质量方针</h1>
        <hr width="50px" color="red" align="left">
        <ul>
            <li>时刻铭记质量是企业的基石……</li>
            <li>我们把客户要求与期望……</li>
            <li>我们尊重规则流程，一次把事情做对……</li>
            <li>我们与客户一起平衡机会与风险……</li>
            <li>我们承诺向客户提供高质量的产品……</li>
```

```
        </ul>
    </body>
</html>
```

2．有序列表

同无序列表一样，有序列表也是关于项目的列表，列表的每一项使用数字进行标记，也具有自动对齐功能。有序列表用 ol 元素表示，每个列表项用 li 元素表示。与无序列表一样，列表项内部可以是简单文本，也可以是段落、换行符、图像、链接等元素。

【例 2-13】用有序列表显示快速使用云服务的步骤，每一个步骤都有超链接，根据需要可以链接到进一步的说明网页，显示效果如图 2-13 所示。

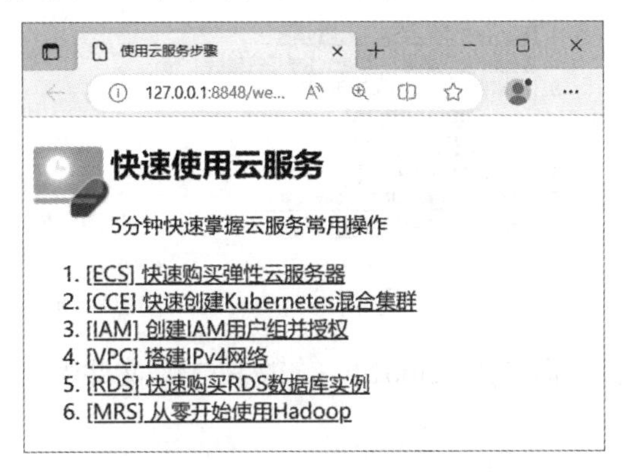

图 2-13　有序列表显示云服务使用步骤

1）新建 HTML 项目，在项目 img 目录下准备名为“云服务图像.png”的图像文件素材。

2）在项目 HTML 文件中编写代码如下。

```
<html>
    <head>
        <meta charset="utf-8">
        <title>使用云服务步骤</title>
    </head>
    <body>
        <img src="./img/云服务图像.png" align="left">
        <h2>快速使用云服务</h2>
        5 分钟快速掌握云服务常用操作
        <ol>
            <li><a href="#">[ECS] 快速购买弹性云服务器</a></li>
            <li><a href="#">[CCE] 快速创建 Kubernetes 混合集群</a></li>
            <li><a href="#">[IAM] 创建 IAM 用户组并授权</a></li>
            <li><a href="#">[VPC] 搭建 IPv4 网络</a></li>
            <li><a href="#">[RDS] 快速购买 RDS 数据库实例</a></li>
            <li><a href="#">[MRS] 从零开始使用 Hadoop</a></li>
        </ol>
    </body>
</html>
```

3. 列表嵌套

无序和有序列表的列表项内部还可以是列表元素，称为列表嵌套。嵌套层数没有限制，但是嵌套层次不允许交错。

【例 2-14】修改例 2-13，为列表第 3 项嵌套子列表，网页显示效果如图 2-14 所示。

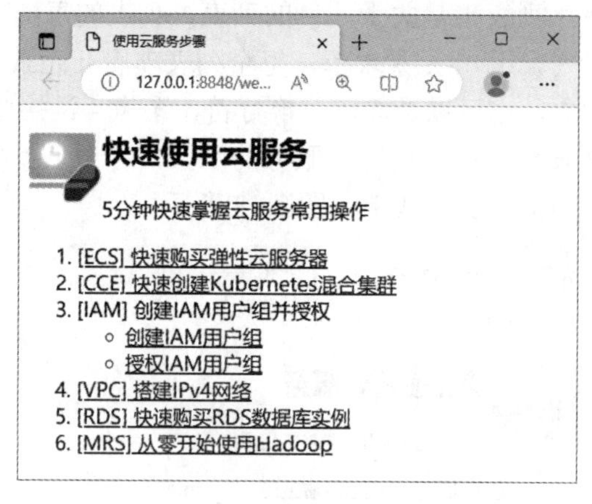

图 2-14　列表嵌套

复制例 2-13 项目，并重命名为 demo14，修改 HTML 文件中第 3 项列表的代码如下。

```
<li>
    [IAM] 创建 IAM 用户组并授权
    <ul>
        <li><a href="#">创建 IAM 用户组</a></li>
        <li><a href="#">授权 IAM 用户组</a></li>
    </ul>
</li>
```

2.2.3　任务实现

任务 2.2 实现

1. 技术分析

1）完善任务 2.1 电影海报的内容，增加关于奖项介绍的内容。

2）使用列表元素显示获奖的详细情况。

3）使用超链接元素 a 实现网页需要的导航功能。

2. 编码实现

1）复制任务 2.1 HTML 项目，并重命名为 task2。

2）在项目中新建名为“video.html”的视频播放文件，编写代码如下。

```
<html>
    <head>
        <meta charset="utf-8">
        <title>开国大典视频片段</title>
    </head>
```

```
    <body>
        <video controls src="../img/开国大典.mp4" width="100%"></video>
    </body>
</html>
```

3）将项目中名为“task1.html”的文件名修改为“task2.html”，并修改代码如下。

```
<html>
    <head>
        <meta charset="utf-8" />
        <title>电影海报</title>
    </head>
    <body>
        <h2 align="center">电影《开国大典》</h2>
        <a href="video.html">
            <img src="../img/开国大典.JPG" height="120px"
                align="left" style="margin:0 10px 5px 0;">
        </a>
        <h4>获奖情况</h4>
        <p style="font-size: 14px;">
            <a href="#id1">第 10 届中国电影金鸡奖(1990)</a><br>
            <a href="#id2">第 13 届大众电影百花奖(1990)</a><br>
            <a href="#">第 10 届金凤凰奖(2005)</a><br>
        </p>
        <h4>剧情介绍</h4>
        <p style="font-size: 14px; text-align: justify;">
                 电影《开国大典》从政治……
        </p>
        <h4 id="id1">第 10 届中国电影金鸡奖</h4>
        <p style="font-size: 14px; text-align: justify;">
                第 10 届中国电影……
        </p>
        <h4 id="id2">第 13 届大众电影百花奖</h4>
        <p style="font-size: 14px; text-align: justify;">
                第 13 届大众电影百花奖……
            <ul>
                <li>最佳男主角：古月《开国大典》</li>
                <li>最佳女主角：宋佳《庭院深深》</li>
                <li>最佳男配角：孙飞虎《开国大典》</li>
                <li>最佳女配角：林默予《红楼梦》</li>
            </ul>
        </p>
    </body>
</html>
```

任务 2.3 设计网页底部导航

设计网页底部导航

图像映射能够捕获一张图像的不同位置，从而实现在图像的不同位置单击链接到不同的目标，提升图像的加载效率，在网页开发中具有非常重要的作用。

本任务使用图像映射实现网页底部导航，使用户在不同图标上单击时打开不同的网址，网页显示效果如图 2-15 所示，图 2-15（a）为在领英图标单击瞬间的显示效果，图 2-15（b）为在知乎图标单击瞬间的显示效果，单击完成后能够打开对应网址的网页。

（a）在领英图标单击瞬间的显示效果　　（b）在知乎图标单击瞬间的显示效果

图 2-15　使用图像映射实现网页底部导航

2.3.1　map 元素

map 与 area 元素

map 元素建立图像与单击区域的映射关系，主要属性为 id，为 map 元素定义唯一的标识；可选属性为 name，为 map 元素定义名称。在不同的浏览器中，img 元素中的 usemap 属性可能引用 map 元素的 id 属性值或 name 属性值，因此，保险起见，应同时向 map 元素添加 id 和 name 属性。

2.3.2　area 元素

area 元素定义图像的可单击区域，总是嵌套在 map 元素中，常用属性如表 2-5 所示。

表 2-5　area 元素的常用属性

属 性 名	说　明
href	定义可单击区域的目标 URL
nohref	从图像映射中排除某个区域
shape	定义可单击区域的形状，不设置默认为矩形区域，取值说明如下。 ● rect：矩形区域，用左上角和右下角坐标定义 ● cride：圆形区域，用圆心坐标和半径定义 ● poly：多边形区域，用坐标点定义，首尾自动连接
coords	定义可单击区域的坐标，与 shape 属性配合使用，规定区域的尺寸、形状和位置，被关联图像左上角的坐标是(0,0)，取值说明如下。 ● 圆形：shape="circle"，coords="x,y,r"，x，y 定义圆心的位置，r 是以像素为单位的圆形的半径 ● 矩形：shape="rect"，coords="x1,y1,x2,y2"，坐标(x1,y1)定义矩形一个角的顶点坐标，坐标(x2,y2)定义矩形对角的顶点坐标 ● 多边形：shape="polyg"，coords="x1,y1,x2,y2,x3,y3,..."，每一对 "x_n,y_n" 坐标定义多边形的一个顶点。多边形自动封闭，在列表的结尾不需要重复第一个坐标来闭合整个区域

续表

属 性 名	说 明
target	取值含义同 a 元素，规定在何处打开 href 属性指定的目标 URL，取值说明如下。 ● _blank：在一个新打开、未命名的窗口中载入目标文件 ● _self：在相同的框架或者浏览器窗口中载入目标文件 ● _parent：在父窗口或者包含超链接引用框架的框架集中载入目标文件。如果这个引用是在浏览器窗口或者在顶级框架中的，则与_self 值等效 ● _top：清除所有被包含的框架，将目标文件载入到整个浏览器的窗口 ● framename：在框架中载入目标文件
alt	定义替换文本

2.3.3　图像映射

图像映射

联合使用 img、map 和 area 元素可以生成图像映射，生成步骤如下。

1）设置 map 元素的 id 和 name 属性。

2）设置 img 元素的 usemap 属性为 map 元素的 id 或 name 属性值。

3）在 map 元素中嵌套 area 元素，通过 area 元素的 shape 属性和 coords 属性定义图像的敏感区域，通过 area 元素的 href 属性定义对应敏感区域的链接目标。

【例 2-15】使用图像映射实现在不同图像区域单击打开不同链接的效果，网页显示效果如图 2-16 所示，在图 2-16（a）的圆形区域内单击打开对应的链接，显示效果如图 2-16（b）所示。

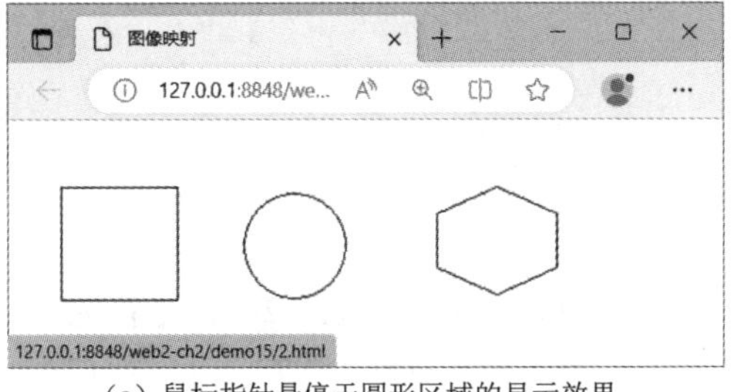

（a）鼠标指针悬停于圆形区域的显示效果

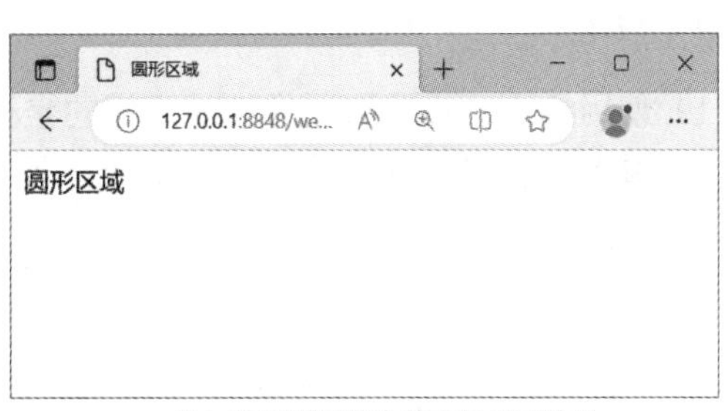

（b）在圆形区域内单击后显示效果

图 2-16　图像映射

1）使用绘图软件绘制图像，保存为 map.jpg。获取绘制完毕的图像区域坐标，假定绘制完毕后矩形左上角的坐标为（25,32），右下角的坐标为（100,104）；圆形的圆心坐标为（173,66），半径为 35；六边形六个顶点的坐标依次为（303,34），（340,50），（340,85），（303,100），（266,83），（266,50）。

2）新建 HTML 项目，将绘制完毕的图像复制到项目 img 目录下。

3）准备链接的网页，分别新建 1.html、2.html、3.html 文件，在三个文件里分别添加一段关于图形说明的文字，例如在 1.html 文件里显示“矩形区域”文字说明。

4）新建网页，编码实现图像映射。

```
<html>
    <head>
        <meta charset="UTF-8">
```

```
        <title>图像映射</title>
    </head>
    <body>
        <img src="img/map.jpg" usemap="#productmap" />
        <!-- 定义映射区域 -->
        <map name="productmap" id="productmap">
            <!-- 矩形区域 -->
            <area href="1.html" shape="rect" coords="25,32,100,104" />
            <!-- 圆形区域 -->
            <area href="2.html" shape="circle" coords="173,66,35" />
            <!-- 六边形区域 -->
            <area href="3.html" shape="poly"
                coords="303,34,340,50,340,85,303,100,266,83,266,50" />
        </map>
    </body>
</html>
```

建议 map 元素的 name 和 id 属性一起设置，并设置为同一个值，方便兼容不同的浏览器。

2.3.4 任务实现

任务 2.3 实现

1. 技术分析

1）使用绘图软件获取图像敏感区域的坐标。

2）参考例 2-15，使用图像映射实现任务。

2. 编码实现

1）使用绘图软件确定图像敏感区域的坐标。微博的圆心坐标为（33,29），半径为 27；领英的圆心坐标为（98,29），半径为 27；知乎左上角和右下角的坐标分别为（273,13）和（307,45）。

2）创建 HTML 项目，将导航图像“imgmap.png”复制到项目 img 目录下。

3）新建 task3.html 文件，基于分析的坐标编写代码如下。

```
<html>
    <head>
        <meta charset="utf-8">
        <title></title>
    </head>
    <body>
        <img src="img/导航图像.JPG" usemap="#navigatormap" alt="导航" />
        <map id="navigatormap" name="navigatormap">
            <area shape="circle" coords="33,29,27" alt="微博"
                href="https://weibo.com/huaweiweibo" />
            <area shape="circle" coords="98,29,27" alt="领英"
                href=" https://www.linkedin.cn/incareer/hp " />
            <area shape="rect" coords="273,13,307,45" alt="知乎"
```

```
                href="https://www.zhihu.com/org/hua-wei-62-16" />
        </map>
    </body>
</html>
```

模块小结 2

模块 2 小结

本模块用 3 个任务介绍了 HTML 媒体、列表和链接元素的用法，知识点总结如图 2-17 所示。

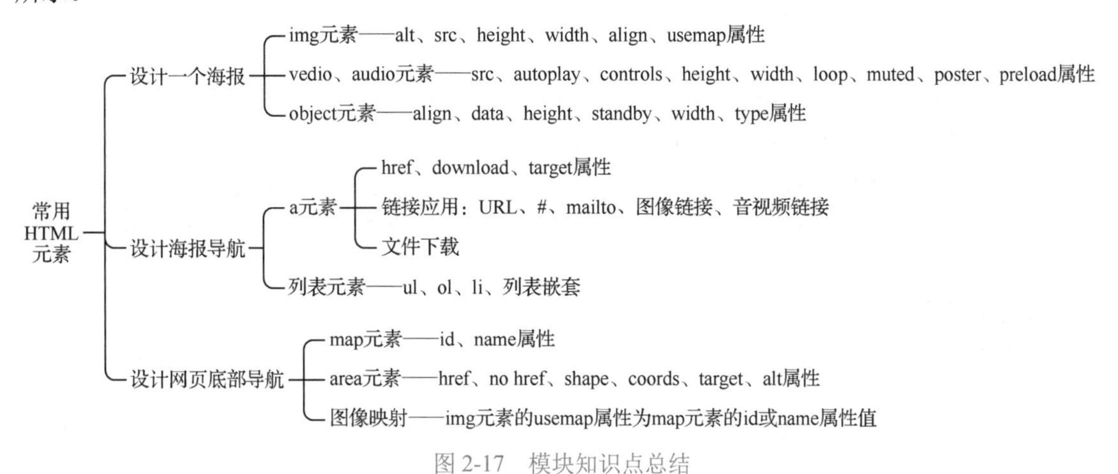

图 2-17　模块知识点总结

随堂测试 2

1．以下哪个不是图像对齐属性的合法取值？（　　）

A．top　　B．left　　C．center　　D．middle

2．以下哪段代码可以产生网页超链接？（　　）

A．<a url="http://www.w3school.com.cn">W3School.com.cn</a>

B．<a href="http://www.w3school.com.cn">W3School</a>

C．<a>http://www.w3school.com.cn</a>

D．<a name="http://www.w3school.com.cn">W3School.com.cn</a>

3．以下哪段代码可以产生电子邮件链接？（　　）

A．<a href="xxx@yyy">　　B．<mail href="xxx@yyy">

C．<a href="mailto:xxx@yyy">　　D．<mail>xxx@yyy</mail>

4．以下哪段代码可以在新窗口打开链接？（　　）

A．<a href="url" new>　　B．<a href="url" target="_blank">

C．<a href="url" target="new">　　D．<a href="url" target="framename">

5．以下哪个元素可以产生带有数字列表符号的列表？（　　）

A．<ul>　　B．<dl>　　C．<ol>　　D．<list>

6．以下哪个元素可以产生带有圆点列表符号的列表？（　　）

A．<dl>　　B．<list>　　C．<ol>　　D．<ul>

7．以下哪段代码可以在网页中插入图像？（　　）

A．<img href="image.gif">　　B．<image src="image.gif">

C．<img src="image.gif">　　D．<img>image.gif</img>

8．以下哪种图像格式不能嵌入在 HTML 文件中？（　　）

A．*.gif　　B．*.tif　　C．*.bmp　　D．*.jpg

9．以下哪个说法是错误的？（　　）

A．属性定义在标签开头中，表示该标签的性质和特性。

B．属性以“属性名="值"”的形式来表示。

C．一个标签可以指定多个属性。

D．元素中指定多个属性时需要注意属性的顺序。

10．以下关于 img 元素的 src 属性，说法正确的是（　　）。

A．用来设置图像的格式　　B．用来设置图像的所在位置

C．用来设置图像的所在位置　　D．用来设置图像是否能正确显示

课后实践 2

1．使用图文混排技术设计一个信息介绍网页，可以介绍某花卉或某产品，或者是任何自己感兴趣的事物。

2．使用图文混排和列表技术设计一个信息介绍列表，图像表达信息的主题，列表罗列信息的标题。

3．基于自己的兴趣，规划设计一个网站，展示自己感兴趣的内容，完成以下任务。

1）参考任务 2.1，设计一个人物事迹（例如水稻之父袁隆平生平事迹）或知识（例如传统节日、体育赛事、科学技术等）介绍的海报展示。

2）参考任务 2.2，设计海报的链接导航。

3）参考任务 2.3，使用图像映射技术设计海报的底部导航。

模块 3

表格与表单元素

本模块介绍网页开发中的表格与表单元素，表格可用于数据统计和进行内容布局，表单用于接收用户的输入信息，是实现网页功能的基础。

知识目标

1）掌握 table、tr、td、th 等表格元素的属性及用法。

2）掌握 form、input、textarea、下拉列表等表单元素的属性及用法。

能力目标

1）能够使用表格元素设计数据表。

2）能够使用表格元素进行内容布局。

3）能够使用表单元素获取用户的输入信息。

任务 3.1 设计通讯录表格

设计通讯录表格

通讯录使用非常普遍，请参考图 3-1 设计一个通讯录表格，要求如下。

通讯录

序号	姓名	电话
1	张三	555 77 855
		666 77 866
2	李四	777 77 877
总人数		2

图 3-1　通讯录表格

1）表格头部显示“通讯录”标题，在页脚汇总通讯录“总人数”。

2）表格的序号、姓名背景颜色相同，电话号码是另外一种背景颜色。

3）同一个人的多个电话号码能够汇总显示。

3.1.1 基本表格元素

基本表格元素

1. 表格元素

table 元素定义表格。一个表格可以包含若干行，tr 元素定义表格的行。每一行又可以包含若干列，td 元素定义标准单元格。表格的表头往往具有加粗加黑的格式，th 元素定义具有表头格式的单元格。

2. 表格属性

表格常用属性如表 3-1 所示。有的属性，例如 border 和 align 可以直接用属性名进行设置，在表格元素标签开头中输入属性首字母能够联想出属性名，例如 bgcolor；有的属性，在表格元素标签开头中输入属性首字母不能联想出属性名，推荐通过 style 属性进行设置，style 属性主要设置元素的外观样式。

表 3-1 表格常用属性

属 性 名	说 明
border	设置表格边框的宽度，取值为像素值（pixels）
border-collapse	设置是否把表格边框合并为单一的边框，取值说明如下。 ● separate：默认值。边框会被分开。不会忽略 border-spacing 和 empty-cells 属性 ● collapse：边框可能会合并为一个单一边框。忽略 border-spacing 和 empty-cells 属性
border-spacing	设置相邻单元格边框之间的距离。取值格式为 length length，使用 px、cm 等单位，不允许使用负值。如果定义两个 length 参数，那么第 1 个设置水平距离，第 2 个设置垂直距离。如果只定义 1 个 length 参数，参数会拷贝，水平和垂直距离都是这个值
bgcolor	设置表格的背景颜色，支持常用颜色格式，取值说明如下。 ● rgb(x,x,x)：颜色函数 ● #xxxxxx：十六进制颜色值 ● colorname：颜色名
cellpadding	设置单元格边框与单元内容之间的空白，取值为像素值或百分比
cellspacing	设置单元格之间的空白，取值为像素值或百分比
width	设置表格的宽度，取值为像素值或百分比
align	设置表格相对周围元素的对齐方式，取值说明如下。 ● left：靠左对齐 ● center：居中对齐 ● right：靠右对齐
caption-side	设置表格标题的位置，取值说明如下。 ● top：默认值，把表格标题定位在表格之上 ● bottom：把表格标题定位在表格之下
empty-cells	设置是否显示表格的空单元格和空单元格的边框和背景，取值说明如下。 ● hide：不在空单元格周围绘制边框 ● show：在空单元格周围绘制边框，默认值

续表

属 性 名	说　明
table-layout	设置表格单元格、行、列尺寸的计算方法，取值说明如下。 ● automatic：默认值，列宽度由单元格内容设定 ● fixed：列宽度由表格宽度和列宽度设定

【例 3-1】用表格元素设计一个标准通讯录，简单 3 行 3 列表格。网页显示效果如图 3-2 所示。

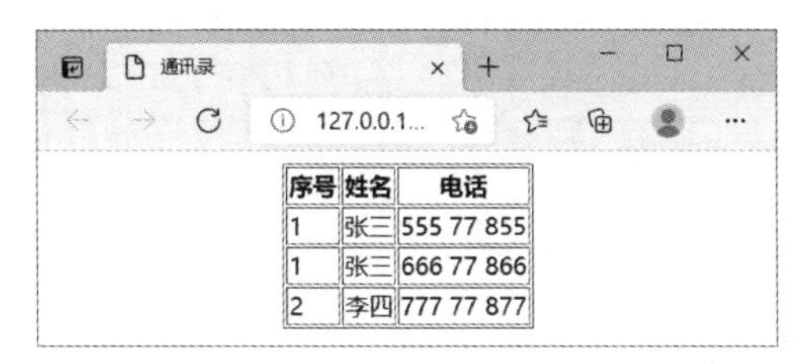

图 3-2　基本通讯录表格

新建 HTML 文件，编写代码如下。

```
<html>
	<head>
		<meta charset="UTF-8">
		<title>通讯录</title>
	</head>
	<body>
		<table border="1" align="center">
			<tr>
				<th>序号</th>
				<th>姓名</th>
				<th>电话</th>
			</tr>
			<tr>
				<td>1</td>
				<td>张三</td>
				<td>555 77 855</td>
			</tr>
			<tr>
				<td>1</td>
				<td>张三</td>
				<td>666 77 866</td>
			</tr>
			<tr>
				<td>2</td>
				<td>李四</td>
				<td>777 77 877</td>
			</tr>
		</table>
	</body>
</html>
```

【例 3-2】修改例 3-1，设置表格宽度为 80%，使表格在网页中水平居中对齐，单元格内边距为 15px，单元格边框为实线，修改后网页显示效果如图 3-3 所示。

通讯录
127.0.0.1:8848/web...
序号
姓名
电话
1
张三
555 77 855
1
张三
666 77 866
2
李四
777 77 877

图 3-3　设置了内边距和宽度的通讯录表格

1）复制例 3-1 HTML 文件，并重命名为 demo2.html。

2）为表格元素增加内边距、宽度、对齐和单元格内容与边框之间空白的属性定义，修改后代码如下。

```
<table border="1" align="center" cellpadding="15px" cellspacing="0" width="80%">
```

3. 单元格属性

单元格属性与单元格合并

单元格包括表头单元格 th 和内容单元格 td，是表格的基本组成单位，常用属性如表 3-2 所示。

表 3-2　单元格（th/td）的常用属性

属 性 名	说 明
align	规定单元格内容的水平排列方式，取值说明如下。 ● left：靠左对齐，默认值 ● center：居中对齐 ● right：靠右对齐 ● justify：分散对齐 ● char：字符对齐
valign	规定单元格内容的垂直排列方式，取值说明如下。 ● top：顶部对齐，默认值 ● middle：居中对齐 ● bottom：底部对齐 ● baseline：基线对齐
bgcolor	规定表格单元格的背景颜色，支持常用颜色格式，取值说明如下。 ● rgb(x,x,x)：颜色函数 ● #xxxxxx：十六进制颜色值 ● colorname：颜色名
colspan	规定单元格可横跨的列数，取值为数字
rowspan	规定单元格可横跨的行数，取值为数字
nowrap	规定单元格中的内容是否折行，取值为 nowrap，表示折行
width	规定单元格的宽度，取值为像素值或百分比

4．单元格合并

表格单元格可以合并，合并步骤如下。

1）根据需要设置单元格合并属性。

2）根据需要合并单元格数据。

3）删除被合并掉的单元格。

【例 3-3】修改例 3-2，用合并单元格行的方式合并单元格同类项，清晰表格的显示，使网页显示效果如图 3-4 所示。

序号	姓名	电话
1	张三	555 77 855
		666 77 866
2	李四	777 77 877

图 3-4　合并了单元格行的通讯录表格

1）复制例 3-2 HTML 文件，并重命名为 demo3.html。

2）设置表格第 2 列的第 1 行和第 2 行的跨行单元格合并属性，修改后代码如下。

```
<tr>
    <td rowspan="2">1</td>
    <td rowspan="2">张三</td>
    <td>555 77 855</td>
</tr>
```

3）删除表格第 3 行被合并的列，删除后代码如下。

```
<tr>
    <td>666 77 866</td>
</tr>
```

【例 3-4】修改例 3-2，用合并单元格列的方式合并单元格同类项，清晰表格的显示，使网页显示效果如图 3-5 所示。

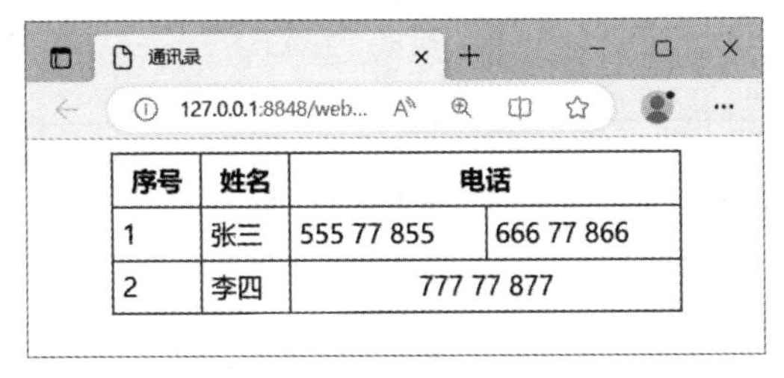

图 3-5　合并了单元格列的通讯录表格

1）复制例 3-2 HTML 文件，并重命名为 demo4.html。

2）设置表格第 1 行的跨列单元格合并属性，修改后代码如下。

```
<tr>
    <th>序号</th>
```

```
        <th>姓名</th>
        <th colspan="2">电话</th>
</tr>
```

3）设置表格第 4 行的跨列单元格合并属性，并设置文字居中对齐，使显示更为美观，修改后代码如下。

```
<tr>
        <td>2</td>
        <td>李四</td>
        <td colspan="2" align="center">777 77 877</td>
</tr>
```

4）修改表格第 2 行，将第 3 行的电话号码合并过来，合并后代码如下。

```
<tr>
        <td>1</td>
        <td>张三</td>
        <td>555 77 855</td>
        <td>666 77 866</td>
</tr>
```

5）删除表格原来第 3 行的代码。

3.1.2 复杂表格元素

复杂表格元素

为了使表格结构更为清晰，显示内容更为丰富，还可以使用复杂表格元素定义表格，包括 caption、thead、tbody、tfoot、col、colgroup 等元素。复杂表格元素及其属性如表 3-3 所示。

表 3-3 复杂表格元素及其属性

元素名	元素说明	元素属性
caption	定义表格的标题	align属性，规定标题的水平对齐方式，属性取值说明如下。 ● left：靠左对齐 ● center：居中对齐，默认值 ● right：靠右对齐 ● top：顶部对齐 ● bottom：底部对齐
thead	定义表格的表头	align属性，规定表头内容的水平对齐方式，属性取值说明如下。 ● left：靠左对齐 ● center：居中对齐，默认值 ● right：靠右对齐 ● justify：分散对齐 ● char：字符对齐
		valign属性，规定表头内容的垂直对齐方，属性取值说明如下。 ● top：顶部对齐 ● middle：居中对齐，默认值 ● bottom：底部对齐 ● baseline：基线对齐

续表

元 素 名	元 素 说 明	元 素 属 性
tbody	定义表格的主体内容	align和valign属性，取值及含义同thead元素，水平默认左对齐，垂直默认居中对齐
tfoot	定义表格的页脚	align和valign属性，取值及含义同tbody元素
col	定义表格的列	align和valign属性，取值及含义同thead元素
		span属性，取值为整数，规定 col 元素横跨的列数
		width属性，取值可以是 pixels，%，relative_length，规定 col 元素的宽度
colgroup	定义表格列的分组，能够对表格中的列进行组合，方便按列格式化	align、valign、span、width属性，取值及含义同col元素

3.1.3　任务实现

任务 3.1 实现

1. 技术分析

1）使用复杂表格元素清晰表格的结构。

2）使用 colgroup 元素对表格元素进行分组，从而能够按组设置背景色。

2. 编码实现

1）复制例 3-3 HTML 文件，重命名为 task1.html。

2）为 task1.html 文件增加标题设计，在 table 元素里嵌套添加 caption 元素，代码如下。

```
<!--表题设计-->
<caption><h3>通讯录</h3></caption>
```

3）按列设计表格的样式，在 table 元素里嵌套添加 colgroup 元素，代码如下。

```
<!--前 2 列的样式-->
<colgroup bgcolor="#f79d03" span="2" />
<!--第 3 列的样式-->
<colgroup bgcolor="#00ff88" />
```

4）将表头行放在 thead 元素内，将表格内容行放在 tbody 元素内，清晰表格的结构。并设置表格内容行居中对齐，美化内容显示。

5）设计表格页脚，并放在 tfoot 元素内，将 tfoot 元素放在 table 元素内，代码如下。

```
<!--表格页脚设计-->
<tfoot align="center">
    <tr>
        <td colspan="2">总人数</td>
        <td>2</td>
    </tr>
</tfoot>
```

任务 3.2 设计收货地址表单

设计收货地址表单

电子商务系统中，新用户购买商品时都需要填写收货地址，请参考图 3-6 设计一个收货地址信息录入表单，要求如下。

1）通过下拉选择输入收货地址地区。

2）通过复选框设置是否设为默认地址。

3）必填信息前面加红色星号。

4）表单元素对齐美观。

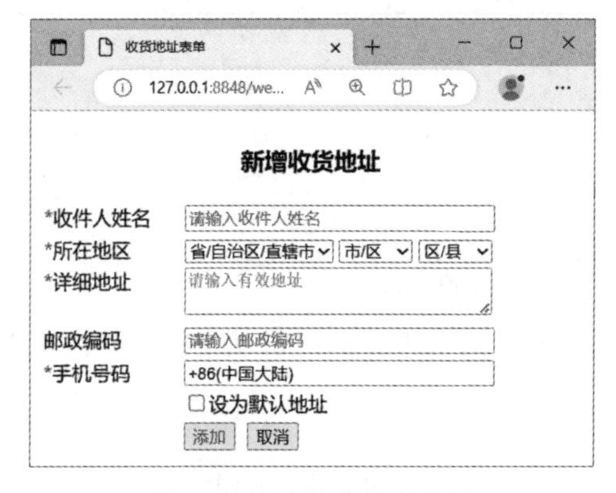

图 3-6　设计收货地址表单

3.2.1　form 元素

form 元素

表单用于收集用户的输入，form 元素是表单元素的容器元素，能够接收表单提交的信息。常用属性如表 3-4 所示。

表 3-4　form 元素的常用属性

属 性 名	说　明
action	规定表单提交时执行的动作，往往定义向何处发送表单数据，通常会发送到 Web 服务器上指定的网页
method	规定表单提交时所用的 HTTP 方法，取值说明如下。 ● get：默认方法，以“名称/值”对的形式将表单数据追加到 URL，表单数据在网页地址栏中可见，不适合敏感数据的提交，适合少量数据的提交，URL 的长度被限制为 2048 个字符，适合将结果添加为书签的表单提交，使用方便，如 Google 查询字符串中包含的数据使用这种方式 ● post：将表单数据附加在 HTTP 请求的正文中，大小不受限，可用于发送大量数据，数据不会在 URL 中显示，安全性更高，但是无法提交添加了书签的表单
target	规定在何处打开 action 提交的 URL，取值说明如下。 ● _blank：在新窗口或选项卡中打开 ● _self：默认值，在当前窗口中打开 ● _parent：在父框架中打开 ● _top：在窗口的整个 body 元素中打开 ● framename：在命名的 iframe 中打开

续表

属 性 名	说　明
name	规定表单的名称
novalidate	规定浏览器不验证表单

3.2.2　input 元素

input 元素

input 元素用于收集用户输入的信息，根据 type 属性值的不同，输入字段可以是文本字段、复选框、掩码后的文本、单选按钮、按钮等。input 元素的常用属性如表 3-5 所示。

表 3-5　input 元素的常用属性

属 性 名	说　明
checked	规定 input 元素首次加载时被选中
max	定义输入字段的最大值，需要与“min”属性配合使用来创建合法的取值范围，取值说明如下。 ● number：数字 ● date：日期
min	规定输入字段的最小值，需要与“max”属性配合使用来创建合法的取值范围，取值及含义同 max 属性
maxlength	定义输入字段的最大字符数，取值为数字
multiple	定义允许元素使用一个以上的值
name	定义元素的名称
pattern	定义输入字段值的模式或格式，取值为正则表达式，如 pattern="[0-9]"表示输入值必须是 0 到 9 之间的数字
placeholder	定义输入字段的提示信息
readonly	规定输入字段为只读字段
required	规定输入字段必须有输入值
type	规定 input 元素的类型，取值说明如下。 ● button：按钮 ● checkbox：复选框 ● file：文件 ● hidden：隐藏字段 ● image：图像 ● password：密码输入框 ● radio：单选按钮，同组的单选按钮“name”属性值必须相同 ● reset：重置按钮 ● submit：提交按钮 ● text：文本字段
src	定义提交按钮显示的图像 URL
value	定义 input 元素的值
size	定义输入字段的宽度，取值为数字

【例 3-5】使用表单元素设计一个显示效果如图 3-7 所示的用户注册网页。

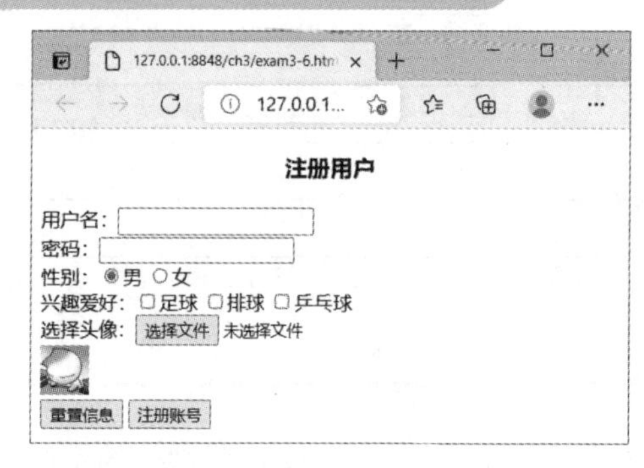

图 3-7　用户注册网页

1）新建 HTML 项目，在 img 目录下准备名为“eg_cute.gif”的图像素材。

2）新建 HTML 文件，编写代码如下。

```
<html>
    <head>
        <meta charset="UTF-8">
        <title>注册用户</title>
    </head>
    <body>
        <h3 align="center">注册用户</h3>
        <form action="exam3-6.html" method="post">
            用户名：<input type="text" name="username"/><br/>
            密码：<input type="password" name="password"/><br/>
            性别：<input type="radio" name="sex" value="man" checked="checked"/>男
            <input type="radio" name="sex" value="woman" />女<br />
            兴趣爱好：<input type="checkbox" name="interest" value="football"/>足球
            <input type="checkbox" name="interest" value="volleyball"/>排球
            <input type="checkbox" name="interest" value="ping-pong"/>乒乓球<br/>
            选择头像：<input type="file" name="file" /><br/>
            <input type="image" width="40" height="40" src="img/eg_cute.gif" /><br />
            <input type="reset" name="btnreset" value="重置信息" />
            <input type="submit" name="btnsubmit" value="注册账号" />
        </form>
    </body>
</html>
```

3.2.3　下拉列表元素

下拉列表

select 元素创建下拉列表，列表中的每一个选项用 option 元素定义，选项提示信息显示在 option 元素的标签开关与标签结尾之间。select 元素的属性如表 3-6 所示，option 元素的属性如表 3-7 所示。

表 3-6　select 元素的属性

属 性 名	说　明
multiple	定义可以选择多个选项

续表

属 性 名	说　明
name	定义下拉列表的名称
required	定义文本区域必填
size	定义下拉列表中可见选项的数目，取值为数字

表 3-7　option 元素的属性

属 性 名	说　明
disabled	定义选项在首次加载时被禁用
label	定义使用 optgroup 元素时所使用的标注
selected	定义选项首次显示在列表中时表现为选中状态
value	定义送往服务器的选项值

【例 3-6】修改例 3-5，改用下拉列表选择性别和兴趣爱好，网页显示效果如图 3-8 所示。

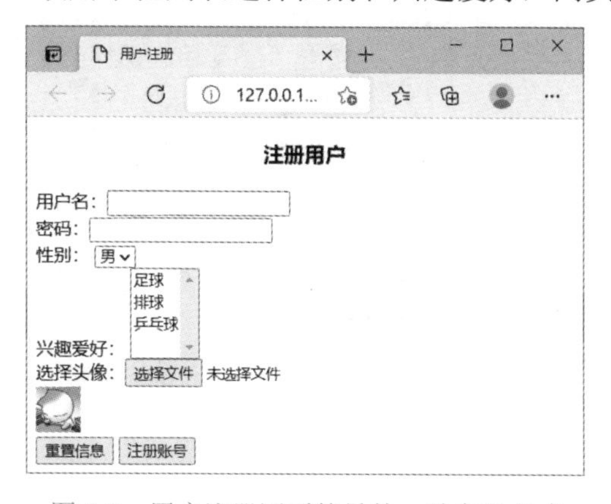

图 3-8　用户注册网页的另外一种实现方式

复制例 3-5 项目，将其中的 HTML 文件重命名为 demo6.html，修改其中有关性别和兴趣爱好选择的代码如下。

```
性别：<select name="sex">
        <option value="man" selected="selected">男</option>
        <option value="woman">女</option>
</select><br>
兴趣爱好：<select name="sex" multiple="multiple">
        <option value="football">足球</option>
        <option value="volleyball">排球</option>
        <option value="ping-pong">乒乓球</option>
</select><br>
```

3.2.4　textarea 元素

textarea 元素

textarea 元素定义文本域，能够实现文本的多行输入，较 input 元素实现的文本输入具有可容纳无限数量文字的特点，文本的默认字体是等宽字体（Courier），常用属性如表 3-8 所示。

表 3-8　textarea 元素的常用属性

属性名	说明
cols	定义文本区域的可见宽度，取值为数字
maxlength	定义文本区域的最大字符数，取值为数字
name	定义文本区域的名称
readonly	定义文本区域只读
required	定义文本区域必填
rows	定义文本区域的可见行数，取值为数字
wrap	定义在表单中提交时，文本区域中的文字如何换行，取值说明如下。 ● soft：默认提交值，文字不换行 ● hard：文字换行，包含换行符，这种方式下必须规定 cols 属性

【例 3-7】修改例 3-5，为用户注册界面增加一个自我介绍文本区域，使网页显示效果如图 3-9 所示。

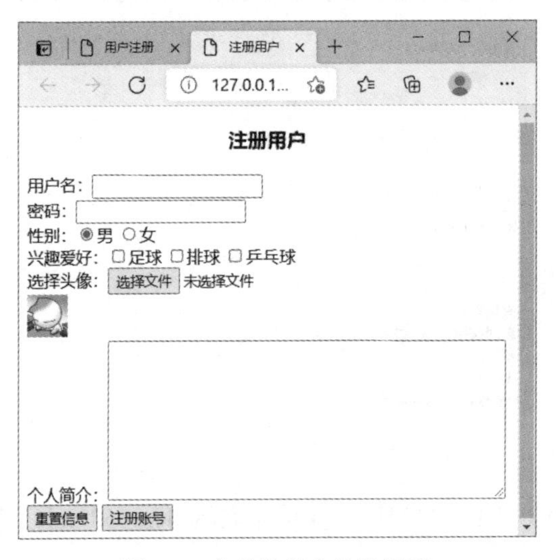

图 3-9　完善的用户注册网页

复制例 3-5 项目，将其中的 HTML 文件重命名为 demo7.html，在头像图像元素下面增加自我介绍文本区域代码如下。

```
个人简介：<textarea cols="50" rows="10"></textarea><br>
```

3.2.5　任务实现

任务 3.2 实现

1．技术分析

1）设置表单元素 input 的 type 属性值，使表单能够根据需要成为文本输入、多选/单选输入和提交按钮。

2）使用表格元素对齐表单显示。设计表格，将表单元素放到表格对应单元格里，实现对齐效果。

2. 编码实现

1）新建 HTML 文件，编写代码如下。

```
<html>
    <head>
        <meta charset="utf-8">
        <title>收货地址表单</title>
    </head>
    <body>
      <form>
        <h3>新增收货地址</h3>
        <span style="color: red;">*</span>收件人姓名
        <input type="text" name="username" placeholder="请输入收件人姓名" /><br>
        <span style="color: red;">*</span>所在地区
        <select name="province">
            <option value="noselect" selected="selected">省/自治区/直辖市</option>
            <option value="beijing">北京市</option>
            <option value="shanghai">上海市</option>
            <option value="jiangsu">江苏省</option>
        </select>
        <select name="city">
            <option value="noselect" selected="selected">市/区</option>
            <option value="beijing">北京市</option>
            <option value="shanghai">上海市</option>
            <option value="nanjing">南京市</option>
        </select>
        <select name="district">
            <option value="noselect" selected="selected">区/县</option>
            <option value="haidian">海淀区</option>
            <option value="xuhui">徐汇区</option>
            <option value="gulou">鼓楼区</option>
        </select>
        </br>
        <span style="color: red;">*</span>详细地址
        <textarea name="detailadress" placeholder="请输入有效地址"></textarea></br>
        邮政编码<input type="text" name="postcode" placeholder="请输入邮政编码" /></br>
        <span style="color: red;">*</span>手机号码
        <input type="text" name="mobilephone" pattern = "1[0-9]{10}"/></br>
        <input type="checkbox" value="defaultadress">设为默认地址</br>
        <input type="submit" value="添加" name="add" style="color: red;">
        <input type="reset" value="取消" name="cancel">
      </form>
    </body>
</html>
```

2）设计一个 7 行 2 列的表格，将收货地址信息录入表单元素放到表格单元格里，利用表格单元格的对齐实现元素的对齐，使收货地址信息录入显示效果满足对齐要求，完整代码如下。

```
<html>
    <head>
      <meta charset="utf-8">
      <title>收货地址</title>
    </head>
    <body>
      <form>
        <caption>
            <h3>新增收货地址</h3>
        </caption>
        <table width="100%">
            <tr>
                <td><span style="color: red;">*</span>收件人姓名</td>
                <td><input name="username" ….. size="35" /></td>
            </tr>
            <tr>
                <td><span style="color: red;">*</span>所在地区</td>
                <td><select name="province">
                        ……
                </td>
            </tr>
            <tr>
                <td valign="top"><span style="color: red;">*</span>详细地址</td>
                <td><textarea name="detailadress" …… cols="33" /></textarea></td>
            </tr>
            <tr>
                <td>邮政编码</td>
                <td><input type="text" name="postcode" …… size="35" /></td>
            </tr>
            <tr>
                <td><span style="color: red;">*</span>手机号码</td>
                <td><input type="text" name="mobilephone" …. size="35" /></td>
            </tr>
            <tr>
                <td></td>
                <td><input type="checkbox" value="defaultadress">设为默认地址</td>
            </tr>
            <tr>
                <td></td>
                <td align="left">
                    <input type="button" value="添加" name="add" style="color: red;">
                     <input type="button" value="取消" name="cancel">
                </td>
            </tr>
        </table>
      </form>
    </body>
</html>
```

模块小结 3

模块 3 小结

本模块用 2 个任务介绍了 HTML 表格与表单元素的用法，知识点总结如图 3-10 所示。

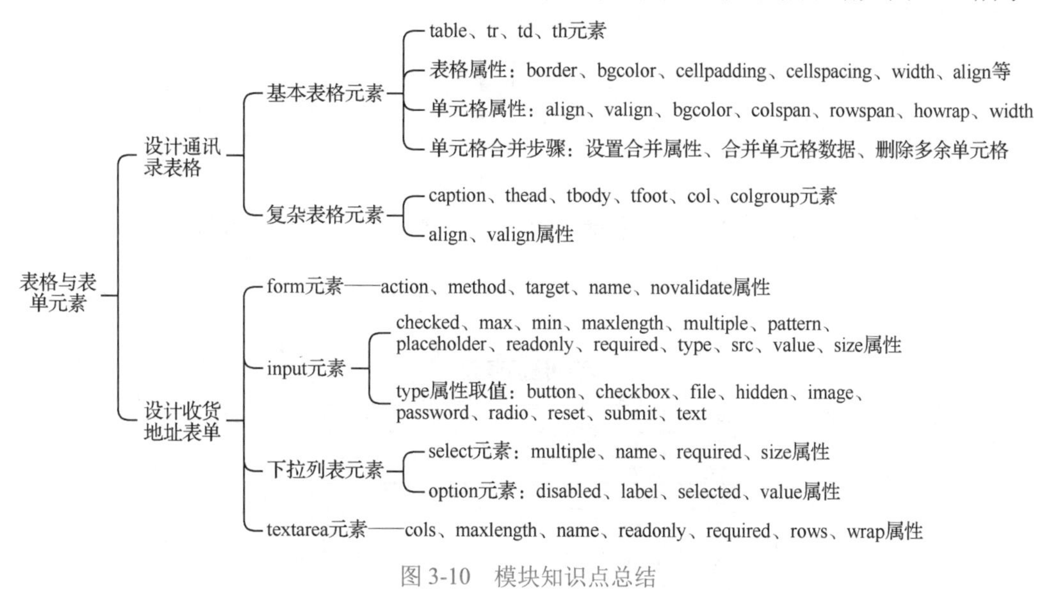

图 3-10　模块知识点总结

随堂测试 3

1．以下选项中，哪一个全部是表格元素？（　　）

A．table、head、tfoot　B．table、tr、td　C．table、tr、tt　D．thead、body、tr

2．以下哪个元素的设置能够使单元格内容左对齐？（　　）

A．<td align="left">　B．<td valign="left">　C．<td leftalign>　D．<td left>

3．以下哪个元素定义可以生成复选框？（　　）

A．<input type="check">　B．<checkbox>

C．<input type="checkbox">　D．<check>

4．以下哪个元素定义可以生成文本框？（　　）

A．<input type="textfield">　B．<input type="text">

C．<input type="text">　D．<textfield>

5．以下哪个元素定义可以生成下拉列表？（　　）

A．<list>　B．<input type="list">

C．<input type="dropdown">　D．<select>

6．以下哪个元素定义可以生成文本区域？（　　）

A．<textarea>　B．<input type="textarea">

C．<input type="textbox">　D．<input type="text">

课后实践 3

1．用表格元素与单元格合并属性实现图 3-11 所示的九宫格显示。

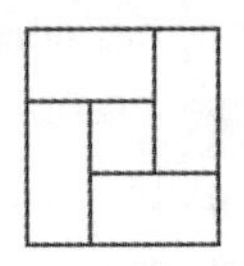

图 3-11　九宫格显示

2．用表格元素布局例 3-7 用户注册表单的元素排列，使显示效果如图 3-12 所示。

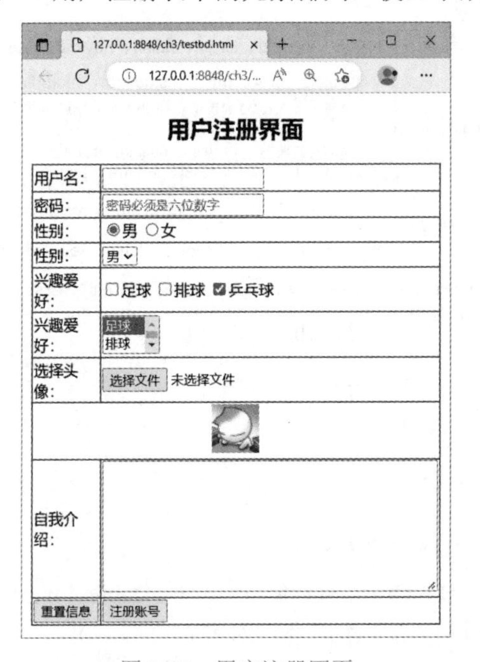

图 3-12　用户注册网页

3．参考图 3-13，使用表单与表格元素设计一个用户注册网页。

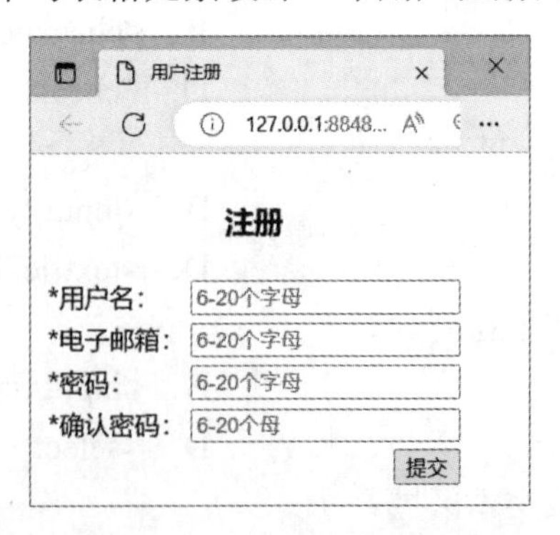

图 3-13　用户注册网页

4．将课后实践任务整合到自己设计的网站中。

模块 4 CSS 语法基础

样式是网页内容的表现形式，是网页设计中非常重要的内容。本模块介绍 CSS 样式语法规则、声明方式、CSS 选择器和样式的优先级规则。

知识目标

1）掌握 CSS 样式定义的基本语法格式和样式声明的方式。
2）掌握 CSS 基本、分组、多类名、层级、伪类、伪元素、属性选择器选择元素的原则。
3）掌握样式声明的优先级规则。

能力目标

1）能够使用 CSS 选择器选择元素。
2）能够基于 CSS 语法定义元素的样式。
3）能够基于样式优先级规则正确定义元素的样式。

任务 4.1 规范海报样式设计

规范海报样式设计

层叠样式表 CSS（Cascading Style Sheets）是表现标准，用于说明 HTML 结构在浏览器、纸张或其他媒体上的显示样式，实现了 HTML 结构和表现形式的分离，为样式重用提供了技术基础，符合软件编程代码重用的思想，在网页设计中使用非常广泛。

在任务 2.2 中设计了电影海报及其样式，本任务使用 CSS 语法规则规范任务 2.2 的样式设计，将其中使用 style 属性设置的样式与元素定义进行分离，清晰网页的结构。

4.1.1 CSS 语法规则

CSS 语法规则

1. CSS 规则集

CSS 规则集（rule-set）定义元素的样式，由选择器和声明块组成，如图 4-1 所示。

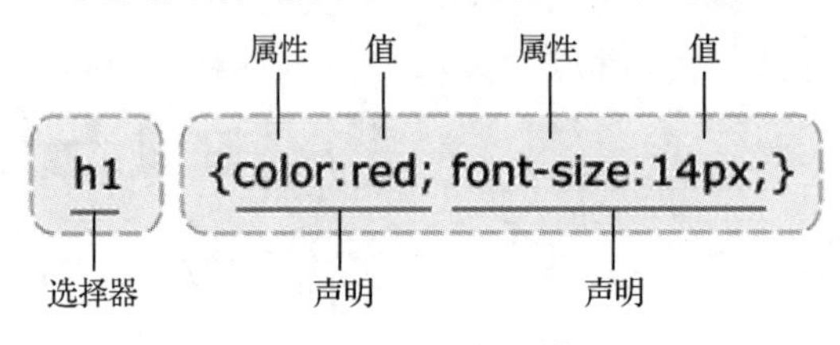

图 4-1　CSS 规则集

语法格式说明如下。

1）选择器筛选需要设置样式的 HTML 元素。

2）声明块用花括号括起来，能够包含一条或多条样式声明语句，每一条样式声明语句均以分号结束。

3）一条声明语句设置元素的一个样式属性，包括属性名称和属性的合法取值，属性名称与属性取值之间用冒号进行分隔。

4）如果是复合属性，属性需要多个值定义，取值之间用空格进行分隔。例如，使用字体复合属性 font 定义粗体、70px 大小的、标准型的字体声明语句为“font: bold 70px normal;”。

5）如果是同一属性的多种取值，取值之间用逗号进行分隔。例如，使用字体属性 font-family 定义 1 个主要字体 Cambria，再定义 1 个备选字体 Times 的声明语句为“font-family: Cambria, Times;”。

复合属性的多个值之间也用空格进行分隔，所以需要特别注意，属性值与值的单位之间不能有空格，如 14 个像素要写成 14px，在 14 和 px 之间一定不能有空格。

图 4-1 的 CSS 规则集说明如下。

1）筛选 h1 元素。

2）声明块中有 2 条样式声明语句，为 h1 元素定义了 2 个样式。

3）第 1 条声明语句中，color 是属性名，red 是属性值，定义 h1 元素的文字颜色为红色。

4）第 2 条声明中，font-size 是属性名，14px 是属性值，定义 h1 元素的字号为 14 像素。

2. 注释

CSS 注释以“/*”开始，以“*/”结束，单行与多行注释语法一样，书写格式如下。

```
/*这是一条 CSS 注释*/
```

与 HTML 类似，它也有快捷操作方式，将待注释内容选中，然后同时按下 Ctrl 和斜杠（/）键能够快速注释选中的内容。

4.1.2 样式声明方式

样式声明方式

1. 内部样式表

在 HTML 文件头部 head 元素内，使用 style 元素定义的样式称为内部样式表。内部样式表仅作用于 style 元素所在的文件，实现了样式与 HTML 网页结构的分离和样式在单个文件中的重用，具有阅读方便和模块化设计的特点，一般在单个文件需要设计样式时使用这种模式。

style 元素一般不设置或只设置一个 type 属性，该属性有唯一一个取值"text/css"，规定 style 元素的内容类型。在 style 元素的内部，定义格式化 HTML 元素的 CSS 规则集。

2. 外部样式表

存放 CSS 规则集，且以.css 为扩展名保存的文件称为外部样式表。外部样式表能够应用到多个网页中，通过修改样式表能够一次性修改多个网页的显示效果，特别是在一些特殊的情况下，通过改变样式表来改变整个网站的外观效率非常高。例如，在特殊的日子，简单的修改配色样式表就可以让网站呈现不同的配色风格，表达不同的主题，为网站设计带来了极大的便利。因此，在真实网站设计中，外部样式表使用更多，是最理想的样式声明方式。

外部样式表可以在任何文本编辑器中编辑，只要以.css 扩展名保存文件即可。通过 link 元素或@import 规则将外部样式表引用到 HTML 文件中。

（1）link 元素

link 元素是一个空元素，仅包含属性，只能放在 head 元素中，可以在 head 元素中多次出现。一个 link 元素只能引用一个外部样式表，引用多个外部样式表需要添加多个 link 元素，元素属性如表 4-1 所示。

表 4-1 link 元素的属性

属 性 名	说 明
href	规定被链接文件的位置，取值为 URL
rel	规定当前文件与被链接文件之间的关系，属性取值举例及说明如下。 ● icon：图像 ● stylesheet：样式表
type	规定被链接文件的 MIME 类型，链接样式表的取值为 text/css

（2）@import 规则

与 link 元素一样，@import 规则也可以引用外部样式表到 HTML 文件。但是，二者引入的时机不同，link 元素在网页加载时引入样式表，@import 规则在网页加载完毕后引入样式表，不会有闪烁问题。@import 规则是 CSS2.1 才有的语法，只能在 IE5 以上的浏览器中才能识别。@import 规则需要嵌套在 style 元素中，语法格式如下。

```
<style>
    @import url(URL);
</style>
```

取值为 url 函数，函数参数 URL 定义外部样式表的路径。

也可以直接使用字符串，语法格式如下。

```
<style>
    @import "URL";
</style>
```

参数 URL 同样定义外部样式表的路径。

3．内联样式

直接在元素标签开头中定义的样式称为内联样式，本书前面使用 style 属性定义的元素样式全部为内联样式。这种样式书写方式简单、直接，但是将元素表现和结构混杂在一起，会降低网页的可阅读性和破坏模块化编程的结构，因此，一般不推荐使用。

以下代码使用内联样式定义 a 元素的文字颜色为红色，不推荐使用。

```
<a style="color: red;"></a>
```

4.1.3 简单 CSS 属性

HTML 元素有两类属性。一类与元素的功能实现相关，例如，a 元素的 href 属性，规定 a 元素的链接目标。又如 img 元素的 src 属性，规定待显示的图像路径。这些属性与元素的功能息息相关，往往是必须要设置的，可直接在元素标签开头通过属性名进行设置。还有一类与元素的外观设置相关，例如，a 元素的颜色、字体等属性，称为元素的 CSS 属性。CSS 属性一般通过内部或外部样式表进行定义，不推荐使用内联 style 属性进行设置。

1．元素的通用 CSS 属性

元素的通用 CSS 属性

元素有一些通用的属性，包括背景、文字颜色、字体、字体装饰，以及大小等属性。

（1）背景与文字颜色（属性见表 4-2）

表 4-2　背景与文字颜色属性

属 性 名	说　明
background-color	定义元素的背景颜色，取值说明如下。 ● rgb(x,x,x)：颜色函数 ● #xxxxxx：十六进制颜色值 ● colorname：颜色名，如 red，green，blue，pink……
background-image	定义元素的背景图像，取值为 url(URL)函数，参数 URL 规定图像的路径
color	定义元素的文字颜色，取值说明同背景色

（2）字体属性（见表 4-3）

表 4-3　字体属性

属 性 名	说　明
font-family	设置文字的字体名称，如果字体包含一个以上单词，字体名称必须用引号引起来，如"Times New Roman"；可以包含多个字体名称，名称之间用逗号进行分隔，如"arial, helvetica, sans-serif"

续表

属性名	说明
font-style	设置文字的字体风格，取值说明如下。 ● normal：标准字体 ● italic：斜体字 ● oblique：倾斜字，与斜体字非常相似，支持较少
font-size	设置文字的字号，取值为数值，单位为 px 或 em 百分比
font-weight	设置文字的粗细，取值说明如下。 ● normal：默认值，标准字体 ● bold：粗体字符 ● bolder：更粗的字符 ● lighter：更细的字符
font	字体复合属性，在一个声明中设置所有的字体属性，不同属性值之间用空格进行分隔，若设置多个备用字体，字体之间用逗号进行分隔

（3）文字的装饰属性（见表 4-4）

表 4-4 文字的装饰属性

属性名	说明
text-indent	设置文字的缩进，取值为数值，单位为 px 或 em 百分比
text-align	设置文字的水平对齐方式，取值说明如下。 ● left：左对齐，默认对齐方式，文字从左到右对齐 ● right：右对齐，文字从右到左对齐 ● justify：两端对齐
text-decoration	设置或删除文字的装饰，使文字显示某种效果，取值说明如下。 ● none：默认值，去掉文字的装饰，使显示普通文字。例如，用于设置 a 元素时，表示去掉 a 元素的默认下画线 ● underline：给文字添加下画线 ● overline：给文字添加上画线 ● line-through：给文字添加穿越线
vertical-align	设置文字的垂直对齐方式，取值说明如下。 ● top：顶部对齐 ● middle：居中对齐 ● bottom：底部对齐
line-height	设置文字的行高，取值为数值，单位为 px 或 em。当取值与元素高度值相同时，能够实现文字的垂直居中

（2）元素的大小属性（见表 4-5）

表 4-5 元素的大小属性

属性名	说明
width	定义元素的宽度，取值说明如下。 ● auto：默认，浏览器根据元素内容自动计算元素的宽度 ● length：以 px、cm 等单位定义宽度 ● %：以元素包含块的百分比定义宽度 ● initial：将元素宽度设置为默认值 ● inherit：规定元素从父级继承宽度
height	定义元素的高度，取值说明同 width 属性

2．列表元素的 CSS 属性

列表元素的 CSS 属性

列表（ul、ol、li）是一类特殊的元素，还具有一些特有的 CSS 属性。

（1）列表项标志类型

list-style-type 属性设置列表项的标志类型，属性取值说明如表 4-6 所示。

表 4-6　list-style-type 属性

属 性 值	说　明
none	无标志
disc	默认值，标志是实心圆
circle	标志是空心圆
square	标志是实心方块
decimal	标志是数字
lower-roman	标志是小写罗马数字（i, ii, iii, iv, v, 等）
upper-roman	标志是大写罗马数字（I, II, III, IV, V, 等）
lower-alpha	标志是小写英文字母 The marker is lower-alpha（a, b, c, d, e, 等）
upper-alpha	标志是大写英文字母 The marker is upper-alpha（A, B, C, D, E, 等）

（2）列表项图像标志

list-style-image 属性设置列表项的图像标志，语法格式如下。

```
list-style-image : url(URL);
```

参数 URL 规定图像的路径。

（3）列表项标志的位置

list-style-position 属性设置列表项标志相对于列表项内容的位置，如表 4-7 所示。

表 4-7　list-style-position 属性

属 性 值	说　明
inside	列表项标志放置在文字以内，且环绕文字，以标志对齐
outside	默认值。保持列表项标志位于文字的左侧。列表项标志放置在文字以外，环绕文字，不以标志对齐
inherit	定义从父级继承 list-style-position 属性的值

（4）列表项标志简写

list-style 属性能够按照 list-style-type、list-style-position、list-style-image 的顺序在一个声明中设置列表项的所有属性，属性取值之间用空格进行分隔。

4.1.4　简单选择器

选择器用于查找并选择 HTML 元素，从而为元素设置外观样式。本节介绍规则简单，使用频率较高的简单选择器。

基本选择器

1. 基本选择器

基本选择器是选择器的基础，有 4 种基本选择器，如表 4-8 所示。

表 4-8 基本选择器

选 择 器 名	说 明	取 值 实 例
元素选择器	根据元素名称选择元素，选择指定名称的所有元素，取值为元素名	p，选择所有 p 元素
id 选择器	根据元素的 id 属性值选择元素，由于元素 id 属性值具有唯一性，只能选到唯一的一个元素。取值为井号（#）+元素的 id 属性值	#ld，选择 id 属性值为 ld 的元素
class（类）选择器	根据 class 属性值选择元素，选择具有指定 class 属性值的所有元素，取值为点号（.）+class 属性值	.lc，选择所有具有 class 属性且属性值为 lc 的元素
通用选择器	选择 HTML 文件的所有元素，取值为星号（*）	

与 HTML 一样，CSS 也不区分大小写，一般使用小写。但是，class 和 id 选择器的名称严格区分大小写。

【例 4-1】用基本选择器选择元素，为例 2-12 增加样式设计，使网页显示效果如图 4-2 所示。

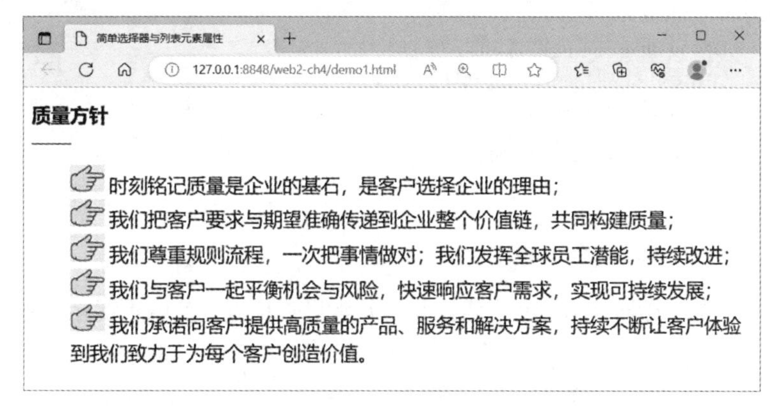

图 4-2 基本选择器与列表元素的 CSS 属性

1）新建 HTML 项目，在 img 目录下准备名为“手指.jpg”的图像素材。

2）复制例 2-12 HTML 文件代码，为元素添加 id 和 class 属性，修改后代码如下。

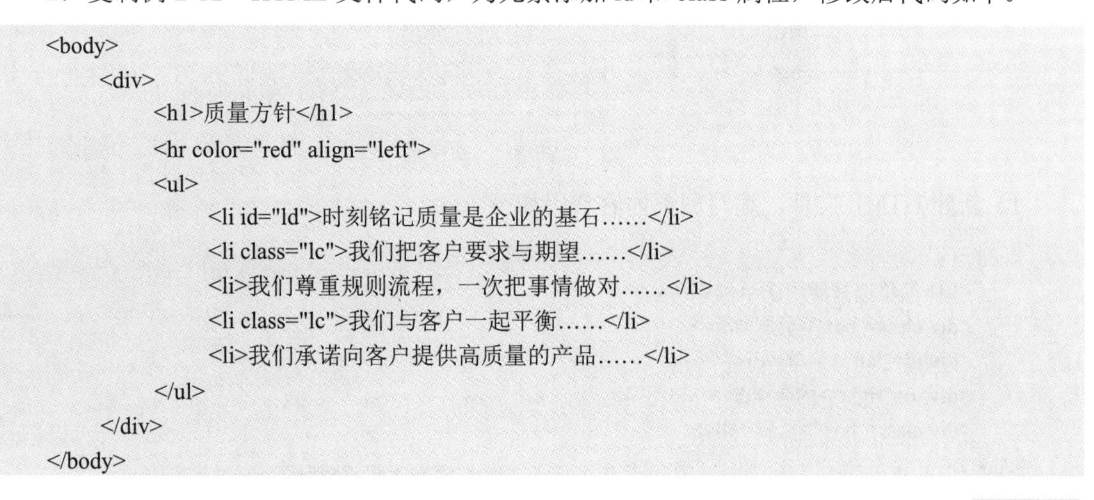

```
<body>
    <div>
        <h1>质量方针</h1>
        <hr color="red" align="left">
        <ul>
            <li id="ld">时刻铭记质量是企业的基石……</li>
            <li class="lc">我们把客户要求与期望……</li>
            <li>我们尊重规则流程，一次把事情做对……</li>
            <li class="lc">我们与客户一起平衡……</li>
            <li>我们承诺向客户提供高质量的产品……</li>
        </ul>
    </div>
</body>
```

hr 元素的对齐和颜色属性只能用内联样式设置，用内部或外部样式表设置不起作用。

3）在 HTML 文件的 head 元素内添加 style 元素，编写样式代码如下。

```
<head>
    <meta charset="utf-8" />
    <title>简单选择器与列表元素属性</title>
    <style type="text/css">
        /* 元素选择器，选择 hr 元素 */
        hr {
            width: 40px;
        }
        /* 通用选择器，设置文字样式 */
        * {
            font-size: 20px;
            line-height: 30px;
        }
        /*元素选择器，选择 li 元素*/
        li {
            /* 设置列表项的图像标志 */
            list-style-image: url("img/手指.jpg");
            /* 设置列表项的位置 */
            list-style-position: inside;
        }
    </style>
</head>
```

【例 4-2】用基本选择器选择 div 元素，并为元素设置样式，使网页显示效果如图 4-3 所示。

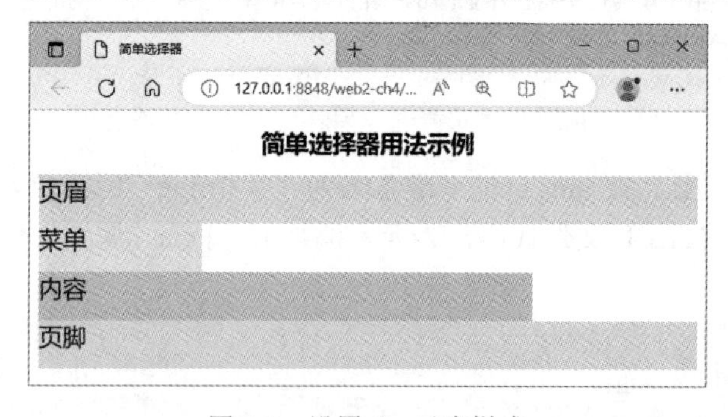

图 4-3　设置 div 元素样式

1）新建 HTML 文件，编写网页内容代码如下。

```
<body>
    <h1>简单选择器用法示例</h1>
    <div class="box">页眉</div>
    <div id="left">菜单</div>
    <div id="right">内容</div>
    <div class="box">页脚</div>
</body>
```

2）在 HTML 文件的 head 元素内添加 style 元素，编写样式代码如下。

```
<head>
    <title>简单选择器</title>
    <meta charset="utf-8">
    <style>
        /*通用选择器，设置网页字号*/
        * {
            font-size: 20px;
        }

        /*元素选择器，选择 h1 元素*/
        h1 {
            text-align: center;
        }

        /*类选择器，选择类属性值为 box 的元素*/
        .box {
            height: 40px;
            background-color: lavender;
        }

        /* id 选择器，选择 id 属性值为 left 的元素*/
        #left {
            width: 25%;
            height: 40px;
            background-color: antiquewhite;
        }

        /* id 选择器，选择 id 属性值为 right 的元素*/
        #right {
            width: 75%;
            height: 40px;
            background-color: aquamarine;
        }
    </style>
</head>
```

2．分组选择器

分组与多类名选择器

如果要将一个 CSS 规则集定义到多个选择器上，可以使用分组选择器。分组选择器中，选择器之间用逗号进行分隔，如“p,.lc”选择所有 p 元素和所有具有 class 属性且属性值为 lc 的元素；又如“p,div”选择所有 p 元素和所有 div 元素。

3．多类名选择器

如果一个元素要设置多种类型的样式，如既要设置颜色样式，又要设置大小样式，遵循模块化编程思想，就可以将这两类样式分别定义在两个 CSS 规则集中，并在元素类属性中同时使用这两个规则集，实现模块化编程。给元素的类属性赋多个值称为多类名选择器，属性值之间用空格进行分隔。

【例 4-3】修改例 4-2，使用分组选择器进一步优化 CSS 规则集的定义，使用多类名选择器进一步模块化规则集的定义，保持网页的显示效果不变。

1）复制例 4-2 的 HTML 文件，修改 HTML 内容代码如下。

```
<body>
    <h1>简单选择器用法示例</h1>
    <!-- 多类名选择器 -->
    <div class="box-color box-height">页眉</div>
    <div id="left">菜单</div>
    <div id="right">内容</div>
    <!-- 多类名选择器 -->
    <div class="box-color box-height">页脚</div>
</body>
```

2）修改样式代码如下。

```
<head>
    <title>简单选择器</title>
    <meta charset="utf-8">
    <style>
        /*通用选择器，设置网页字号*/
        * {
            font-size: 20px;
        }

        /*元素选择器，选择 h1 元素*/
        h1 {
            text-align: center;
        }

        /*类选择器，选择类属性值为 box-color 的元素*/
        .box-color {
            background-color: lavender;
        }

        /* 分组选择器，选择类属性值为 box-height 的元素、
        id 属性值为 left 和 right 的元素 */
        .box-height,#left,#right {
            height: 40px;
        }

        /* id 选择器，选择 id 属性值为 left 的元素*/
        #left {
            width: 25%;
            background-color: antiquewhite;
        }

        /* id 选择器，选择 id 属性值为 right 的元素*/
        #right {
            width: 75%;
```

```
            background-color: aquamarine;
        }
    </style>
</head>
```

4.1.5　任务实现

任务 4.1 实现

1. 项目创建与资源准备

新建 HTML 项目，在项目 img 目录下准备名为“开国大典.jpg”的图像素材。

2. HMTML 内容设计

复制任务 2.2 HTML 文件代码，为 p 元素增加 class 属性，修改后代码如下。

```
<body>
    <h2 align="center">《开国大典》 电影</h2>
    <!-- 单击进入视频播放页面 -->
    <a href="video.html">
        <img src="../img/开国大典.jpg" align="left" id="img">
    </a>
    <h4>获奖情况</h4>
    <p>
        <a href="#id1">第 10 届中国电影金鸡奖(1990)</a><br>
        <a href="#id2">第 13 届大众电影百花奖(1990)</a><br>
        <a href="">第 10 届金凤凰奖(2005)</a><br>
    </p>
    <h4>剧情介绍</h4>
    <p class="indent">
        《开国大典》 电影……
    </p>
    <h4 id="id1">第 10 届中国电影金鸡奖</h4>
    <p class="indent">
        第 10 届中国电影金鸡奖于 1990 年在北京举办……
    </p>
    <h4 id="id2">第 13 届大众电影百花奖</h4>
    <p class="indent">
        第 13 届大众电影百花奖于 1990 年举办。本届百花奖……
        <ul>
            <li>最佳男主角：古月《开国大典》</li>
            <li>最佳女主角：宋佳《庭院深深》</li>
            <li>最佳男配角：孙飞虎《开国大典》</li>
            <li>最佳女配角：林默予《红楼梦》</li>
        </ul>
    </p>
</body>
```

3. CSS 样式设计

1）段落文字使用了同样的字体和文字对齐方式，使用元素选择器。

2）有 2 个段落使用了首航缩进的样式，使用类选择器。

3）使用 id 选择器选择图像，设计图像的样式。

在 HTML 文件的 head 元素内添加 style 元素，编写样式代码如下。

```
<style>
    #img {
        height: 180px;
        /*设计图像的上、右、下、左外边距分别为 0 10px 5px 0，详见模块 5 元素框模型*/
        margin: 0 10px 5px 0;
    }

    p {
        font-size: 14px;
        text-align: justify;
    }

    .indent {
        text-indent: 2em;
    }
</style>
```

任务 4.2　设计通讯录表格样式

设计通讯录表格样式

在任务 3.1 中，使用表格设计了通讯录，但是样式还不够美观、友好，本任务使用伪类选择器选择元素的状态，为通讯录设置更为友好的显示样式，具体要求如下。

1）使表格隔行具有不同的背景色。

2）当鼠标指针（简称鼠标、光标）悬停于表格的行时，行的文字字体加粗、放大，颜色用红色突显显示，以方便用户查看。

网页显示效果如图 4-4 所示，图 4-4（a）为初始显示效果，图 4-4（b）为鼠标指针悬停于通讯录第 3 行的显示效果，第 3 行字体加粗、放大，颜色显示为红色突显色。

（a）初始显示效果

（b）鼠标悬停显示效果

图 4-4　格式友好的通讯录表格

层级选择器

4.2.1　层级选择器

层级选择器基于元素之间的层次关系选择元素，有 4 种层级选择器，如表 4-9 所示。

表 4-9　层级选择器

选 择 器 名	说　　明	取 值 实 例
后代选择器	选择指定元素的所有指定后代元素，两个元素之间的层次间隔不限。取值为用空格分隔的选择器	p em，选择嵌套在 p 元素内的所有 em 元素
子元素选择器（上下文选择器）	选择指定元素的所有指定子元素。取值为用大于号分隔的选择器	p>em，选择父元素是 p 的所有 em 元素
相邻兄弟选择器（next 选择器）	选择与指定元素相邻且同级的指定元素，同级要求有相同的父元素，相邻要求紧随指定元素之后。取值为用加号分隔的选择器	p+em，选择所有紧随 p 元素之后，且与 p 有相同父元素的 em 元素
兄弟选择器（nextAll 选择器）	选择与指定元素同级，且在指定元素之后的所有指定元素，仅要求与指定元素有相同的父元素，不要求相邻指定元素。取值为用波浪线分隔的选择器	p~em，选择在 p 元素之后，且与 p 元素有相同父元素的所有 em 元素

在表 4-9 取值实例中，使用的选择器之所以都是元素选择器仅是为了说明方便之故，并不表示其他选择器不能使用，如 div .box1 选择器选择类属性值为 box1 的，且嵌套在 div 元素内的所有元素。事实上，所有选择器，包括后面即将讲到的伪类、伪元素、属性选择器等都可以在这里使用。

【例 4-4】用层级选择器选择元素，设置文本的不同颜色，使网页显示效果如图 4-5 所示。

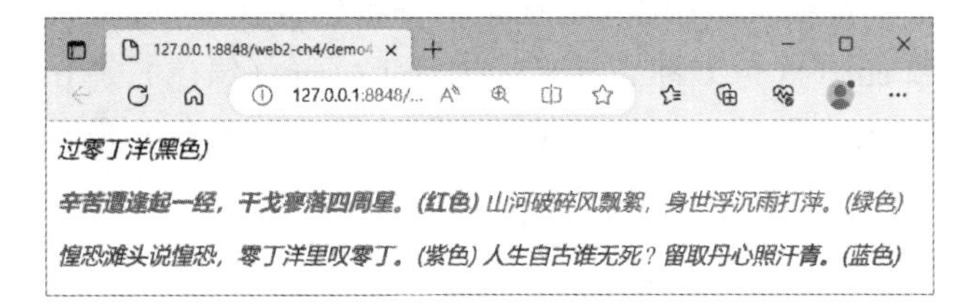

图 4-5　层级选择器选择元素

1）新建 HTML 文件，编写网页内容代码如下。

```
<body>
    <em>过零丁洋(黑色)</em>
    <p>
        <b>
            <em>辛苦遭逢起一经，干戈寥落四周星。(红色)</em>
        </b>
        <em>山河破碎风飘絮，身世浮沉雨打萍。(绿色)</em>
    </p>
    <em>惶恐滩头说惶恐，零丁洋里叹零丁。(紫色)</em>
    <em>人生自古谁无死？留取丹心照汗青。(蓝色)</em>
</body>
```

2）在 HTML 文件的 head 元素内添加 style 元素，并编写样式代码如下。

```
<style>
    /* 后代选择器 */
    p em {
        color: red;
    }

    /* 子元素选择器 */
    p>em {
        color: green;
    }

    /* 兄弟选择器 */
    p~em {
        color: blue;
    }

    /* 相邻兄弟选择器 */
    p+em {
        color: purple;
    }
</style>
```

使用层级选择器时需要理清元素之间的层次关系，还需要特别注意，前面选择器是限定选择器，起限定作用，选择的是后面选择器匹配的元素。

例 4-4 中元素之间的层次关系如图 4-6 所示，分析如下。

1）em（绿色）和 em（红色）都是 p 元素的后代，em（绿色）是 p 元素的子元素。

2）em（紫色）和 em（蓝色）都是 p 元素的兄弟，em（紫色）是 p 元素的相邻兄弟。

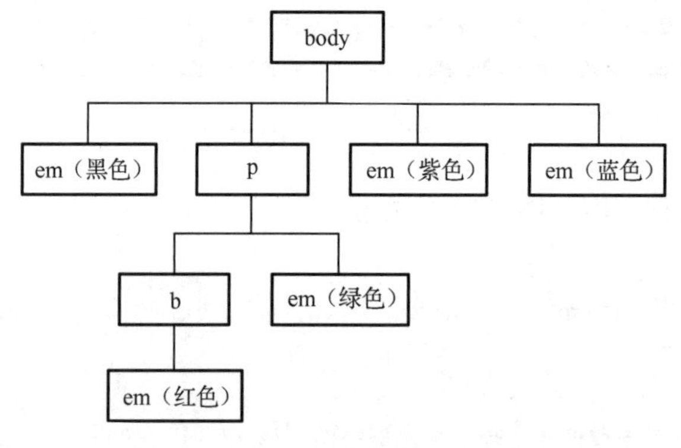

图 4-6　例 4-4 元素之间的层次关系

这里元素的最终显示效果用到了样式的层叠性，在任务 4.4 中会全面介绍。本实例建议每写一个样式保存并调试一下，以便深刻理解元素之间的层次关系。

4.2.2　伪类选择器

伪类选择器选择元素的特定状态，如鼠标悬停、获得输入焦点等。语法格式如下。

```
selector:pseudo-class;
```

选择器后面紧跟元素的状态，也即伪类名，选择器与伪类名之间用冒号进行分隔。伪类名对大小写不敏感，推荐使用小写。

1. 锚伪类

锚伪类

元素有 4 种访问状态，对应有 4 个伪类，称为锚伪类，如表 4-10 所示。

表 4-10　锚伪类

伪 类 名	说　　明
:link	元素尚未被访问过
:visited	元素已经被访问过
:hover	鼠标悬停于元素上方时
:active	元素被激活的瞬间

为元素的不同访问状态设置样式时，必须遵循一定的次序规则，否则效果会无效。

1）:hover 必须位于:link 和:visited 之后。

2）:active 必须位于:hover 之后。

a 元素能够链接网页，实现网页跳转功能，是网页设计中非常重要的一个元素。下面以 a 元素的锚伪类为例，说明锚伪类的用法。

【例 4-5】定义锚伪类，使处于不同状态的 a 元素具有不同的颜色，显示效果如图 4-7 所示。图 4-7（a）是初始显示，文字显示为红色，图 4-7（b）是鼠标悬停显示，文字为紫色，图 4-7（c）是链接激活瞬间显示，文字为蓝色，图 4-7（d）是链接后显示，文字为绿色。

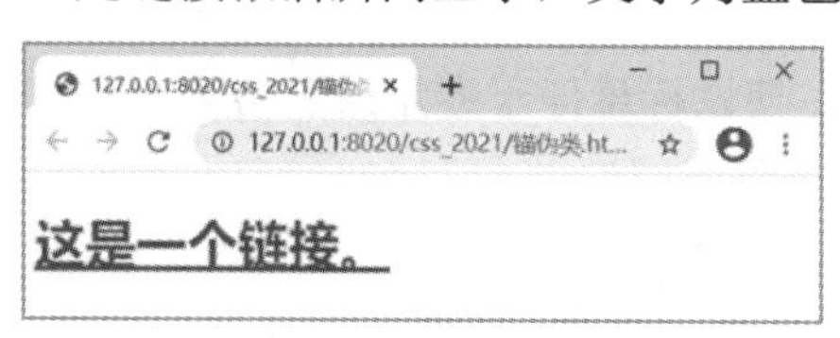

（a）访问前 a 元素文字（红色）

（b）鼠标悬停于 a 元素时文字（紫色）

（c）a 元素被激活瞬间文字（蓝色）

（d）访问后 a 元素文字（绿色）

图 4-7　锚伪类显示效果

1）新建 HTML 文件，编写网页内容代码如下。

```
<body>
```

```
        <a href="#"><h1>这是一个链接</h1></a>
</body>
```

2）在 HTML 文件的 head 元素内添加 style 元素，并编写样式代码如下。

```
<style type="text/css">
        /* ①访问前红色 */
        a:link {
                color: #FF0000
        }

        /* ②访问后绿色 */
        a:visited {
                color: #00FF00
        }

        /* ③鼠标悬停紫色 */
        a:hover {
                color: #FF00FF
        }

        /* ④激活时蓝色 */
        a:active {
                color: #0000FF
        }
</style>
```

例 4-5 中展示了锚伪类样式设置的基本顺序，可以作为锚伪类用法的范本。

锚伪类是一种常用的伪类，例如，div:hover 选择 div 元素处于鼠标悬停的状态；又如，.box:hover 选择类属性值为 box 的元素处于鼠标悬停的状态。

【例 4-6】使用 hover 伪类设计通讯录样式，使鼠标悬停于通讯录表格某行时，表格行的背景颜色变为黄色，显示效果如图 4-8 所示。

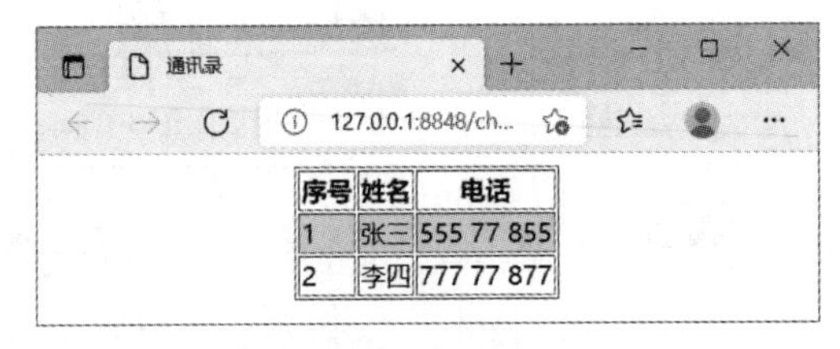

图 4-8　使用锚伪类

1）复制例 3-1　HTML 文件。

2）在 HTML 文件的 head 元素内添加 style 元素，并编写样式代码如下。

```
<style type="text/css">
        /*hover 伪类，选择表格行鼠标悬停时状态*/
        tr:hover{
```

```
        background-color: yellow;
    }
</style>
```

2. 其他伪类

其他伪类

除了锚伪类外还有一些其他常用的伪类，如表 4-11 所示。

表 4-11　常用伪类

伪 类 名	说　　明	实　　例
:checked	选择处于选中状态的元素	input:checked，选择处于选中状态的 input 元素
:disabled	选择处于禁用状态的元素	input:disabled，选择处于禁用状态的 input 元素
:first-child	选择作为某元素第一个子元素的元素	p:first-child，选择作为某元素第一个子元素的 p 元素
:focus	选择获得焦点的元素	input:focus，选择获得输入焦点的 input 元素
:lang(language)	选择 lang 属性以指定值开头的元素	p:lang(it)，选择 lang 属性值以 “it” 开头的 p 元素
:last-child	选择作为某元素最后一个子元素的元素	p:last-child，选择作为某元素最后一个子元素的 p 元素
:nth-child(n)	选择作为某元素第 n 个子元素的元素，索引从 1 开始。参数还可以取 even/odd，表示偶数/奇数	p:nth-child(2) 选择作为某元素第 2 个子元素的 p 元素
:only-child	选择作为某元素唯一子元素的元素	p:only-child，选择作为某元素唯一子元素的 p 元素
:optional	选择不带"optional"属性的元素	input:optional，选择不带"optional"属性的 input 元素
:required	选择指定了"required"属性的元素	input:required，选择指定了"required"属性的 input 元素
:valid	选择具有有效值的元素	input:valid，选择所有具有有效值的 input 元素

【例 4-7】使用 focus 伪类完善例 3-6 用户注册网页，当文本框获得输入焦点时，背景颜色变为黄色，显示效果如图 4-9 所示。

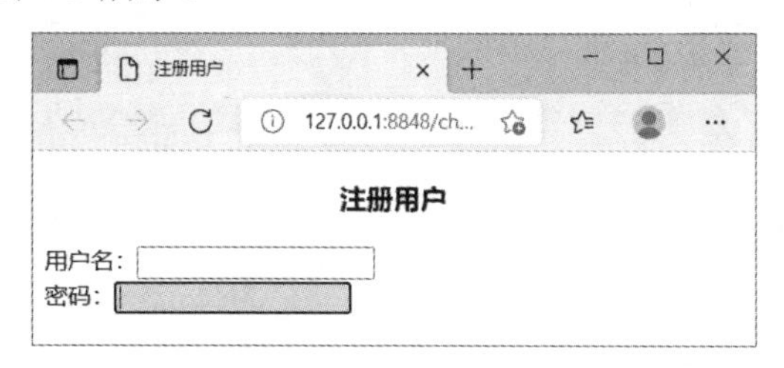

图 4-9　使用 focus 伪类

1）新建 HTML 文件，编写网页内容代码如下。

```
<body>
    <h3 align="center">注册用户</h3>
    <form action="exam3-6.html" method="post">
        用户名：<input type="text" name="username" /><br />
        密码：<input type="password" name="password" /> <br />
    </form>
</body>
```

2）在 HTML 文件的 head 元素内添加 style 元素，并编写样式代码如下。

```
<style type="text/css">
    /*focus 伪类选择器，选择获得输入焦点的 input 元素*/
    input:focus{
        background-color: yellow;
    }
</style>
```

【例 4-8】用伪类做一个彩色字体显示，4 个字用 3 种颜色显示出来，显示效果如图 4-10 所示。

图 4-10　使用 child 伪类

1）新建 HTML 文件，编写网页内容代码如下。

```
<body>
    <div>
        <span>我</span>
        <span>爱</span>
        <span>中</span>
        <span>国</span>
    </div>
</body>
```

2）在 HTML 文件的 head 元素内添加 style 元素，并编写样式代码如下。

```
<style>
    /* 设置所有 span 元素的字体 */
    span{
        font-size: 50px;
        font-weight: 600;
    }

    /* 设置第 1 个 span 元素的颜色 */
    span:first-child{
        color: #00FF00;
    }

    /* 设置第 2 个 span 元素的颜色 */
    span:nth-child(2){
        color: #00BFFF;
    }

    /* 设置第 3 和最后一个 span 元素的颜色 */
    span:nth-child(3),span:last-child{
        color: #FF0000;
```

```
    }
</style>
```

【例 4-9】使用层级与伪类选择器设计一个画廊，当鼠标悬停于小图像时，大图像切换显示与小图像对应的大图像，显示效果如图 4-11 所示。图 4-11（a）为鼠标悬停于第 1 个小图像时的显示效果，图 4-11（b）为鼠标悬停于第 3 个小图像时的显示效果。

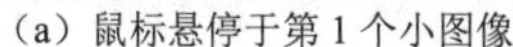
（a）鼠标悬停于第 1 个小图像

（b）鼠标悬停于第 3 个小图像

图 4-11　画廊

1）新建 HTML 项目，在项目 img 目录下准备名为“贵州公路 1.png”、“贵州公路 2.png”、“贵州公路 3.png”、“贵州公路 4.png” 的 4 幅图像素材。

2）新建 HTML 文件，编写网页内容代码如下。

```
<body>
    <h1>贵州省的公路</h1>
    <img src="img1/贵州公路 1.png">
    <img src="img1/贵州公路 2.png">
    <img src="img1/贵州公路 3.png">
    <img src="img1/贵州公路 4.png">
    <div></div>
</body>
```

2）在 HTML 文件的 head 元素内添加 style 元素，并编写样式代码如下。

```
<style>
    /* 设置文字居中对齐 */
    h1 {
        text-align: center;
    }

    /* 设置大图大小，初始显示第 1 个图标 */
    div {
        width: 578px;
```

```
        height: 330px;
        background-image: url("img1/贵州公路 1.png");
    }

    /* 设置小图标的大小 */
    img {
        width: 141px;
        height: 80px;
    }

    /* h1 元素是 body 元素的第 1 个孩子，所以 img 元素是 body 元素的第 2-5 个孩子 */
    img:nth-child(2):hover~div {
        background-image: url("img1/贵州公路 1.png");
    }

    img:nth-child(3):hover~div {
        background-image: url("img1/贵州公路 2.png");
    }

    img:nth-child(4):hover~div {
        background-image: url("img1/贵州公路 3.png");
    }

    img:nth-child(5):hover~div {
        background-image: url("img1/贵州公路 4.png");
    }
</style>
```

4.2.3 任务实现

任务 4.2 实现

1．HTML 内容设计

新建 HTML 文件，参考模块 3 例 3-4 编写 HTML 内容结构代码。

2．CSS 样式设计

1）使用伪类选择器选择表格的奇数行和偶数行，从而分别设置样式，实现隔行显示效果。

2）使用 hover 伪类选择器选择元素的鼠标悬停状态，并设置样式。

在 HTML 文件的 head 元素内添加 style 元素，并编写样式代码如下。

```
<style>
    table {
        width: 80%;
    }

    /* 当鼠标悬停于表格某行时 */
    tr:hover {
        color: red;
```

```
        font-size: 20px;
        font-weight: bold;
    }

    /*奇数行 */
    tr:nth-child(odd) {
        background-color: cyan;
    }

    /*偶数行 */
    tr:nth-child(even) {
        background-color: antiquewhite;
    }
</style>
```

任务 4.3 规范书信的格式

规范书信的格式

在任务 1.1 中，使用 HTML 文本格式化元素设计了一封家信，满足设计要求，但是文字格式非常受局限。本任务用普通段落元素 p 重新设计家信内容结构，用属性选择器选择元素，并设计样式，用伪元素选择器给家信添加签名，规范书信的格式，设计好的家信显示效果如图 4-12 所示。

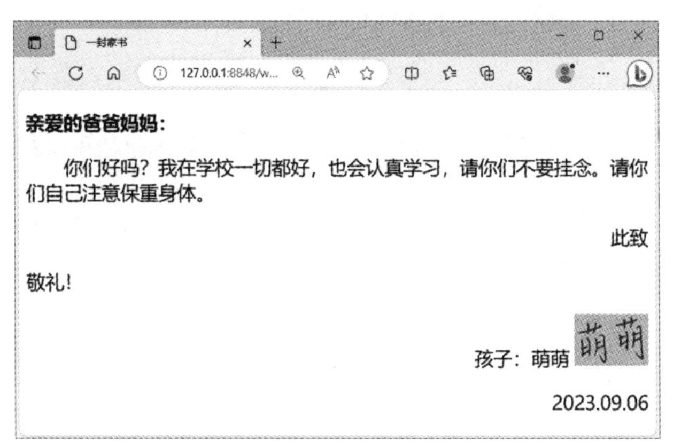

图 4-12 一封家信

伪元素选择器

4.3.1 伪元素选择器

伪元素选择器选择元素的某一部分，如元素的首字母、首行等，或者为元素添加一个物理上不存在、但逻辑上存在的内容，如在元素之后添加一段文字，一幅图像，甚至一个空元素等（在任务 9.1 设计浮动布局上应用非常广泛）。语法格式如下。

```
selector::pseudo-element
```

选择器后面紧跟伪元素的名称，为了与伪类相区别，选择器与伪元素之间通常用两个冒号进行分隔，也可以与伪类一样，用一个冒号进行分隔。伪元素一共有 5 个，如表 4-12 所示。

表 4-12　伪元素

伪元素名	说　明	实　例
::after	在某元素之后插入内容	p::after，在 p 元素之后插入内容
::before	在某元素之前插入内容	p::before，在 p 元素之前插入内容
::first-letter	选择某元素的首字母	p::first-letter，选择 p 元素的首字母
::first-line	选择某元素的首行	p::first-line，选择 p 元素的首行
::selection	选择用户选择的元素部分	p::selection，选择 p 元素中用户选择的部分

【例 4-10】使用伪元素选择器设计段落的样式，使段落首字母用超大号红色字体突出显示，显示效果如图 4-13 所示。

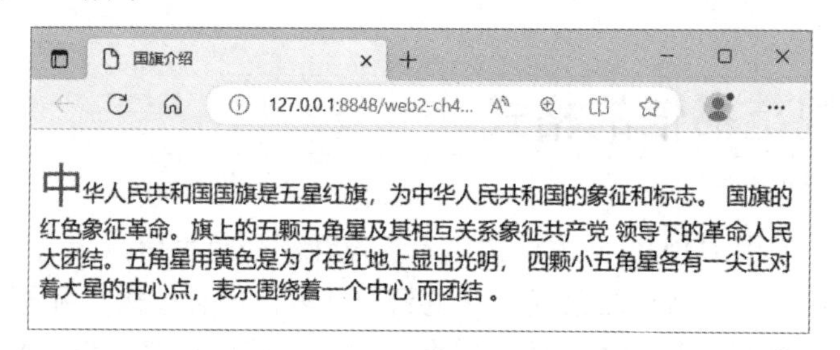

图 4-13　伪元素选择器设计段落首字母样式

1）新建 HTML 文件，编写网页内容代码如下。

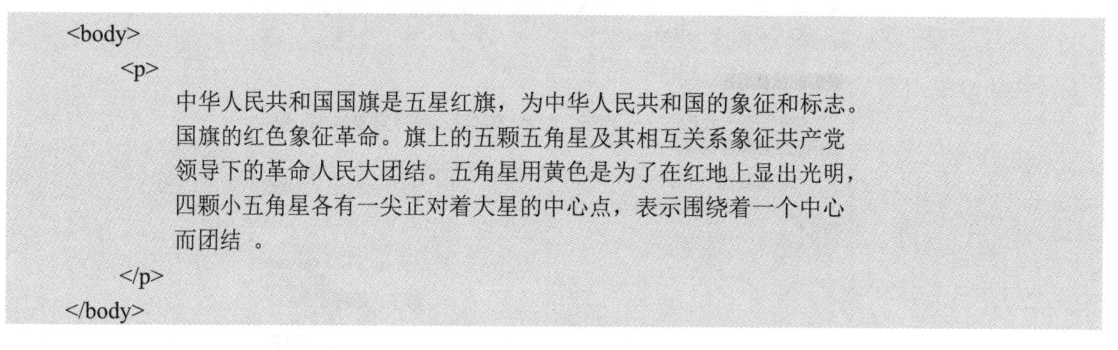

```
<body>
    <p>
        中华人民共和国国旗是五星红旗，为中华人民共和国的象征和标志。
        国旗的红色象征革命。旗上的五颗五角星及其相互关系象征共产党
        领导下的革命人民大团结。五角星用黄色是为了在红地上显出光明，
        四颗小五角星各有一尖正对着大星的中心点，表示围绕着一个中心
        而团结 。
    </p>
</body>
```

2）在 HTML 文件的 head 元素内添加 style 元素，编写样式代码如下。

```
<style>
    /* 选择段落首字母，红色、超大号字显示*/
    p:first-letter {
        color: #ff0000;
        font-size: xx-large;
    }
</style>
```

【例 4-11】修改例 4-10，增加伪元素选择器，使选中的文字红色显示，并增加灰色背景色，显示效果更为突出，如图 4-14 所示。

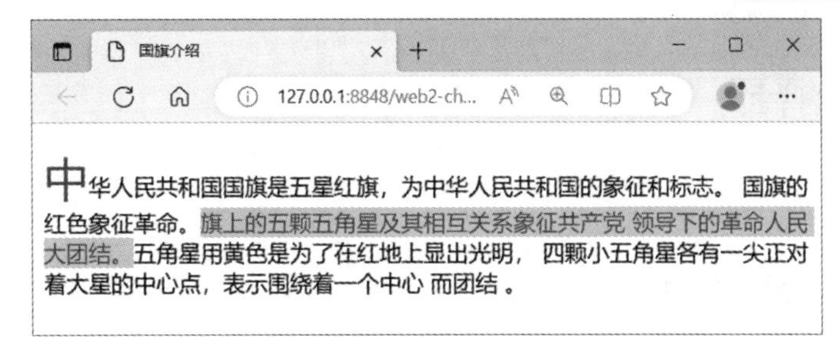

图 4-14　伪元素选择器设计选中文字的样式

1）复制例 4-10 HTML 文件，并重命名为 demo11.html。

2）在 style 元素内增加样式代码如下。

```
<style>
	/* 用户选择部分文字红色，背景色灰色凸显显示 */
	p::selection {
		color: #ff0000;
		background-color:lightgrey;
	}
</style>
```

【例 4-12】使用伪元素选择器在段落的结尾粘贴一张图像，使显示效果如图 4-15 所示。

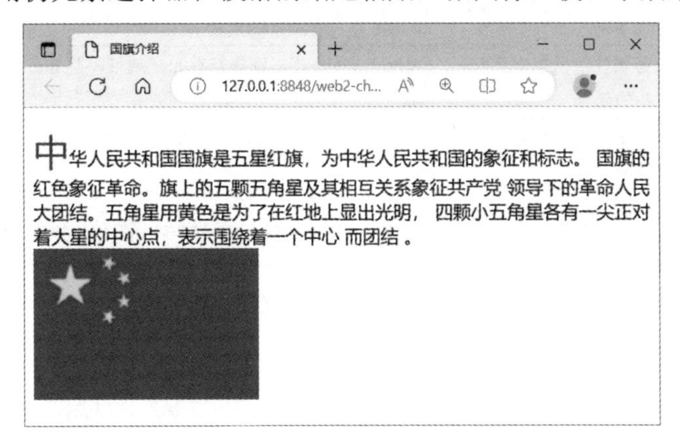

图 4-15　伪元素选择器为段落增加内容

1）复制例 4-10 HTML 文件，并重命名为 demo12。

2）在 img 目录下准备名为“国旗.png”的图像资源。

3）在 HTML 文件的 head 元素内添加 style 元素，编写样式代码如下。

```
<style>
	/* 在段落结尾添加图像元素 */
	p:after {
		content: url(img/国旗.png);
	}
</style>
```

4.3.2 属性选择器

属性选择器

1. 基本语法

属性选择器基于特定的属性或属性值选择元素，如表 4-13 所示。

表 4-13 属性选择器

选择器语法	说　明	实　例
[attribute]	选择带有某属性的元素	[target]，选择带有 target 属性的元素
[attribute=value]	选择具有某指定属性值的元素	[target=_blank]，选择带有 target 属性，且属性值为“_blank”的元素
[attribute~=value]	选择属性值中包含指定单词的元素，单词要求独立，且不能有连字符	[title~=flower]，选择带有 title 属性，且属性值中包含“flower”一词的元素，“flower”是一个单独的单词，与其他词之间用空格分隔，不能有连字符。如 title 的值为"my-flower"或 title 的值为"flowers"都不是符合要求的元素，title 的值为"flower"、title 的值为"summer flower"和 title 的值为"flower new"是符合要求的元素
[attribute|=value]	选择属性值以某单词开头的元素，单词独立，可以有连字符	[lang|=en]，选择带有 lang 属性，且 lang 属性值以“en”开头的元素，值必须是完整或单独的单词，如 lang 的值为"en"或者后跟连字符的值，如"en-text"是符合要求的元素
[attribute^=value]	选择属性值以指定字符串开头的元素	a[href^="https"]，选择带有 href 属性，且 href 属性值以“https”开头的 a 元素
[attribute$=value]	选择属性值以指定字符串结尾的元素	a[href$=".pdf"]，选择带有 href 属性，且 href 属性值以“.pdf”结尾的 a 元素
[attribute*=value]	选择属性值中包含指定字符串的元素	a[href*="w3school"]，选择 href 属性值中包含子串“w3school”的 a 元素

【例 4-13】用属性选择器选择元素，设置元素共有的和个性的样式，使显示效果如图 4-16 所示。

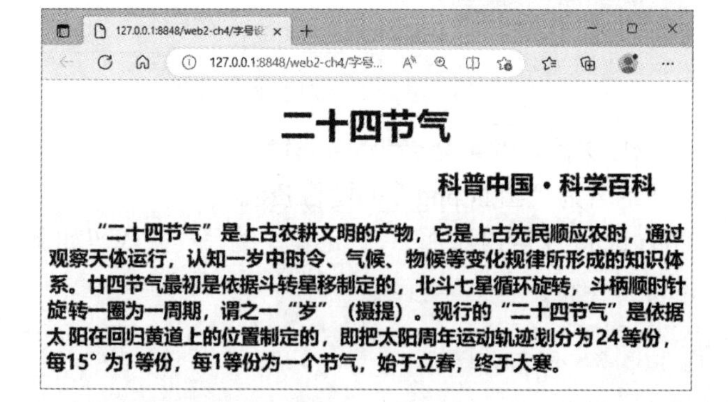

图 4-16 指定 class 属性值的选择器

1）新建 HTML 文件，编写网页内容代码如下。

```
<body>
    <p class="p1">二十四节气</p>
    <p class="p2">科普中国 · 科学百科</p>
```

```
    <p class="p3">“二十四节气”是上古农耕文明的产物……</p>
</body>
```

2）在 HTML 文件的 head 元素内添加 style 元素，并编写样式代码如下。

```
<style>
    /*设置类选择器各自特有的样式*/
    [class="p1"]{
        font-size: 35px;
        text-align: center;
    }

    [class="p2"]{
        font-size: 25px;
        text-align: right;
        margin-right: 30px;
    }

    [class="p3"]{
        font-size: 20px;
        text-align: justify;
        text-indent: 2em;
    }

    /*设置以字母 p 开头的类属性选择器共有的样式*/
    [class*="p"]{
        font-weight: bold;
    }
</style>
```

【例 4-14】使用属性选择器选择元素，为例 2-13 的元素设置样式，使显示效果如图 4-17 所示。

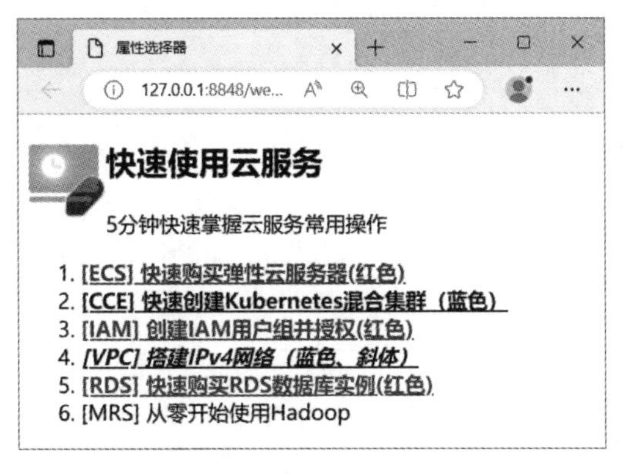

图 4-17　指定 href 属性值的选择器

1）新建 HTML 文件，编写网页内容代码如下。

```
<body>
    <img src="./img/云服务图像.png" align="left">
    <h2>快速使用云服务</h2>
```

```
        5 分钟快速掌握云服务常用操作
        <ol>
            <li><a href="#">[ECS] 快速购买弹性云服务器(红色)</a></li>
            <li><a href>[CCE] 快速创建 Kubernetes 混合集群（蓝色）</a></li>
            <li><a href="#">[IAM] 创建 IAM 用户组并授权(红色)</a></li>
            <li><a href="img/huawei_pic.png">[VPC] 搭建 IPv4 网络（蓝色、斜体）</a></li>
            <li><a href="#">[RDS] 快速购买 RDS 数据库实例(红色)</a></li>
            <li><a>[MRS] 从零开始使用 Hadoop</a></li>
        </ol>
</body>
```

2）在 HTML 文件的 head 元素内添加 style 元素，编写样式代码如下。

```
<style type="text/css">
    /* 选择包含 href 属性的元素 */
    [href] {
        font-weight: bold;
        color: blue;
    }

    /* 选择 href 属性值为#的元素 */
    [href='#'] {
        color: red;
    }

    /* 选择 href 属性值以.png 结束（png 图像）的元素 */
    [href$='.png'] {
        font-style: italic;
    }
</style>
```

【例 4-15】用属性选择器修改例 4-2，使修改后网页显示效果不变。

1）复制例 4-2 HTML 文件，并重命名为 demo14。

2）修改 style 元素中对应样式代码如下。

```
<style>
    /*选择类属性值为 box 的 div 元素*/
    div[class="box"] {
        height: 40px;
        background-color: lavender;
    }

    /*选择 id 属性值为 left 的 div 元素*/
    div[id="left"] {
        width: 25%;
        height: 40px;
        background-color: antiquewhite;
    }

    /*选择 id 属性值为 right 的 div 元素*/
```

```
    div[id="right"] {
        width: 75%;
        height: 40px;
        background-color: aquamarine;
    }
</style>
```

2．属性选择器的书写格式

属性选择器的书写格式

类和 id 属性是元素的通用标准属性，针对这两类属性的属性选择器，书写格式较为灵活，div[class="box"]往往也写作 div.box，div[id="box"]往往也写作 div#box。

【例 4-16】修改例 4-15 选择器的书写格式，使修改后网页显示效果不变。

1）复制例 4-15 HTML 文件，并重命名为 demo16。

2）修改 style 元素中的对应样式代码如下。

```
<style>
    /*类属性选择器，选择类属性值为 box 的元素*/
    div.box {
        height: 40px;
        background-color: lavender;
    }

    /* id 属性选择器，选择 id 属性值为 left 的 div 元素*/
    div#left {
        width: 25%;
        height: 40px;
        background-color: antiquewhite;
    }

    /* id 属性选择器，选择 id 属性值为 right 的 div 元素*/
    div#right {
        width: 75%;
        height: 40px;
        background-color: aquamarine;
    }
</style>
```

4.3.3　任务实现

任务 4.3 实现

1．项目创建与资源准备

新建 HTML 项目，在项目 img 目录下准备名字为“签名.jpg”的图像素材。

2．HMTML 内容设计

复制任务 1.1 HTML 文件代码，去掉全部的格式化元素，用 p 元素分段文字内容，修改后代码如下。

```
<body>
    <div>
        <p id="head">亲爱的爸爸妈妈：<br>
        <p id="content">你们好吗？我在学校一切都好……</p>
        <p class="right">此致</p>
        <p>敬礼！</p>
        <p class="right">孩子：萌萌</p>
        <p class="right">2023.09.06</p>
    </div>
</body>
```

3. CSS 样式设计

1）使用属性和伪元素选择器选择家信的抬头称呼内容。

2）使用 id 属性选择器选择第 2 个 p 元素。

3）使用 class 属性选择器选择需要右对齐的 p 元素。

4）使用伪类选择器选择包含签名的 p 元素，然后使用 after 伪元素选择器在其后面插入图像元素。

在 HTML 文件的 head 元素内添加 style 元素，编写样式代码如下。

```
<style>
    p {
        font-size: 20px;
    }

    /* 选择 id 属性值伪 head 的 p 元素的首行 */
    p#head::first-line {
        font-weight: bolder;
    }

    /* 选择 id 属性值为 content 的 p 元素 */
    p#content {
        text-indent: 2em;
        text-align: justify;
    }

    /* 选择 class 属性值为 right 的 p 元素 */
    p.right {
        text-align: right;
    }

    /* 在包含签名的 p 元素之后插入一个伪元素 */
    p:nth-child(5)::after {
        content: url(img/签名.jpg);
    }
</style>
```

这里插入的伪元素为图像元素，是内联块元素，会根据浏览器窗口的宽度和文字一行显示，如果想单独一行显示，请参考 5.1.2 节改变其元素类型为块元素。

任务 4.4　掌握样式优先级规则

掌握样式优先级规则

当元素的同一个属性被多次赋值时，就会发生样式冲突。浏览器在解析 HTML 文件时会根据文件流从上到下逐行解析并显示，所以，冲突解决的最基本原则是软件赋值基本规范，也即后面赋的值覆盖前面赋的值，元素显示最后赋值的效果，同时，CSS 还遵循一些特有的样式优先级规则，本任务通过 8 个示例详细进行剖析。

4.4.1　声明方式的优先级

声明方式的优先级

有 3 种声明元素样式的方式，浏览器还有默认的元素样式设置，各种样式的优先级如表 4-14 所示。

表 4-14　样式声明方式优先级基本规则

样式声明方式	优　先　级
浏览器默认样式	1
外部样式表	2
内部样式表	2
内联样式	3

表 4-14 为每种样式定义了一个优先级数值，数字 3 拥有最高的优先级，也即内联样式优先级最高，内部和外部样式表优先级相同，浏览器默认设置的样式优先级最低。

【例 4-17】用三种方式为 p 元素定义颜色样式，查看网页的显示效果，体会样式声明的优先级。

1）新建 HTML 文件，编写网页内容代码如下。

```
<body>
    <!-- 设置内联样式 -->
    <p style="color: red">
        样式声明方式优先级测试
    </p>
</body>
```

2）在项目 css 目录下新建 demo16.css 样式文件，编写代码如下。

```
/*外部样式设置，优先级低于内联样式*/
p {
    color: blue;
}
```

3）在 HTML 文件的 head 元素内添加 link 和 style 元素，编写代码如下。

```
<head>
    <meta charset="utf-8">
```

```
    <title>样式声明的优先级</title>
    <!-- 引用外部样式表 -->
    <link rel="stylesheet" type="text/css" href="css/demo16.css" />
    <style type="text/css">
        /* 定义内部样式表 */
        p {
            color: green;
        }
    </style>
</head>
```

网页显示效果如图 4-18 所示，文字以红色显示，说明内联定义的样式优先级最高。

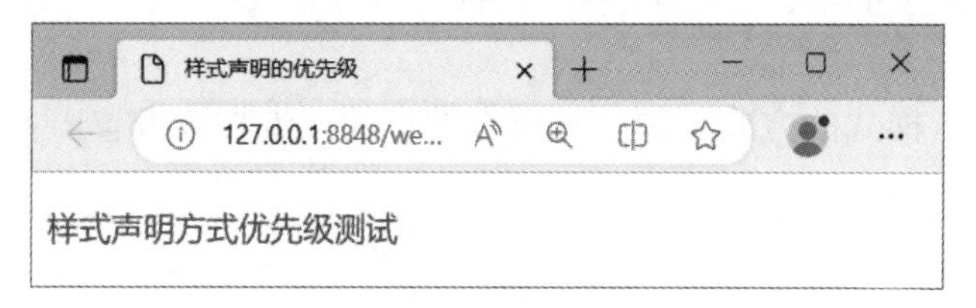

图 4-18　样式声明方式优先级

【例 4-18】修改例 4-17，去掉 p 元素的内联样式定义，查看网页的显示效果，体会样式声明的优先级。

复制例 4-17 HTML 文件，并重命名为 demo18，修改其 HTML 内容代码如下。

```
<body>
    <!-- 去掉内联样式设置 -->
    <p>
        样式声明方式优先级测试
    </p>
</body>
```

网页显示效果与图 4-18 类似，文字以绿色显示，说明应用了内部样式表。

【例 4-19】修改例 4-18，交换 link 元素和 style 元素的位置，查看网页的显示效果，体会样式声明的优先级。

复制例 4-18 HTML 文件，并重命名为 demo19，修改其 head 元素代码如下。

```
<head>
    <meta charset="utf-8">
    <title>样式声明的优先级</title>
    <style type="text/css">
        /* 定义内部样式表 */
        p {
            color: green;
        }
    </style>
    <!-- 引用外部样式表 -->
    <link rel="stylesheet" type="text/css" href="css/demo16.css" />
</head>
```

网页显示效果与图 4-18 类似，文字以蓝色显示，说明基于浏览器执行顺序应用了外部样式表。

4.4.2　样式的三大特性

样式的继承性

1. 继承性

继承性是指后代元素继承祖先元素的样式，遵循就近继承的原则，也即子元素继承父元素的样式，继承不到才进一步上溯继承祖先元素的样式。

合理使用继承可以有效重用代码，降低 CSS 样式的复杂性。文字相关的属性，如字体、字号、颜色、行距等都具有继承性，可以统一在 body 元素中设置，通过继承影响网页中的所有文字，使网页具有统一的风格。但是，并不是所有的 CSS 属性都可以继承，有些属性如内边距、边框、外边距、元素尺寸等与块元素相关的属性就不具有继承性，无法通过继承来统一设置。

【例 4-20】用样式的继承性为 p 元素和 h1 元素设置颜色属性值为红色，使网页显示效果如图 4-19 所示，文字全部红色显示。

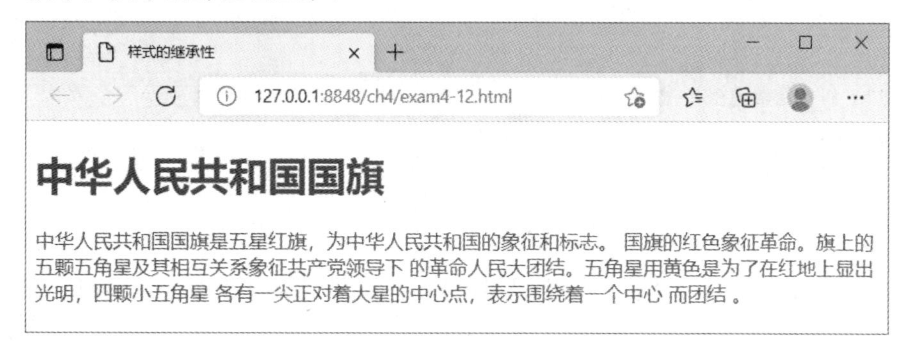

图 4-19　样式的继承性

1）新建 HTML 文件，编写网页内容代码如下。

```
<body>
    <h1>中华人民共和国国旗</h1>
    <p>中华人民共和国国旗是五星红旗……</p>
</body>
```

2）在 HTML 文件的 head 元素内添加 style 元素，编写样式代码如下。

```
<style type="text/css">
    /*body 元素的样式被 h1 和 p 元素所继承，所以 h1 和 p 元素也显示为红色*/
    body {
        color: red;
    }
</style>
```

【例 4-21】修改例 4-20，为 p 元素和 h1 元素增加父级和祖先元素，并设置各自的颜色属性，保存网页查看效果，体会样式的继承性原则。

1）复制例 4-20 HTML 文件，并重命名为 demo21，修改其 HTML 内容代码如下。

```
<body>
    <div id="grandfather">
        <div id="father">
            <!-- h1 和 p 元素继承 id 属性值为 father 的元素样式，绿色显示 -->
            <h1>中华人民共和国国旗</h1>
            <p>中华人民共和国国旗是五星红旗……</p>
        </div>
    </div>
</body>
```

2）修改 style 元素中对应样式代码如下。

```
<style type="text/css">
    body {
        color: red;
    }

    /* h1 和 p 元素的直接父 */
    #father {
        color: green;
    }

    /* h1 和 p 元素的祖先 */
    #grandfather {
        color: blue;
    }
</style>
```

网页显示效果与图 4-19 类似，文字以绿色显示，说明应用了其父元素的颜色绿色。

2．特殊性

样式的特殊性

对选择器而言，在内部和外部样式表中，特殊性在于可以用不同类型的选择器选择元素，这时，样式的优先级遵循 CSS 权重计算的原则，称为样式的特殊性，用一个 4 位的数字串（CSS2 中是 3 位数字串），按 4 个级别表示样式的权重，值从左到右，左边的优先级最大，一级大于一级，级与级之间没有进制关系，级别之间不可超越。样式权重计算表如表 4-15 所示。

表 4-15　样式权重计算表

选　择　器	样式权重值	优　先　级
元素选择器	0,0,0,1	1
类、伪类、伪元素、属性选择器	0,0,1,0	2
id 选择器	0,1,0,0	3

为每类选择器定义了一个优先级数值，数字 3 拥有最高的优先级。

同一级别的选择器可以累加计算权重，表 4-16 给出了一些具体的算例。给每个选择器的优先级赋了一个数值，数字 4 拥有最高的优先级。

表 4-16　样式权重计算算例

选择器实例	权 重 值	优 先 级
div ul li	0,0,0,3	1
a:hover	0,0,1,1	2
.nav a	0,0,1,1	2
.nav ul li	0,0,1,2	3
#nav a	0,1,0,1	4

【例 4-22】已知 HTML 文件代码如下，保存网页，查看并分析网页显示效果，体会样式的特殊性原则。

```
<html>
    <head>
        <meta charset="UTF-8">
        <title>样式特殊性测试</title>
        <style>
            /* 特殊性值为 0,0,0,3，优先级值为 2，其为次低 */
            body div p {
                font-style: italic
            }

            /* 特殊性值为 0,0,0,1，优先级值为 1，其为最低 */
            p {
                font-style: normal
            }

            /* 特殊性值为 0,0,1,7，优先级值为 3，其为较高 */
            html>body table tr[id="totals"] td ul>li {
                color: red;
            }

            /* 特殊性值为 0,1,0,1，优先级值为 4，其为最高 */
            li#answer {
                color: blue
            }
        </style>
    </head>
    <body>
        <div>
            <p>p 元素样式</p>
        </div>
        <table>
            <tr id="totals">
                <td>
                    <ul>
                        <li id=answer>li 元素样式</li>
```

```
                        </ul>
                    </td>
                </tr>
            </table>
        </body>
    </html>
```

网页显示效果如图 4-20 所示，“p 元素样式”显示了特殊性值为“0,0,0,3”的样式，显示为斜体字，“li 元素样式”显示了特殊性值为“0,1,0,1”样式的颜色，显示为蓝色。

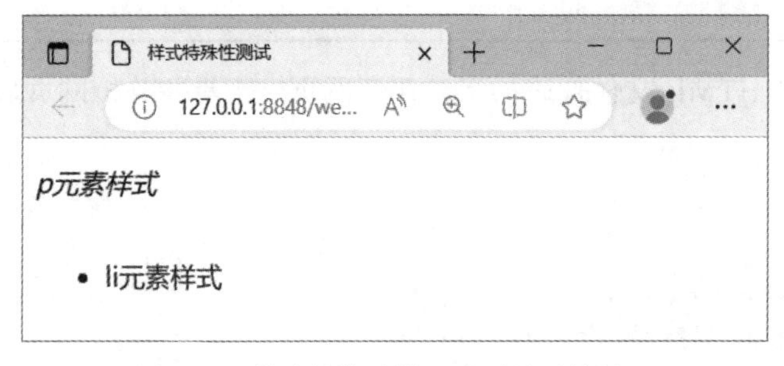

图 4-20　样式的特殊性（网页显示效果）

样式的层叠性

3．层叠性

针对具有同样特殊性值的样式，浏览器使用层叠性原则处理样式的冲突。层叠性原则也称为就近原则，浏览器依据样式出现的先后顺序决定元素的显示样式，出现在最后面、离元素最近的样式将覆盖前面的样式，称为样式的层叠性。

【例 4-23】已知 HTML 文件代码如下，保存网页，查看并分析网页显示效果，体会样式的层叠性原则。

```
<html>
    <head>
        <meta charset="UTF-8">
        <title>层叠性</title>
        <style>
            div {
                width: 200px;
                height: 100px;
                /* 设置背景色为绿色 */
                background-color: green;
            }
            /*层叠前面设置的绿色背景色，最终显示为红色背景*/
            div {
                /* 设置背景色为红色 */
                background-color: red;
            }
        </style>
    </head>
    <body>
        <div></div>
```

```
    </body>
</html>
```

网页显示效果如图 4-21 所示，div 元素的背景色显示层叠的结果为红色。

图 4-21　样式的层叠性（网页显示效果）

样式的优先级规则

4.4.3　样式优先级规则

浏览器会依据样式的优先级进行层叠，层叠出一个虚拟样式表来呈现元素。层叠规则总结如下。

1）继承定义的样式优先级最低，元素自定义的样式会层叠所有继承来的样式。

2）不管特殊性值如何以及样式位置的远近，!important 标记的样式都具有最高的优先级。

3）内联样式的优先级仅次于!important 标记的样式，也即在元素内用 style 属性设置的样式优先级高于内部样式表和外部样式表。

4）内部样式表和外部样式表具有同样的优先级。

5）在声明方式没办法区分优先级的情况下，由特殊性值确定优先级；在特殊性值也没办法确定优先级的情况下，由层叠性确定。

如果用公式进行总结，元素样式的优先级公式如下。

1）!important>内联样式>内部样式表和外部样式表。

2）在同一个样式表中，id 选择器 > 类（包括类、伪类、伪元素、属性）选择器 > 元素选择器 > 通用选择器。

3）在同一个样式表中，具有同样特殊性值的元素，后写的样式 > 先写的样式。

【例 4-24】已知 HTML 文件代码如下，保存网页，查看并分析网页显示效果，体会样式的优先级规则。

```
<html>
    <head>
        <meta charset="utf-8">
        <title>样式优先级规则</title>
        <style type="text/css">
            li span {
                /* !important 标识,优先级最高 */
                color: red !important;
                font-size: 20px;
            }

            #wf_ul {
                color: blue;
```

```
            font-size: 30px;
        }

        .wf_li {
            font-weight: bold;
        }
    </style>
</head>
<body>
    <ul>
        <li>
            <span id="wf_ul" class="wf_li" style="color:green;">
                span1
            </span>
        </li>
        <li>
            <span>span2</span>
        </li>
    </ul>
</body>
</html>
```

网页显示效果如图 4-22 所示，span1 元素红色、30px 字号、加粗字体显示，span2 元素红色、20px 字号、标准字体显示。分析如下。

1）!important 标识的文字颜色红色优先级最高，span1 和 span2 元素的文字均显示为红色。

2）span1 元素使用了 id 选择器定义的字号 30px，使用了类选择器定义的字形粗体。

3）span2 元素使用了“li span”后代选择器定义的字号 20px，使用了浏览器默认的字形标准字体。

图 4-22　样式优先级规则（网页显示效果）

模块小结 4

模块 4 小结

本模块用 4 个任务介绍了 CSS 样式语法规则、声明方式 CSS 选择器和样式的优先级，知识点总结如图 4-23 所示。

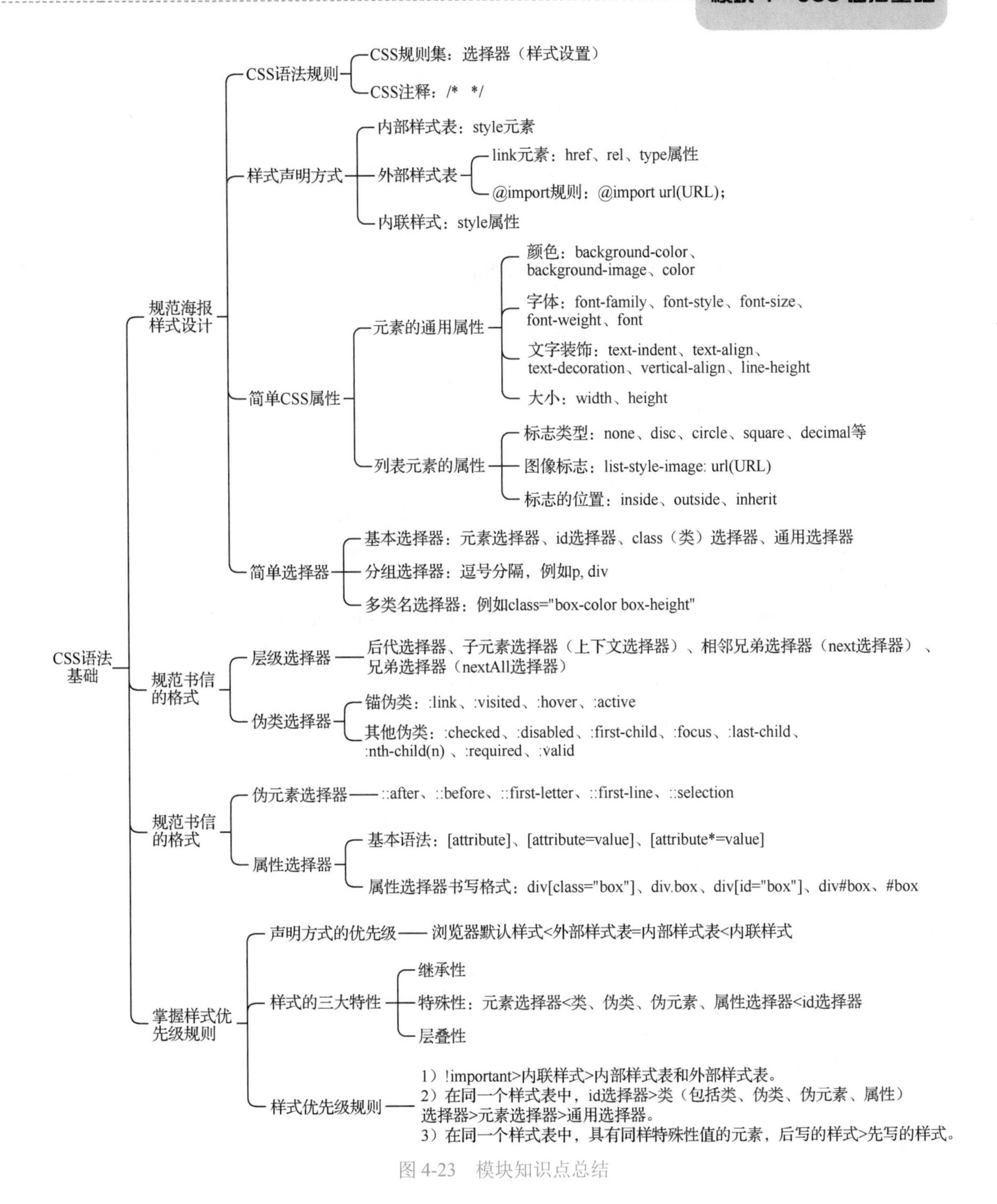

图 4-23 模块知识点总结

随堂测试 4

1. CSS 的全称是什么？（　　）

A. Computer Style Sheets　　　　B. Cascading Style Sheets

C．Creative Style Sheets　　D．Colorful Style Sheets

2．以下哪种写法可以正确引用外部样式表？（　　）

A．<style src="mystyle.css">

B．<link rel="stylesheet" type="text/css" href="mystyle.css">

C．<stylesheet>mystyle.css</stylesheet>

D．@import src(URL)

3．在 HTML 文件中，以下哪个是正确引用外部样式表的位置？（　　）

A．文件的末尾　　B．文件的顶部　　C．<body>部分　　D．<head>部分

4．以下哪个 HTML 元素用于定义内部样式表？（　　）

A．<style>　　B．<script>　　C．<css>　　D．<link>

5．以下哪个 HTML 属性用来定义内联样式？（　　）

A．font　　B．class　　C．styles　　D．style

6．以下哪个写法符合 CSS 语法格式？（　　）

A．body:color=black　　B．{body:color=black(body}

C．body {color: black;}　　D．{body;color:black}

7．以下哪种写法可以在 CSS 文件中插入注释？（　　）

A．// this is a comment　　B．// this is a comment //

C．/* this is a comment */　　D．' this is a comment

8．以下哪个样式定义可以为所有的 h1 元素添加背景颜色？（　　）

A．h1.all {background-color:#FFFFFF}　　B．h1 {background-color:#FFFFFF}

C．all.h1 {background-color:#FFFFFF}　　D．h1 {background-color=#FFFFFF}

9．以下哪个定义能够改变元素的文字颜色？（　　）

A．text-color:　　B．fgcolor:　　C．color:　　D．text-color=

10．以下哪个属性可以设置字体的大小？（　　）

A．font-size　　B．text-style　　C．font-style　　D．text-size

11．以下哪个样式定义可以将所有 p 元素的字体定义为粗体？（　　）

A．<p style="font-size:bold">　　B．<p style="text-size:bold">

C．p {font-weight:bold}　　D．p {text-size:bold}

12．以下哪个样式定义可以使 a 元素没有下画线？（　　）

A．a {text-decoration:none}　　B．a {text-decoration:no underline}

C．a {underline:none}　　D．a {decoration:no underline}

13．以下哪个定义能够改变元素的字体？（　　）

A．font=　　B．f:　　C．font-family:　　D．font-weight:

14．以下哪个定义能够使文字字体显示为粗体？（　　）

A．font:b　　B．font-weight:bold　　C．style:bold　　D．font-size:large

15．以下关于样式优先级的规则哪个是正确的？（　　）

A．内联样式>!important>内部样式表>外部样式表

B．!important>内联样式>内部样式表和外部样式表

C．!important>内联样式>内部样式表>外部样式表

D．以上都不正确

16．以下哪个属性能够设置段落的行首缩进？（　　）

A．text-transform　　B．text-align　　C．text-indent　　D．text-decoration

17．以下哪个规则可以将类名以'c'开头的 div 元素的文字设为红色？（　　）

A．div[class=^c]{color:red}　　B．div[class=$c]{color:red}

C．div[class=c]{color:red}　　D．div[class=*c]{color:red}

18．以下哪个定义可以使列表带有正方形项目符号？（　　）

A．list-type: square　　B．type: solid

C．type: square　　D．list-style-type: square

课后实践 4

1．完善任务 3.2，为收货地址表单增加样式设计，将表单分为 3 个区域，为每个区域使用不同的背景颜色，使显示更为清晰友好，如图 4-24 所示。

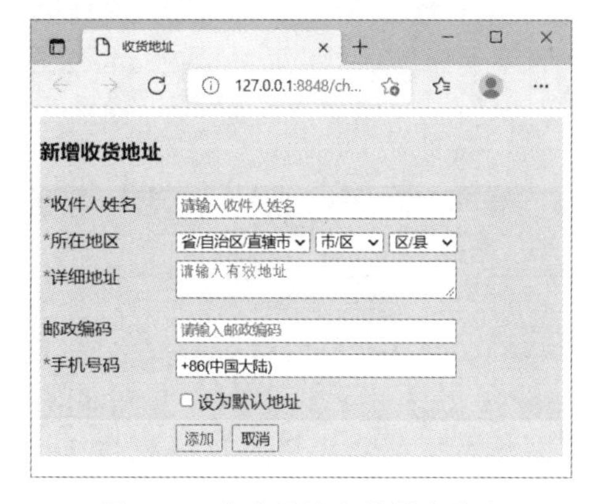

图 4-24　收货地址表单样式设计

2．将例 3-7 中文字信息放在无语义元素 span 内，并设计样式，使表单显示效果如图 4-25 所示。

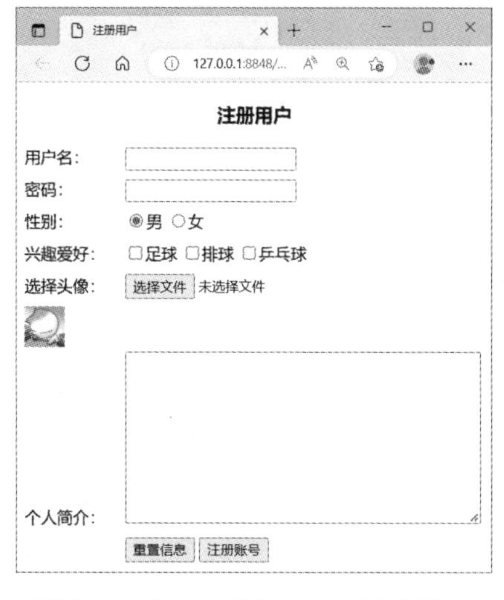

图 4-25　用户注册界面（显示效果）

3．将例 4-8 的 span 元素修改为 img 元素，设置 img 元素的宽度、高度和背景颜色，显示如图 4-26 所示的七彩颜色。

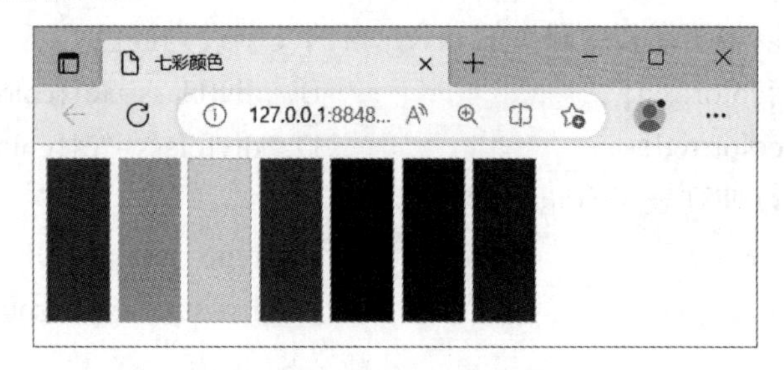

图 4-26　七彩颜色

4．将课后实践任务整合到自己设计的网站中。

模块5

元素框模型

元素在网页中的显示位置是由元素框模型决定的，本模块介绍元素的框模型属性，包括边距、边框、轮廓、阴影等样式属性。

知识目标

1）掌握元素框模型的计算方法。

2）掌握元素宽、高、边距、边框、圆角边框、轮廓、阴影的设置方法。

3）掌握 display、overflow、box-sizing 属性的用法。

能力目标

1）能够使用元素框模型布局网页。

2）能够使用 overflow 属性处理内容溢出，美化网页布局。

3）能够使用圆角边框、轮廓、阴影设计元素边框效果。

4）能够使用 display 属性灵活设置元素的显示效果。

任务 5.1 使用框模型布局海报

使用框模型布局海报

任务 2.1 设计了电影海报的内容，任务 4.1 规范了海报的样式，但是还不够美观和友好。本任务基于元素框模型的相关属性进一步完善电影海报的设计，使电影海报的内容布局更为合理，样式显示更为美观，具体要求如下。

1）顶部图像、左侧导航菜单、右侧内容区域有合适的尺寸，能够美观地对齐。

2）顶部图像、左侧导航菜单、右侧内容区域之间有合适的边距。

3）导航菜单项的宽度固定，边距合适，显示美观。

4）当鼠标悬停于菜单项时，菜单项的背景色发生变化，凸显菜单项。

5）海报整体在网页中居中显示。

设计完成的海报显示效果如图 5-1 所示。

图 5-1　鼠标悬停于第 1 个菜单项时的海报显示效果

5.1.1　元素框模型定义

元素框模型定义

1. 基本概念

在网页布局中，元素被视为方框来计算其占用的位置空间，称为元素的 CSS 框模型。

CSS 框模型是一个包围 HTML 元素的方框，如图 5-2 所示，包括元素的内容区域、内边距、边框和外边距。

1）内容区域是元素待显示的 HTML 内容占用的空间，可以是文字或图像。

2）内边距是元素内容与边框之间的透明区域。

3）边框将元素内容和内边距围绕起来，是内边距和外边距的分隔。

4）外边距是位于元素边框外面的透明区域，是元素之间的分隔。

内边距默认是透明的，会呈现元素的背景，外边距默认也是透明的，因此不会遮挡其后的任何元素，外边距不显示元素的背景。

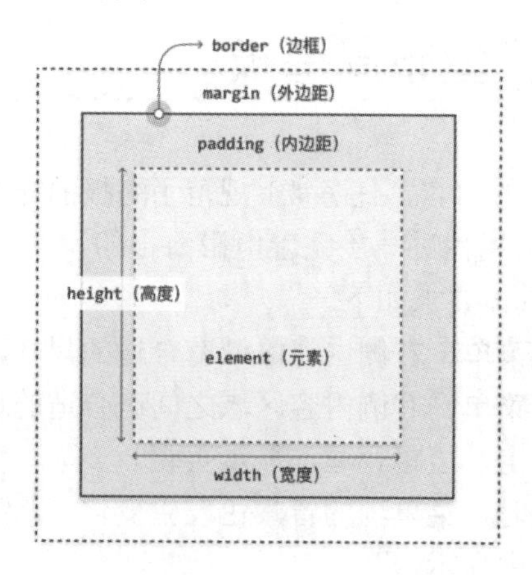

图 5-2　元素框模型

2. 元素的宽度与高度

元素宽度与高度特指元素内容的宽度与高度，分别用 width 和 height 属性设置，取值如表 5-1 所示。

表 5-1　width 和 height 属性取值

属 性 值	说　明
auto	默认值。由浏览器根据元素内容计算元素的宽度和高度
length	以有单位的数值定义元素的宽度和高度，单位可以是像素（px）、厘米（cm）等
%	以包含块（父元素）宽度和高度值的百分比定义元素宽度和高度
inherit	从父元素继承 width 和 height 属性的值

3. 元素框模型的宽度与高度

元素框模型由元素的内容、内边距、边框和外边距组成，其宽度与高度由这些组成部分的宽度与高度分别求和得到，是元素占用网页空间的宽度与高度。

元素框模型宽度=元素内容宽度+左内边距+右内边距+左边框+右边框+左外边距+右外边距

元素框模型高度=元素内容高度+上内边距+下内边距+上边框+下边框+上外边距+下外边距

元素占用网页空间由框模型的宽度和高度决定，宽度是框模型的宽度，高度还需要综合考虑外边距合并的问题，详见本小节元素外边距合并的计算。

5.1.2　边距

内边距

1. 内边距

padding 属性定义元素的内边距，按照上、右、下、左的顺序分别设置各内边距的值，各值可以使用不同的单位。

也可以通过单独的属性分别设置上、右、下、左内边距，对应的属性名称分别为 padding-top、padding-right、padding-bottom、padding-left。

内边距属性取值如表 5-2 所示。

表 5-2　内边距属性取值

属 性 值	说　明
auto	默认值，由浏览器的默认设置确定
length	以有单位的数值定义元素的内边距值，单位可以是像素（px）、厘米（cm）等
%	以包含块（父元素）宽度的百分比定义元素的内边距
inherit	从父元素继承内边距的值

内边距不允许取负值。

【例 5-1】用单独的属性分别定义 div 元素的 4 个内边距，值分别为上边距 50px、右边距 40px、下边距 30px、左边距 40px。

1）新建 HTML 文件，编写网页内容代码如下。

```
<body>
    <div></div>
</body>
```

2）在 HTML 文件 head 元素中添加 style 元素，编写样式代码如下。

```
<style>
    div {
      padding-top: 50px;
      padding-right: 40px;
      padding-bottom: 30px;
      padding-left: 40px;
      background-color: aqua;
    }
</style>
```

【例 5-2】修改例 5-1，用 padding 属性定义 div 元素的 4 个内边距，取值同例 5-1。

1）复制例 5-1 的 HTML 文件，并重命名为 demo2.html。

2）按照上、右、下、左的顺序将 4 个内边距的值写在 padding 属性里，属性值之间用空格进行分隔，修改样式代码如下。

```
<style>
    div {
      padding: 50px 40px 30px 40px;
      background-color: aqua;
    }
</style>
```

2．内边距简写

在例 5-2 中，元素左右边距属性取值一样。在这种情况下，还可以简写边距，简写时，边距按一定的规则进行复制，因此也称为边距复制。具体规则如下。

1）如果 padding 属性只设置了 1 个值，则 4 个边距取值相同，都是这个值。

2）如果 padding 属性设置了 2 个值，则下边距拷贝上边距的值，左边距拷贝右边距的值，也即第 1 个值定义上下边距的值，第 2 个值定义左右边距的值。

3）如果 padding 属性设置了 3 个值，则第 1 个值是上边距的值，第 2 个值是左右边距的值，也即左边距拷贝右边距的值，第 3 个值是下边距的值。

依据以上原则，例 5-2 的边距设置可以简写如下。

```
div {
  padding: 50px 40px 30px;
}
```

【例 5-3】修改例 5-2，设置 div 元素的宽度和高度为 0，查看网页的显示效果，体验背景对内边距的填充效果。

1）复制例 5-2 的 HTML 文件，并重命名为 demo3.html。

2）修改样式代码如下。

```
<style>
    div {
        width: 0;
        height: 0;
        padding: 50px 40px 30px;
        background-color: aqua;
    }
</style>
```

3）运行网页到浏览器，查看网页显示效果如图 5-3 所示。

图 5-3 背景对内边距的填充（网页显示效果）

由网页显示效果可见，div 元素的宽度和高度为 0 时，背景颜色填充区域的宽度为左、右内边距之和，高度为上、下内边距之和，这里恰好上下边距之和等于左右边距之和，所以显示的是正方形。

3. 外边距

margin 属性定义元素的外边距，与内边距一样，按照上、右、下、左的顺序分别设置各外边距的值，各值可以使用不同的单位。

也可以通过单独的属性分别设置上、右、下、左外边距，对应的属性名称分别为 margin-top、margin-right、margin-bottom、margin-left。

属性也有 4 种取值，取值含义同内边距，参见表 5-2。外边距也可以简写，简写规则同内边距。

外边距

外边距允许取负值。

【例 5-4】已知元素的样式代码如下，请计算其框模型的宽度。

```
div {
  width: 70px;
  margin: 10px;
  padding: 5px;
}
```

元素框模型计算示意图如图 5-4 所示。

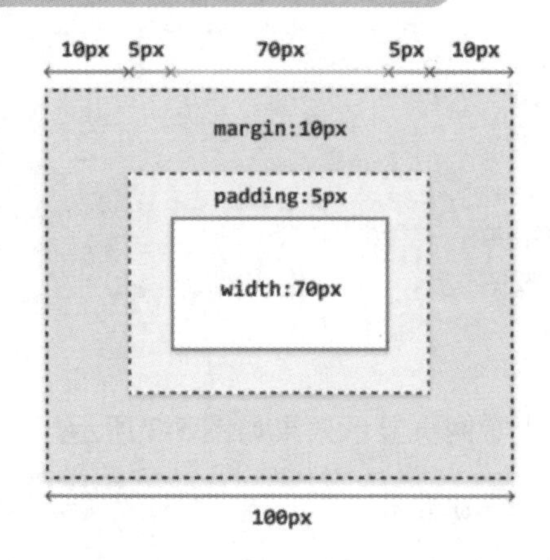

图 5-4　元素框模型计算示意图

由图可见，div 元素的总宽度为：70+5*2+10*2=100(px)。

4. 外边距合并

外边距合并

当两个垂直外边距相遇时，较小的外边距会被较大的外边距合并掉，只留下较大的外边距，称为外边距合并。合并后的效果如图 5-5 所示，外边距合并后两个元素之间的外边距为较大的外边距值 20px。

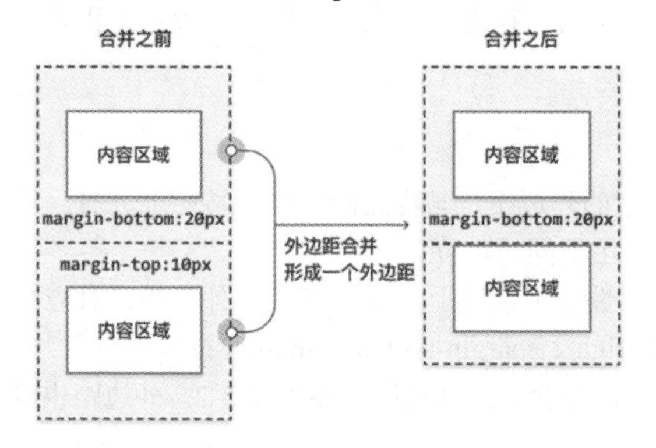

图 5-5　元素外边距合并

外边距合并对文字显示效果具有非常重要的意义，假设没有外边距合并，相邻两个段落之间的空间就是两个段落的外边距之和，显然中间段落之间的空间会较第一个段落前面的空间大，也会较最后一个段落后面的空间大，就会显示一种奇怪的文字效果。

除了垂直相邻的两个元素会发生外边距合并外，包含元素之间也会发生外边距合并，空元素还会将自己的上外边距与下外边距合并，造成元素实际占用空间比设置的小，使用中这些情况需要仔细分析和辨析。

5. 元素类型与框模型属性

3 种类型的 HTML 元素框模型属性说明如下。

1）内联元素的 width 与 height 属性设置无效，占用网页空间由内容撑开，只有在内容超过元素的宽度时才会自动换行；内边距属性设置都有效；margin 属性只有 left 和 right 设置有效。

2）块元素和内联块元素可以设置 width、height、padding 和 margin 属性，且属性值全部有效。

6．元素居中对齐

元素居中对齐

1）块元素水平居中对齐：将块元素的 margin 属性值设置为 auto 可以使块元素水平居中对齐，需要注意的是必须设置块元素的宽度属性，且宽度值不能为 100%。

2）元素文本的垂直居中对齐：将元素的行高属性和高度属性设置为同一个值时，能够使元素的文本垂直居中对齐。

【例 5-5】编写代码使 div 元素水平居中对齐，且元素中的文本显示在元素的中心，显示效果如图 5-6 所示。

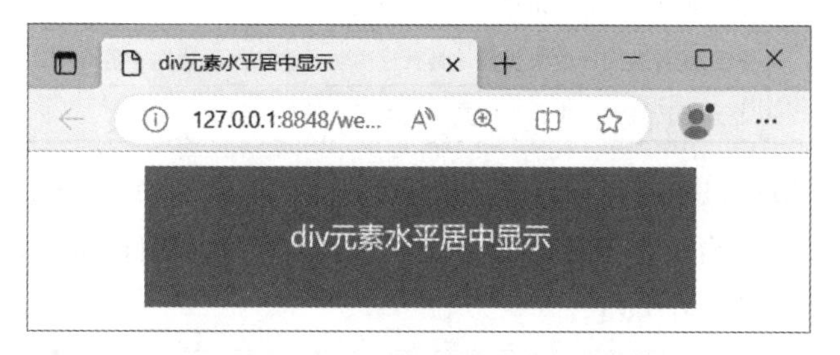

图 5-6　元素居中显示效果

1）新建 HTML 文件，编写 HTML 内容代码如下。

```
<body>
    <div class="row">
        div 元素水平居中显示
    </div>
</body>
```

3）编写样式代码如下。

```
<style>
    .row {
        /*div 元素水平居中 */
        margin: auto;
        width: 320px;
        /*设置文本水平居中对齐 */
        text-align: center;
        /*设置文本垂直居中对齐 */
        height: 80px;
        line-height: 80px;
        /*设置元素的背景颜色 */
        background-color: dodgerblue;
        /*设置元素的文字颜色 */
        color: white;
    }
</style>
```

display 属性

5.1.3 display 属性

display 属性能够转换元素的类型，从而改变元素的显示模式，属性取值如表 5-3 所示。

表 5-3 display 属性取值

属性值	说明
none	将元素隐藏起来，在网页中不显示
block	将元素转换为块元素，具有块元素的显示特性
inline	将元素转换为行内元素，具有行内元素的显示特性
inline-block	将元素转换为行内块元素，具有行内块元素的显示特性，是 CSS2.1 新增的值
list-item	将元素转换为列表元素，具有列表元素的显示特性

【例 5-6】使用层级选择器，结合元素 display 属性，实现图像的显示与隐藏效果，网页初始显示效果如图 5-7（a）所示，当鼠标悬停于“鼠标悬停显示造桥机”元素上时显示一张造桥机的图像，如图 5-7（b）所示。

（a）初始显示效果　　（b）当鼠标悬停于提示文本时的显示效果

图 5-7 图像元素的隐藏与显示

1）新建 HTML 项目，在项目 img 目录下准备名为“造桥机.png”的图像素材。

2）新建 HTML 文件，编写 HTML 内容代码如下。

```
<body>
    <p>鼠标悬停显示造桥机</p>
    <img src="img/造桥机.png">
</body>
```

3）编写样式代码如下。

```
<style>
    img{
        /*初始元素不显示*/
        display: none;
    }
```

```
    /*当鼠标悬停于 p 元素时，转换图像元素的显示模式*/
    p:hover~img{
        display: inline-block;
        width: 300px;
    }
</style>
```

【例 5-7】使用层级选择器，结合元素 display 属性，实现折叠菜单，网页初始显示效果如图 5-8（a）所示，当鼠标悬停于菜单项时显示对应菜单项的子菜单，如图 5-8（b）所示。

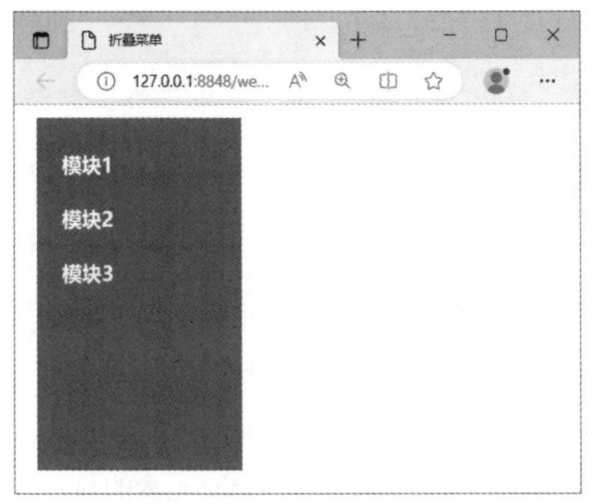

（a）初始显示效果

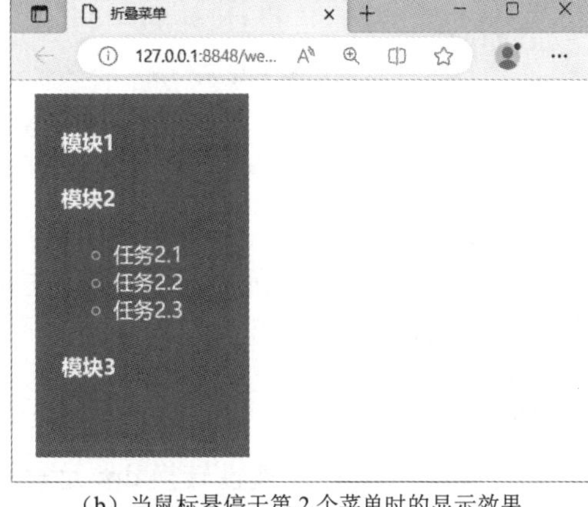

（b）当鼠标悬停于第 2 个菜单时的显示效果

图 5-8　折叠菜单

1）新建 HTML 项目，在 HTML 文件中编写 HTML 内容代码如下。

```
<body>
    <ul class="box">
        <!-- 第 1 个菜单项 -->
        <li class="menu">
            <h4>模块 1</h4>
            <ul>
                <li><a>任务 1.1</a></li>
                <li><a>任务 1.2</a></li>
                <li><a>任务 1.3</a></li>
            </ul>
        </li>
        <!-- 第 2 个菜单项 -->
        ……
    </ul>
</body>
```

3）编写样式代码如下。

```
<style>
    .box {
        /* 设置元素尺寸 */
        width: 130px;
        height: 260px;
```

```
        /* 设置元素背景色与文字颜色 */
        background-color: dodgerblue;
        color: white;
        /* 设置元素边距 */
        padding: 5px 15px 10px 20px;
        margin: 10px;
        /* 设置不显示列表标识 */
        list-style: none;
    }

    .menu ul {
        /* 子菜单初始不显示 */
        display: none;
    }

    .menu:hover>ul {
        /* 当鼠标悬停于一级菜单项时,显示对应的二级菜单 */
        display: block;
    }
</style>
```

【例 5-8】使用 display 属性转换 div 元素的类型，实现 1 行显示 3 个 div 元素的显示效果，如图 5-9 所示。

图 5-9　一行显示 3 个 div 块元素的显示效果

1）新建 HTML 文件，编写 HTML 内容代码如下。

```
<body>
    <div class="row">
        <div class="col">第 1 列</div>
        <div class="col">第 2 列</div>
        <div class="col">第 3 列</div>
    </div>
</body>
```

2）编写样式代码如下。

```
<style>
    .col {
        /* 设置元素外观属性 */
        width: 200px;
        background-color: #E9E9E9;
        text-align: center;
```

```
            height: 80px;
            line-height: 80px;
            /* 转换元素显示模式 */
            display: inline-block;
        }

        /*块元素水平居中对齐*/
        .row {
            width: 610px;
            margin: auto;
        }
    </style>
```

由例 5-8 网页显示效果可见，并没有设置 div 元素的外边距，但是 3 个 div 元素之间有默认的外边距值，这是浏览器的默认设置，所以例 5-8 中外层起容器作用的 div 元素（类属性值为 row 的元素）的宽度并不是内层 3 个 div 元素宽度的累加和，而是在累加和之上增加了 10px，这一点在元素尺寸计算中应特别引起注意，在本任务的实现中会给出解决方法，后续使用一些布局技术也可以解决这一问题。

5.1.4　overflow 属性

overflow 属性

overflow 属性指定当元素的内容太多、无法放入指定区域时，是剪裁内容还是添加滚动条。属性取值如表 5-4 所示。

表 5-4　overflow 属性取值

属 性 值	说　明
visible	默认值。元素内容溢出时不会被剪裁，显示在元素框外
hidden	当元素内容溢出时被剪裁不显示；当元素内容不满时，设置该值能够保证元素占用的网页空间不缩小
scroll	当元素内容溢出时被剪裁，但是同时会添加滚动条，能够通过滚动查看被裁剪掉的内容
auto	与 scroll 值类似，但是仅在必要时才会添加滚动条

overflow 属性仅适用于指定了高度属性值的块元素。

【例 5-9】使用 div 元素显示若干行文字，为 div 元素分别设置不同的内容溢出处理方式，查看网页显示效果。

1）新建 HTML 文件，编写 HTML 内容代码如下。

```
<body>
    <div>
        <h3>“奋斗者号”载人潜水器</h3>
        <ul>
            <li>奋斗者号，是中国研发的万米载人潜水器……</li>
            <li>2023 年 3 月 11 日，“探索一号”科考船搭载着……</li>
        </ul>
```

```
    </div>
</body>
```

2）编写样式代码如下。

```
<style>
    div {
        background-color: gainsboro;
        width: 440px;
        height: 120px;
        text-align: justify;
        /*内容溢出处理方式设置*/
        overflow: visible;
    }

    h3 {
        text-align: center;
    }
</style>
```

保存网页，查看网页显示效果如图 5-10（a）所示。

依次修改 div 元素的 overflow 属性值，并保存网页查看显示效果，分别如图 5-10（b）、图 5-10（c）和图 5-10（d）所示。

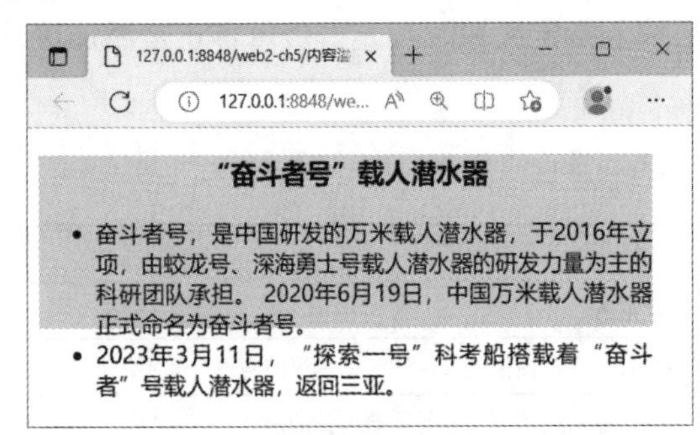

（a）属性取 visible 值

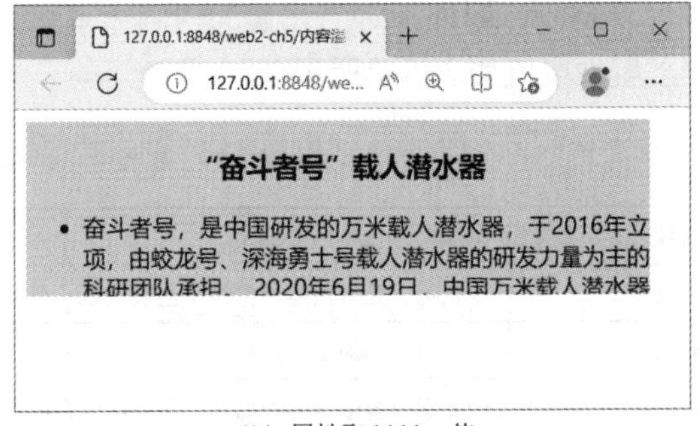

（b）属性取 hidden 值

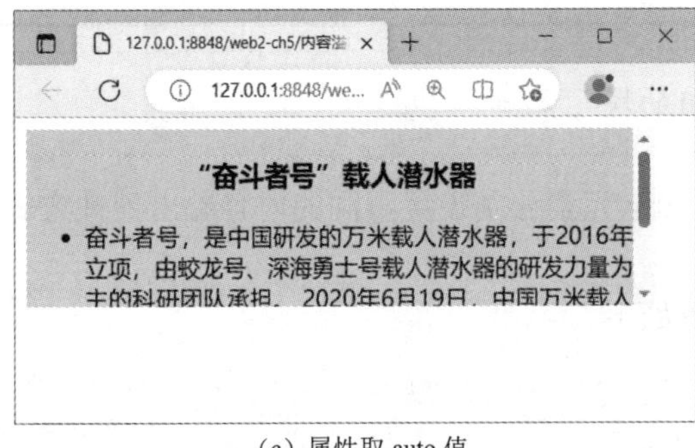

（c）属性取 auto 值

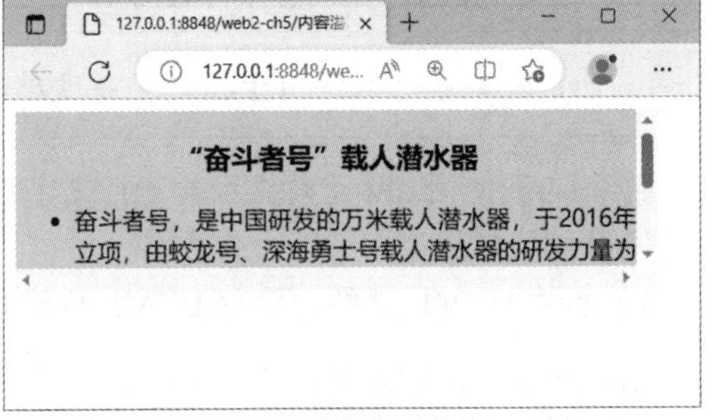

（d）属性取 scroll 值

图 5-10　overflow 属性不同取值显示效果

【例 5-10】综合应用例 5-8 和例 5-9 的知识点，设计如图 5-11 所示效果的一个图文信息布局设计。

图 5-11　图文信息布局设计

1）新建 HTML 项目，在项目 img 目录下准备 2 个图像素材，名字分别为“img1.jpg”和“img2.jpg”。

2）新建 HTML 文件，编写 HTML 内容代码如下。

```
<body>
    <div class="main">
        <div class="polaroid">
            <img src="img/img1.jpg" width="400" height="250" />
            <h3>云 TechWave 全球技术峰会</h3>
            <p>峰会围绕人工智能、大数据.......</p>
        </div>
        <div class="polaroid">
            <img src="img/img2.jpg" width="400" height="250" />
            <h3>2023 用户大会</h3>
            <p>初心不改，匠心不变……</p>
        </div>
        <div class="polaroid">
            <br />
            <h3>即将在中国建立其全球最大的网络安全透明中心</h3>
            2023 年 06 月 09 日
            ……
        </div>
    </div>
</body>
```

3）设置网页基本样式，代码如下。

```
<style>
    body {
        margin: 0;
        background-color: #E9E9E9;
    }
</style>
```

4）设置 3 个内层 div 元素的样式，代码如下。

```
<style>
    .polaroid {
        /* 设置元素大小 */
        width: 400px;
        height: 380px;
        /* 设置元素上右下左内边距分别为 10px 10px 15px 10px */
        padding: 10px 10px 15px;
        /* 设置元素外边距为 5px */
        margin: 5px;
        /* 将块元素转换为行内块元素,一行显示 */
        display: inline-block;
        vertical-align: bottom;
        background-color: white;
    }

    .polaroid:nth-child(3) {
        overflow: auto;
    }
</style>
```

5）设置外层起容器作用的 div 元素水平居中对齐，代码如下。

```
<style>
    .main {
        /* 总宽度=宽度 400*3+内边距（10+10）*3+外边距 5*6+默认值 10 */
        width: 1300px;
        margin: auto;
    }
</style>
```

5.1.5 任务实现

任务 5.1 实现

1. 项目创建与资源准备

新建 HTML 项目，在项目 img 目录下准备名字为“开国大典.jpg”的图像素材。

2. HMTML 内容设计

整体设计为 3 个部分，顶部图像、左侧导航菜单和右侧内容区域。创建 HTML 文件，编写海报内容结构代码如下。

```
<body>
    <div class="box">
        <!--顶部图像-->
        <img src="img/开国大典.jpg">
        <!--左侧导航菜单-->
        <div class="sidemenu">
            <a href="">电影获奖</a>
            <a href="">剧情介绍</a>
```

```
            <a href="">视频介绍</a>
        </div>
        <!--浏览器中央导航内容-->
        <div class="content">
            <h4>电影获奖</h4>
            <p style="font-size: 14px;">
                <li>第 10 届中国电影金鸡奖(1990)</li>
                <li>第 13 届大众电影百花奖(1990)</li>
                <li>第 10 届金凤凰奖(2005)</li>
            </p>
        </div>
    </div>
</body>
```

3．CSS 样式设计

（1）基本设置

在经典 IE6 中，div 元素默认由 font-size 属性定义了一定像素的尺寸，为了避免默认值对设置值的影响，可以通过设置 font-size 属性解决，同时设置元素的 overflow 属性，以确保 div 元素能够底部对齐，代码如下。

```
</style>
    div {
        font-size: 0px;
        overflow: hidden;
    }
</style>
```

（2）左侧导航菜单和右侧内容区域的样式设计

基本样式设计，按照常规美观性要求设计即可，代码如下。

```
<style>
    /* 定义左侧导航菜单和右侧内容区域的盒模型属性 */
    .sidemenu,.content {
        height: 200px;
        padding: 10px;
        background-color: #eee;
        display: inline-block;
        margin: 8px;
    }

    /* 定义左侧导航菜单宽度*/
    .sidemenu {
        width: 120px;
    }

    /* 定义右侧内容区域的宽度*/
    .content {
        width: 450px;
```

```
    }
</style>
```

（3）顶部图像样式设计

依据任务要求，顶部图像与导航菜单的左侧和内容区域的右侧对齐，所以其宽度应为左侧导航菜单框模型与右侧内容区域框模型宽度之和。

内边距一共有 4 个，外边距有 2 个，所以最终宽度为：120+450+4*10+8*2=626px。

为了避免图像变形，高度不设置，自动与宽度等比例进行缩放。最终样式代码如下。

```
<style>
    /* 设置图像的尺寸 */
    img {
        width: 626px;
        margin: 8px;
    }
</style>
```

（4）左侧导航菜单项设计

主要是菜单项通用样式设计和鼠标悬停颜色变化样式设计，代码如下。

```
<style>
    a {
        /* 设置上外边距 */
        margin-top: 21px;
        /* 设置内边距，改善显示效果 */
        padding: 8px 10px;
        /* 将元素转换为块元素，占满菜单 div 元素的宽度 */
        display: block;
        /* 设置背景色、无修饰、字号 */
        background-color: orange;
        text-decoration: none;
        font-size: 18px;
    }

    a:hover {
        /* 鼠标悬停修改背景色和前景色 */
        background-color: #008CBA;
        color: white;
    }
</style>
```

（5）右侧内容区域样式设计

这里仅是美观需要的简单样式设计，代码如下。

```
<style>
    h4 {
        text-align: center;
        font-size: 18px;
    }
```

```
    li {
        padding: 8px;
        font-size: 16px;
    }
</style>
```

（6）整体布局样式设计

整体居中显示需要设置最外面 div 元素的宽度，且外边距设置为 auto，所以需要计算整体内容的宽度，该宽度是图像宽度加外边距的值，即 626+2*8=642px。样式代码如下。

```
<style>
    .box {
        width: 642px;
        margin: auto;
    }
</style>
```

4．项目运行测试

（1）内容测试

编写完 HTML 内容代码后保存网页，查看内容显示是否完整和正确。

（2）按步骤测试样式

依据样式设计的步骤分别保存网页，观察样式的设计效果，掌握元素属性的用法。

任务 5.2　设计一个展板

设计一个展板

一群最平凡的普通劳动者，也是一群最不平凡的劳动者，他们没有名校耀眼的文凭，却凭借默默的坚守，孜孜以求地在平凡的岗位上不断追求职业技能的完美和极致，最终脱颖而出，跻身“国宝级”技工行列，成为一个领域不可或缺的人才，这就是“大国工匠”。本任务节选 4 个大国工匠的事迹进行展示，展示效果要求如下。

1）事迹图像加圆角边框显示。

2）图像下面显示人物的简短文字介绍。

3）为事迹图像和文字介绍加边框。

4）整体在网页中居中显示，边距合适，显示美观。

设计完成的显示效果如图 5-12 所示，图 5-12（a）和 5-12（b）分别为一行展示 2 个图像和 4 个图像的效果。

（a）小窗口一行显示 2 个图像

（b）大窗口一行显示 4 个图像

图 5-12　大国工匠事迹展

5.2.1　边框

边框

边框是指围绕元素内容和内边距的一条或多条线，允许定义边框的线型、线宽、颜色，以及圆角和透明边框。

1．border-style 属性

border-style 属性定义元素边框的线型，属性取值如表 5-5 所示。

表 5-5　border-style 属性取值

属 性 值	说　明
dotted	定义点线边框，在大多数浏览器中呈现为实线
dashed	定义虚线边框，在大多数浏览器中呈现为实线
solid	定义实线边框
double	定义双线边框

续表

属 性 值	说　明
groove	定义 3D 坡口边框，效果取决于 border-color 值
ridge	定义 3D 脊线边框，效果取决于 border-color 值
inset	定义 3D inset 边框，效果取决于 border-color 值
outset	定义 3D outset 边框，效果取决于 border-color 值
none	定义无边框（默认值）
hidden	定义隐藏边框

与边距一样，也可以用 4 个值按照上、右、下、左的顺序分别定义各边的边框，同样遵循上下/左右复制的原则。也可以分别用 border-top-style、border-right-style、border-bottom-style、border-left-style 属性定义单边边框的线型。

2. border-width 属性

border-width 属性定义边框的宽度，有 2 种定义方法，一种是特定大小值（单位为 px、pt、cm、em），另一种是预定值，分别为 thin、medium（默认值）和 thick。

与边距一样，也可以用 4 个值按照上、右、下、左的顺序分别定义各边的边框宽度，同样遵循上下/左右复制的原则。

3. border-color 属性

border-color 属性定义边框的颜色，属性取值如表 5-6 所示。

表 5-6　border-color 属性取值

属 性 值	说　明
name	颜色名，例如“red”定义红色
HEX	十六进制颜色值，例如“#ff0000”定义红色
RGB	RGB 颜色值，例如“rgb(255,0,0)”定义红色
HSL	HSL 颜色值，例如“hsl(0,100%,50%)”定义红色
transparent	透明边框，是某些浏览器边框的默认颜色值，与无边框不同，透明边框虽然不显示，但是占有边框宽度，网页布局更方便一些

与边距一样，也可以用 4 个值按照上、右、下、左的顺序分别设置各边的边框颜色，同样遵循上下/左右复制的原则。

4. border 属性

border 属性按照宽度、线型、颜色的顺序简写边框的样式，允许仅设置部分属性，其余属性使用默认值。例如，定义一个宽度为 1 像素，颜色为#BFBFBF 的实线型边框的代码如下。

```
border: 1px solid #BFBFBF;
```

以上代码等价于以下代码。

```
border-width: 1px;
border-style: solid;
```

```
border-color: #BFBFBF;
```

也可以不设置边框的某些属性，例如不设置边框的颜色，使用默认的黑色，代码如下。

```
border: 1px solid;
```

【例 5-11】为图像和文字内容绘制边框，使显示效果如图 5-13 所示。

图 5-13　元素边框显示效果

1）新建 HTML 项目，在项目的 img 目录下准备名为“唐三彩.jpg”的图像资源。
2）新建 HTML 文件，编写 HTML 内容代码如下。

```
<body>
    <div class="img">
        <img src="img/唐三彩.jpg" />
        <p>唐三彩是中国古代陶瓷……</p>
    </div>
</body>
```

3）编写样式代码如下。

```
<style>
    body {
        background-color: #E9E9E9;
    }

    .img {
        /*设置图像的宽度*/
        width: 236px;
        /* 上右下左内边距分别为 10px 10px 15px 10px */
        padding: 10px 10px 15px;
        /* 边框宽度 1px，实线，灰色 */
        border: 1px solid #BFBFBF;
        background-color: white;
        /* 元素居中对齐 */
        margin: 30px auto;
```

```
    }

    p{
        text-align: justify;
        text-indent: 2em;
    }
</style>
```

【例 5-12】为元素设置透明边框，使显示效果如图 5-14 所示，图 5-14（a）所示为初始显示效果，元素边框为透明色，不显示，图 5-14（b）所示为鼠标悬停显示效果，元素边框颜色为白色。

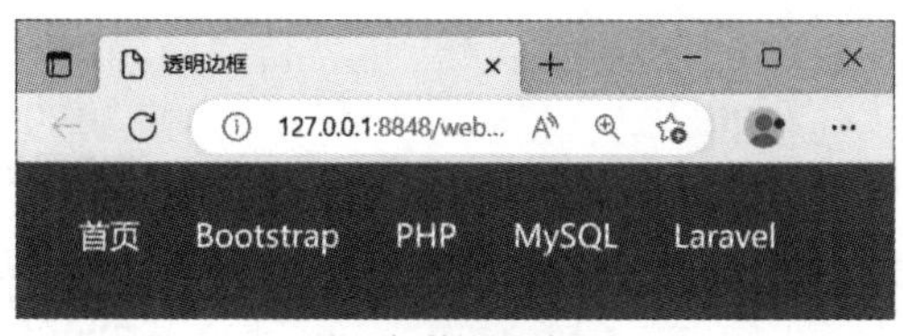

（a）初始显示效果

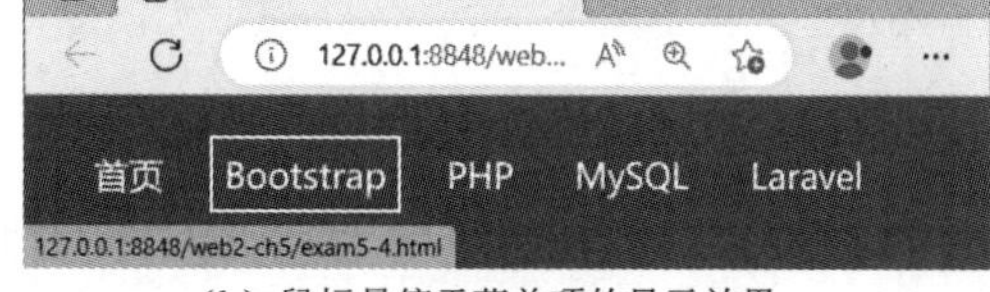

（b）鼠标悬停于菜单项的显示效果

图 5-14　透明边框

1）新建 HTML 文件，编写 HTML 内容代码如下。

```
<body>
    <div id="head">
        <a href="">首页</a>
        <a href="">Bootstrap</a>
        <a href="">PHP</a>
        <a href="">MySQL</a>
        <a href="">Laravel</a>
    </div>
</body>
```

2）编写样式代码如下。

```
<style>
    body {
        background-color: #666;
    }

    /* 去掉 a 元素修饰下画线，字体白色，设置边框线型和宽度*/
    a {
        text-decoration: none;
        color: white;
        padding: 5px;
        margin: 5px;
        border-style: solid;
        border-width: 2px;
    }

    /* 元素激活前与访问后边框透明，不显示 */
```

```
    a:link,a:visited {
        border-color: transparent;
    }

    /* 鼠标指针悬停于元素时，边框显示白色*/
    a:hover {
        border-color: white;
    }

    #head {
        margin: 25px 20px 20px 20px;
    }
</style>
```

5.2.2 圆角边框

圆角边框

border-radius 属性定义圆角边框，取值为圆角的半径，定义圆角的形状，属性取值如表 5-7 所示。

表 5-7 border-radius 属性取值

属 性 值	说 明
length	以单位为 px、pt、cm、em 等的数值定义圆角的形状
%	以百分比定义圆角的形状

4 个角可以取不同的值，按照左上、右上、右下、左下的顺序依次定义，省略属性值时按照右下拷贝左上，左下拷贝右上的原则进行属性值拷贝。

也可以用 border-top-left-radius、border-top-right-radius、border-bottom-right-radius、border-bottom-left-radius 4 个属性分别设置 4 个角的圆角边框值。

【例 5-13】使用圆角边框可以绘制许多有趣的形状。使用 div 元素和圆角边框绘制如图 5-15 所示的 2 个形状。

图 5-15 圆角边框示例

1）新建 HTML 文件，编写 HTML 内容代码如下。

```
<body>
    <div id="heart"></div>
    <div id="circle"></div>
</body>
```

2）编写样式代码如下。

```
<style>
    #heart {
        width: 150px;
        height: 240px;
        /*  左上,右上圆角显示  */
        border-radius: 150px 150px 0 0;
    }

    #circle {
        width: 150px;
        height: 150px;
        /*  四个角全部圆角  */
        border-radius: 50%;
    }

    #heart,#circle {
        /*  元素水平居中对齐  */
        margin: 20px auto;
        background-color: red;
    }
</style>
```

【例 5-14】为图像元素设置圆角边框，生成具有圆角效果的图像，网页显示效果如图 5-16 所示。左边是没有处理的图像，右边是加了圆角边框的图像。

图 5-16　边框与圆角边框（网页显示效果）

1）新建 HTML 项目，在项目的 img 目录下准备名为“荷花.jpg”的图像资源。

2）新建 HTML 文件，编写 HTML 内容代码如下。

```
<body>
	<img src="img/荷花.jpg">
	<img src="img/荷花.jpg" id="img">
</body>
```

3）编写样式代码如下。

```
<style>
	#img{
		/* 设置 3px 内边距 */
		padding: 3px;
		/* 边框宽度 2px，深咖啡色，点线 */
		border: 2px darkgoldenrod dashed;
		/* 圆角边框 */
		border-radius: 50%;
	}

	img{
		margin: 20px;
	}
</style>
```

【例 5-15】设置 img 元素的圆角，显示一组形状，网页显示效果如图 5-17 所示。

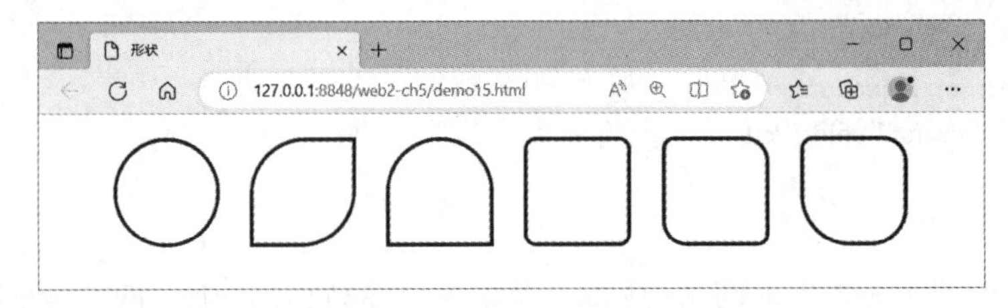

图 5-17　用圆角边框设计形状（网页显示效果）

1）新建 HTML 文件，编写 HTML 内容代码如下。

```
<body>
	<div>
		<img>
		<img>
		<img>
		<img>
		<img>
		<img>
	</div>
</body>
```

2）编写样式代码如下。

```
<style>
	div {
		/* 设置 div 元素的内容水平居中对齐 */
```

```
        text-align: center;
    }

    img {
        /* 设置图像的大小 */
        width: 80px;
        height: 80px;
        /* 设置图像的边框 */
        border: solid 3px blue;
        /* 设置图像外边距 */
        margin: 10px;
    }

    img:nth-child(1) {
        /* 圆形 */
        border-radius: 50%;
    }

    img:nth-child(2) {
        /* 左上右下半径值为 45px 的圆角 */
        border-radius: 45px 0;
    }

    img:nth-child(3) {
        /* 左上，右上圆角显示 */
        border-radius: 80px 80px 0 0;
    }

    img:nth-child(4) {
        /* 圆角方框 */
        border-radius: 10px;
    }

    img:nth-child(5) {
        /* 对角半径分别为 10px 20px 的圆角 */
        border-radius: 10px 20px;
    }

    img:nth-child(6) {
        /* 半径分别为 10px 20px 30px 40px 的圆角 */
        border-radius: 10px 20px 30px 40px;
    }
</style>
```

5.2.3　box-sizing 属性

box-sizing 属性

box-sizing 属性定义元素宽度和高度的计算方式，通过设置能够使元素宽度和高度值中包含内边距和边框的值，简化元素占用网页空间的计算。属性取值如表 5-8 所示。

表 5-8　box-sizing 属性取值

属 性 值	说　明
content-box	元素默认的宽度和高度计算方式，是框模型宽度和高度的计算模式
border-box	为元素设定的宽度和高度中包含了元素的边框和内边距，元素内容的宽度和高度需要从已设定的宽度和高度中分别减去边框和内边距得到。换言之，元素的内边距和边框都将在已设定的宽度和高度内进行绘制，可以确保元素的总宽度和高度中包括内边距（填充）和边框
inherit	规定应从父元素继承 box-sizing 属性的值

【例 5-16】定义宽度、高度和边距值相同的 3 个 div 元素，分别设置不同的 box-sizing 属性值，查看并分析网页的显示效果。

1）新建 HTML 文件，编写 HTML 内容代码如下。

```
<body>
    <div >第 1 个盒子</div>
    <div class="box2">第 2 个盒子</div>
    <div class="box3">第 3 个盒子</div>
</body>
```

2）编写样式代码如下。

```
<style>
    div {
        /* 元素内容区域 */
        width: 200px;
        height: 40px;
        /* 元素边距 */
        padding: 10px;
        margin: 10px;
        /* 元素背景色与前景色 */
        background-color: blueviolet;
        color: white;
    }
    .box2{
        box-sizing: content-box;
    }
    .box3{
        box-sizing: border-box;
    }
</style>
```

网页显示效果如图 5-18 所示。由显示效果可见，3 个元素的基本样式设置虽然一样，但是最终显示大小却不一样，第 3 个 div 元素的内边距包含在元素的 width 和 height 属性值中，所以显示较小，第 1 个 div 元素没有设置 box-sizing 属性，取值为默认值，同第 2 个 div 元素的 box-sizing 属性设置一样，所以两个元素占用的网页空间一样。

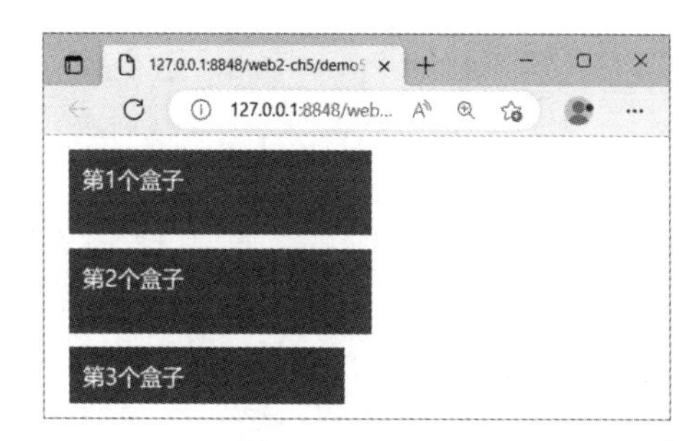

图 5-18　元素 box-sizing 属性（网页显示效果）

5.2.4　任务实现

任务 5.2 实现

1．项目创建与资源准备

新建 HTML 项目，在项目 img 目录下准备名字分别为“程平.jpg”、“郭凯.jpg”、“马小光.jpg”、“陈久友.jpg” 的图像素材。

2．HTML 内容设计

事迹图像用 img 元素显示，介绍文字用 p 元素显示，4 个人物介绍放在 4 个 div 元素里，清晰内容的结构，再放在外层 div 元素里，方便整体布局设计。基于分析创建 HTML 文件，编写内容结构代码如下。

```
<body>
    <div class="box">
        <div class="content">
            <img src="img/程平. jpg ">
            <p>程平：“兵哥焊将” 直面挑战，用焊花熔铸匠心</p>
        </div>
        <div class="content">
            <img src="img/郭凯. jpg ">
            <p>郭凯：敢啃“硬骨头”，从“臭手” 变“高手”</p>
        </div>
        <div class="content">
            <img src="img/马小光. jpg ">
            <p>马小光：给装甲车插上数控“翅膀”</p>
        </div>
        <div class="content">
            <img src="img/陈久友. jpg ">
            <p>陈久友：坚守初心二十三载，“焊” 卫祖国长空</p>
        </div>
    </div>
</body>
```

3．CSS 样式设计

（1）设计图像样式

基本样式设计，按照常规美观性要求直接设计即可，代码如下。

```
<style>
    img {
        /* 设置图像尺寸 */
        width: 260px;
        /* 设置图像边框 */
        border-radius: 15px;
        border: 2px solid navajowhite;
    }
</style>
```

（2）设计一个图像的显示样式

基本样式设计，容器元素 div 的宽度值与图像元素的宽度和自身的边距值有关联，需要计算，计算方法与任务 5.1 类似，需要注意文字溢出方式的设置，确保图像和文字能够对齐显示，代码如下。

```
<style>
    .content {
        /* 设置元素框模型尺寸 */
        width: 290px;
        height: 210px;
        padding-top: 10px;
        margin: 5px;
        display: inline-block;
        /* 设置边框 */
        border: 2px dashed navajowhite;
        border-radius: 15px;
        /* 设置文字溢出格式，保证 div 元素底部对齐 */
        overflow: hidden;
    }
</style>
```

（3）设计整体水平居中显示的样式

整体是有关图像和文字的显示，设置 div 元素的文字对齐为水平居中对齐，代码如下。

```
<style>
    .box {
        /* 设置内容水平居中 */
        text-align: center;
    }
</style>
```

4．项目运行测试

（1）内容测试

编写完 HTML 内容代码后保存网页，查看内容显示是否完整和正确。

（2）按步骤测试样式

依据样式设计的步骤分别保存网页，观察样式的设计效果，掌握元素属性的用法。

任务 5.3　展板再设计

展板再设计

在任务 5.2 中，通过为图像设计圆角边框改善了图像的显示效果，本任务用轮廓与阴影改善图像的显示效果，展示效果要求如下。

1）图像有边框和轮廓，呈现画框的效果。

2）文字有阴影，突出显示，具有立体感。

设计完成的显示效果如图 5-19 所示，图 5-19（a）和 5-19（b）分别为一行展示 2 个图像和 4 个图像的效果。

（a）小窗口一行显示 2 个图像

（b）大窗口一行显示 4 个图像

图 5-19　图像相框与文字阴影设计（显示效果）

5.3.1　阴影

box-shadow 属性

1．box-shadow 属性

box-shadow 属性设置元素的阴影效果，语法格式如下。

```
box-shadow: h-shadow v-shadow blur spread color inset;
```

属性值之间用空格进行分隔，属性取值如表 5-9 所示。

表 5-9　box-shadow 属性取值

属 性 值	说　明
h-shadow	必需，水平阴影的位置，允许负值
v-shadow	必需，垂直阴影的位置，允许负值
blur	可选，阴影的模糊距离
spread	可选，阴影的尺寸
color	可选，阴影的颜色
inset	可选，将默认外部阴影（outset）改为内部阴影

【例 5-17】编写代码为 div 元素设置阴影，使网页显示结果如图 5-20 所示。

图 5-20　元素阴影（网页显示效果）

新建 HTML 文件，编写网页内容代码，仅为一个 div 元素。为 div 元素设计样式代码如下。

```
<style>
    div {
        width: 400px;
        height: 200px;
        background-color: orange;
        /* 水平阴影 10px，垂直阴影 10px，模糊距离 5px，颜色灰色 */
        box-shadow: 10px 10px 5px #888888;
    }
</style>
```

【例 5-18】完善例 5-11，为 div 元素设置阴影效果，进一步美化图文显示，使网页显示效果如图 5-21 所示。

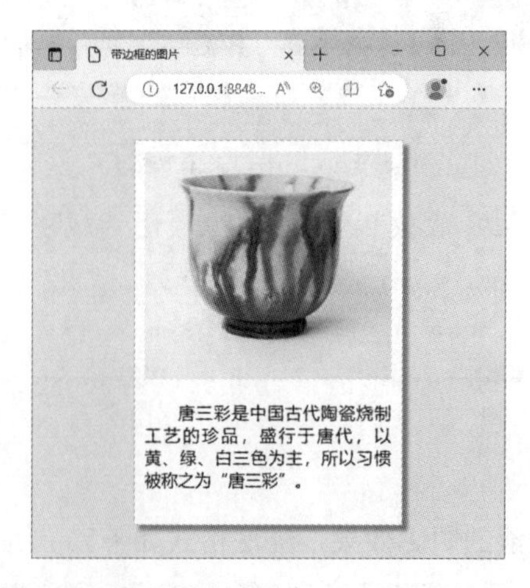

图 5-21　用阴影设计图像（网页显示效果）

为 div 元素补充阴影样式代码如下。

```
/* 水平阴影 5px，垂直阴影 5px，模糊距离 3px，颜色灰色 */
box-shadow: 5px 5px 3px #888888;
```

还可以使用列表为元素设置多个阴影效果，列表值之间用逗号进行分隔。

【例 5-19】修改例 5-15，为形状增加阴影，使网页显示效果如图 5-22 所示。

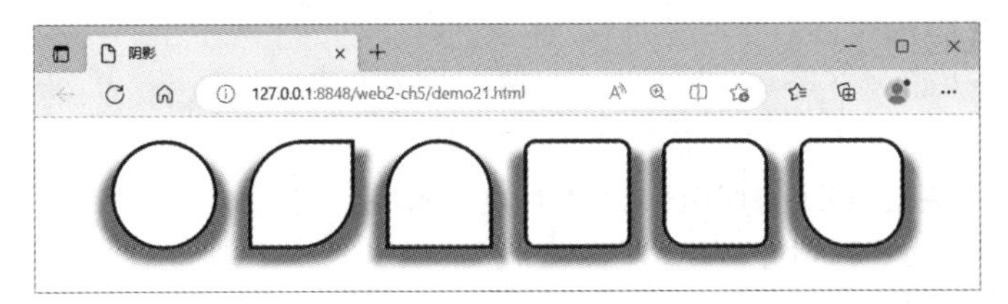

图 5-22　为形状设计阴影（网页显示效果）

为 img 元素增加阴影设置代码如下。

```
<style>
    img {
    /* 阴影设置 */
        box-shadow: 10px 10px 5px #888888,-10px 10px 5px #888888;
    }
</style>
```

由显示效果可见，为元素设置包含 2 个值的阴影列表后，元素显示了 2 个阴影效果。

2. text-shadow 属性

text-shadow 属性

text-shadow 属性向文字设置阴影效果，语法格式如下。

text-shadow: h-shadow v-shadow blur color;

属性取值之间用空格进行分隔，属性取值如表 5-10 所示。

表 5-10　text-shadow 属性取值

属 性 值	说　明
h-shadow	必需，水平阴影的位置，允许负值
v-shadow	必需，垂直阴影的位置，允许负值
blur	可选，阴影的模糊距离
color	可选，阴影的颜色

【例 5-20】为文字内容设计阴影，使网页显示效果如图 5-23 所示。

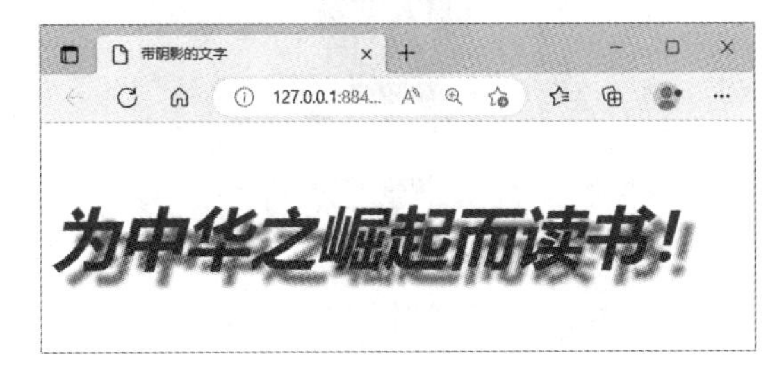

图 5-23　文字阴影（网页显示效果）

1）新建 HTML 文件，编写 HTML 内容代码如下。

```
<body>
    <p class="p">
        为中华之崛起而读书！
    </p>
</body>
```

2）编写样式代码如下。

```
<style>
    .p{
        /*  水平阴影 5px,垂直阴影 5px,模糊距离 3px,颜色灰色  */
        text-shadow: 10px 10px 3px #888888;
        font-weight: bolder;
        font-size: 50px;
        font-style: italic;
        color: green;
    }
</style>
```

5.3.2 轮廓

轮廓

1. 基本定义

轮廓是在元素周围绘制的一条线，绘制在元素边框之外，以突显元素。与边框不同，轮廓不占网页空间，元素框模型尺寸不受元素轮廓的影响。轮廓还可以叠加在网页其他元素之上。

与边框一样，轮廓也需要定义线型、宽度和颜色，属性名分别为 outline-style、outline-width 和 outline-color，属性取值及含义与边框相同。颜色属性还可以取 invert 值，表示执行颜色反转，以确保在任何背景颜色下轮廓均可见。

与边框一样，也可以用 outline 属性简写定义 outline-width、outline-style、outline-color 属性的值，值的定义顺序任意。其中，outline-style 属性值必须定义，outline-width 属性的默认值与浏览器有关，outline-color 属性的默认值为黑色。

【例 5-21】修改例 5-11，为 div 元素绘制轮廓，使网页显示效果如图 5-24 所示。

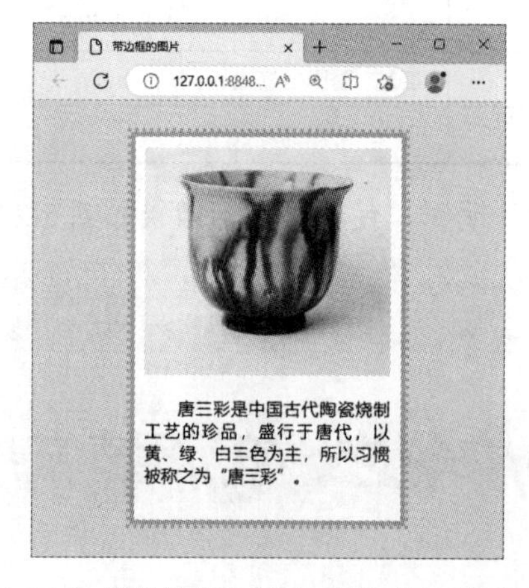

图 5-24　图像边框与轮廓（网页显示效果）

修改 div 元素边框与轮廓定义代码如下。

```
<style>
    div.polaroid {
        /* 边框宽度 5px，实线，颜色灰色 */
        border: 5px solid #BFBFBF;
        /* 轮廓宽度 4px，点线，颜色灰色 */
        outline: 4px dotted #BFBFBF;
    }
</style>
```

2. outline-offset 属性

outline-offset 属性定义轮廓偏移，轮廓偏移能够为元素轮廓与边框之间添加透明空间。

【例 5-22】修改例 5-21，增加轮廓偏移属性设置，使网页显示效果如图 5-25 所示。

图 5-25　轮廓偏移（网页显示效果）

为 div 元素增加轮廓偏移定义代码如下。

```
<style>
    div.polaroid {
        outline-offset: 10px;
    }
</style>
```

5.3.3　任务实现

任务 5.3 实现

1. 项目创建与资源准备

同任务 5.2。

2. HTML 内容设计

同任务 5.2。

3．CSS 样式设计

（1）设计图像样式

仅设计图像宽度，高度自动等比例缩放，为图像添加边框和轮廓效果的代码如下。

```
<style>
    img {
        /* 设置图像尺寸 */
        width: 260px;
        /* 设置图像边框 */
        border: 6px solid goldenrod;
        /* 设置图像轮廓 */
        outline: 3px dotted goldenrod;
        outline-offset: 1px;
    }
</style>
```

（2）设计一个图像的显示样式

同任务 5.2，去掉其中的边框样式属性即可，代码如下。

```
<style>
    .content {
        /* 设置元素框模型尺寸 */
        width: 290px;
        height: 210px;
        padding-top: 10px;
        margin: 5px;
        display: inline-block;
        /* 设置文字溢出格式，保证 div 元素底部对齐 */
        overflow: hidden;
    }
</style>
```

（3）设计整体水平居中显示的样式

同任务 5.2，代码如下。

```
<style>
    .box {
        /* 设置内容水平居中 */
        text-align: center;
    }
</style>
```

（4）设计文字阴影的样式

```
<style>
    p {
        text-shadow: 5px 5px 3px #888888;
    }
</style>
```

4．项目运行测试

（1）内容测试

编写完 HTML 内容代码后保存网页，查看内容显示是否完整和正确。

（2）按步骤测试样式

依据样式设计的步骤分别保存网页，观察样式的设计效果，掌握元素属性的用法。

模块小结 5

模块 5 小结

本模块用 3 个任务实践了元素框模型属性的知识点，知识点总结如图 5-26 所示。

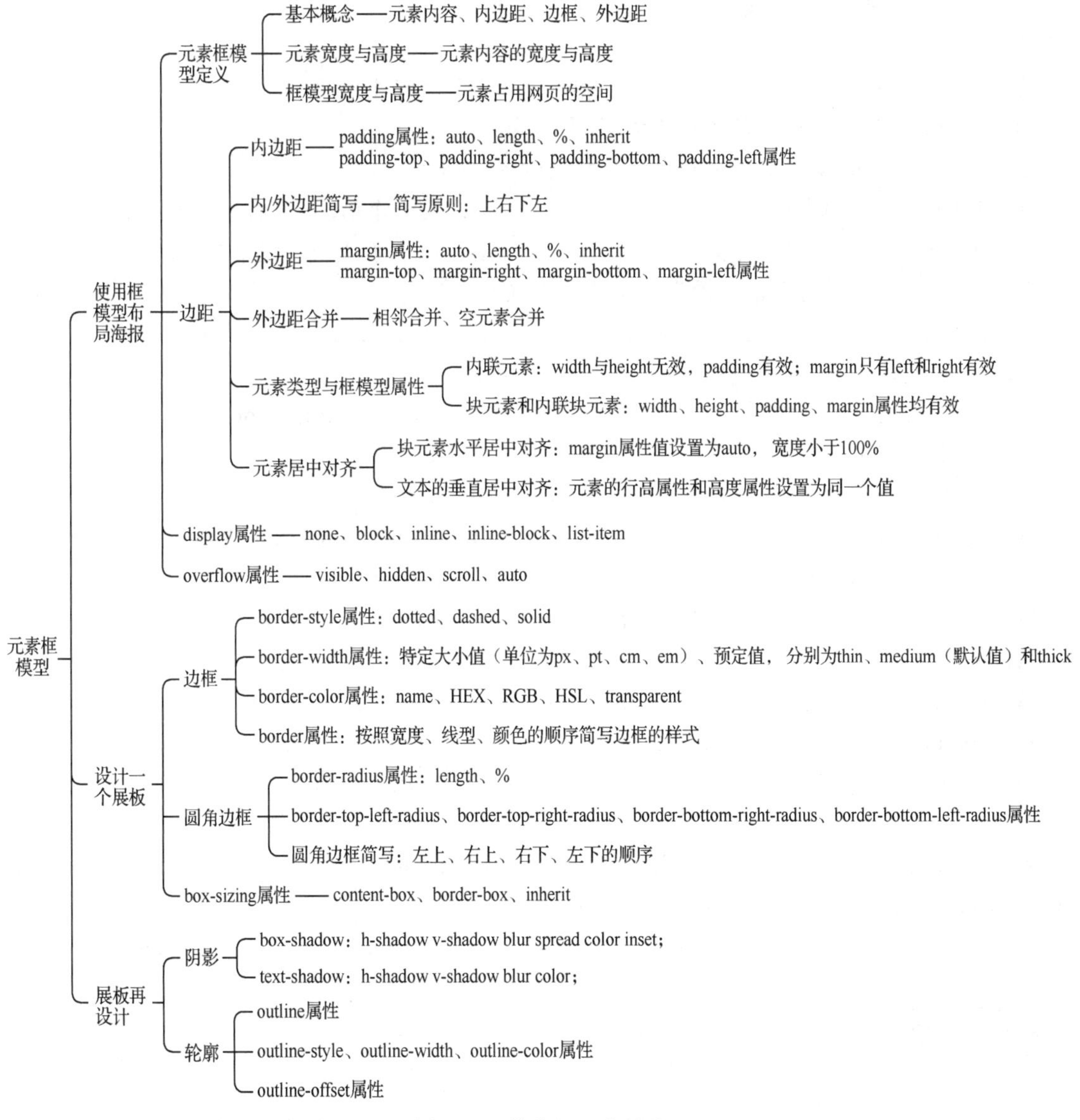

图 5-26　模块知识点总结

随堂测试 5

1. 以下哪种定义可以使元素边框的宽度分别为：上边框 10 像素、下边框 5 像素、左边框 20 像素、右边框 1 像素？（　　）
   A. border-width:10px 5px 20px 1px　　B. border-width:10px 20px 5px 1px
   C. border-width:5px 20px 10px 1px　　D. border-width:10px 1px 5px 20px
2. 以下哪个属性可以定义元素的左边距？（　　）
   A. text-indent:　　B. indent:　　C. margin:　　D. margin-left:
3. 以下关于边距的说法哪个是正确的？（　　）
   A. padding 属性定义元素内容与边框间的空间
   B. padding 属性可以使用负值
   C. padding 属性值不能是 3 个值，只能是 1 个、2 个或 4 个
   D. padding 属性定义元素之间的空间
4. 以下关于 box-shadow 属性的说明哪个是正确的？（　　）
   A. 只能设置文字阴影　　B. 第一个值用于设置水平距离
   C. 第二个值用于设置水平距离　　D. 第三个值用于设置投影颜色
5. 以下哪个属性可以将元素设置为圆角边框？（　　）
   A. box-sizing　　B. box-shadow　　C. border-radius　　D. border
6. 想要把块元素转换成行内块元素，以下哪个代码是正确的？（　　）
   A. display: block;　　B. display : inline-block;
   C. display: inline;　　D. display: none;
7. 想要绘制一个圆形，可以将一个正方形的属性写为以下哪个？（　　）
   A. border-radius: 50%;　　B. border-radius:20px 20px 20px 20px;
   C. border-radius:20px;　　D. border-radius:20px 20px;
8. 关于元素占用网页的宽度空间，以下哪个公式是正确的？（　　）
   A. width
   B. padding-left + width + padding-right
   C. border-left + width + border-right
   D. border-left+ padding-left + width + padding-right + border-right
9. 以下哪个不是 display 属性的合法取值？（　　）
   A. invisible　　B. block　　C. inline　　D. inline-block
10. display 属性取以下哪个值可以使元素不可见？（　　）
   A. hidden　　B. block　　C. invisible　　D. none

课后实践 5

1. 参考任务 5.1，使用元素框模型属性设计课后实践 2 中的海报展示样式。
2. 参考任务 5.2 和 5.3，设计一个展板。

3．绘制如图 5.27 所示的搜索框，图 5-27（a）为初始显示效果，图 5-27（b）为鼠标悬停于搜索框的下拉提示显示效果。

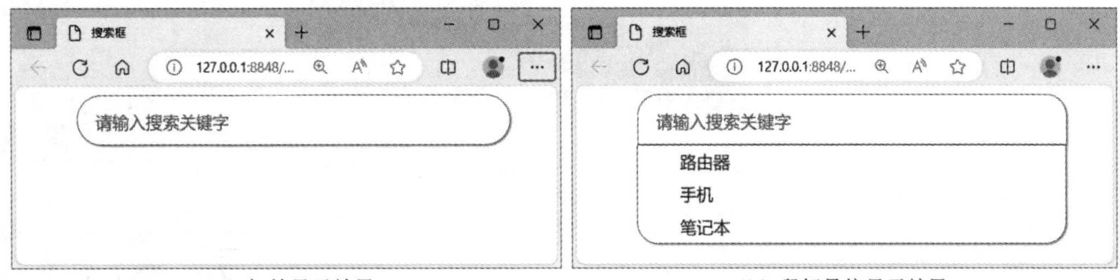

（a）初始显示效果　　（b）鼠标悬停显示效果

图 5-27　搜索框

模块 6
元素背景

背景是网页设计中非常重要的内容，本模块介绍元素的背景属性，包括图像背景、渐变背景、背景重复、背景尺寸，以及图像精灵等属性。

知识目标

1）掌握图像背景、渐变背景、图像精灵属性的用法。

2）掌握 opacity 属性的用法。

能力目标

1）能够使用图像背景属性设计网页背景。

2）能够使用图像精灵技术优化网络访问效率。

任务 6.1 设计展板的详情

设计展板的详情

以大国工匠为榜样，学习工匠精神，培养职业素养。本任务完善任务 5.2，添加工匠详细事迹展示，让学习落到实处，有迹可循，有章可依。任务要求如下。

1）小图像图标显示 4 个工匠的索引。

2）当鼠标指针悬停于图标索引时，详情显示指定工匠的事迹和索引图的大图。

3）详情显示区域使用渐变背景。

设计完成的显示效果如图 6-1 所示，图 6-1（a）为初始显示效果，图 6-1（b）为第 2 个工匠的详情展示。

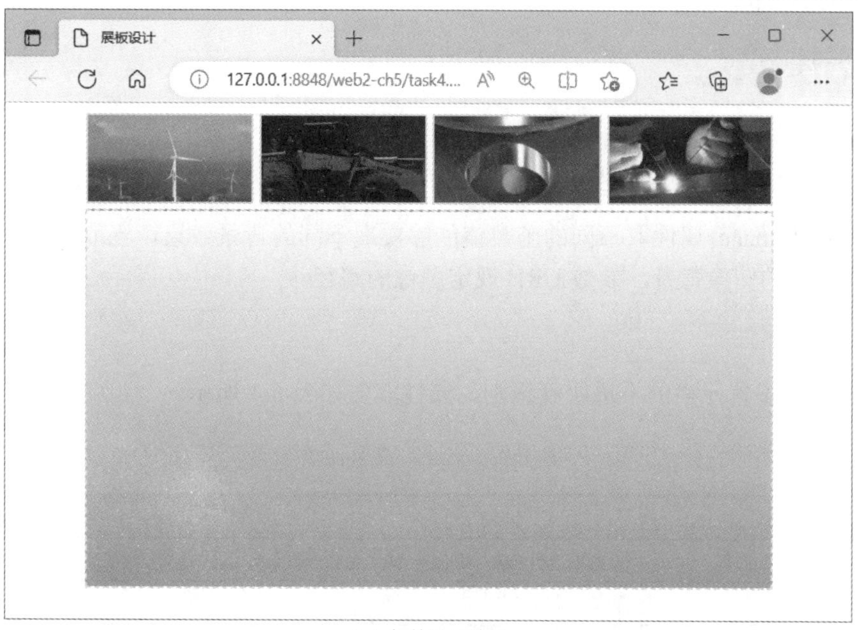

（a）初始显示效果

（b）显示第 2 个工匠的详情

图 6-1　展板详情（显示效果）

6.1.1 图像背景

图像背景

1. background-image 属性取 url()函数值

background-image 属性取不同的函数值能够实现不同的背景效果，当取值为 url(URL)函数时，定义元素的图像背景，参数 URL 规定图像的路径。

2. opacity 属性

opacity 属性设置元素的不透明度级别，属性取值如表 6-1 所示。

表 6-1 opacity 属性取值

属 性 值	说 明
number	设置不透明度值，取值从 0.0（完全透明）到 1.0（完全不透明）
inherit	从父元素继承值

为绿色设置不同的不透明度值的效果如图 6-2 所示，值为 0.1 的不透明度最小，颜色最浅。

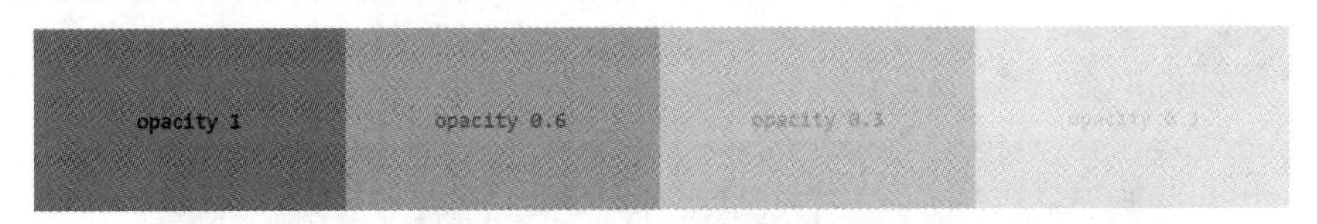

图 6-2 不透明度效果

【例 6-1】使用背景显示 3 幅图像，并使用不透明度模糊图像，网页显示效果如图 6-3 所示。

图 6-3 具有不同透明度值的图像（网页显示效果）

1）新建 HTML 项目，在项目的 img 目录下准备名为“二维码.jpg”的图像资源。

2）新建 HTML 文件，编写 HTML 内容代码如下。

```
<body>
    <div class="box1"></div>
    <div class="box2"></div>
    <div class="box3"></div>
</body>
```

3）编写样式代码如下。

```
<style>
    div {
```

```
        background: url("img/二维码.jpg");
        display: inline-block;
        width: 114px;
        height: 112px;
    }

    .box2 {
        opacity: 0.7;
    }

    .box3 {
        opacity: 0.4;
    }
</style>
```

与使用 img 元素显示图像不同，使用 div 元素结合背景属性显示图像时，div 元素的宽度和高度都必须设置。

6.1.2　渐变背景

预定方向背景渐变

渐变能够实现在两个或多个指定颜色之间的平滑过渡，在背景设计中具有非常好的显示效果，当 background-image 属性取值为 linear-gradient()渐变函数时，能够实现背景颜色的线性渐变。

1. 预定方向渐变

颜色可以沿着预定的方向线性地发生变化，如图 6-4 所示，从上到下，颜色由红色逐步变化到黄色就是一种预定方向的线性渐变，方向还可以从左到右、沿对角方向等。当 background-image 属性的取值为 linear-gradient(direction, color-stop1, color-stop2, ...)函数时，定义预定方向的渐变，函数参数说明如表 6-2 所示。

图 6-4　线性渐变

表 6-2　linear-gradient(direction, color-stop1, color-stop2, ...)函数参数说明

参　数	说　明
direction	规定渐变的方向，取值说明如下。 ● to bottom：从上到下渐变，默认值 ● to top：从下到上渐变 ● to left：从右到左渐变 ● to right：从左到右渐变 ● to bottom right：从左上到右下对角线方向渐变
color-stop1，color-stop2, ...	颜色节点，可以定义不少于 2 个的颜色节点，会依次逐步过渡到指定的节点颜色

【例 6-2】编码实现图 6-4 所示的线性渐变效果。

1）新建 HTML 文件，编写网页内容代码如下。

```
<body>
    <div>从上到下(默认)</div>
</body>
```

2）编写渐变样式代码如下。

```
<style>
    div {
        height: 100px;
        /* 背景色线性渐变,从上到下由红色变为黄色 */
        background-image: linear-gradient(to bottom, red, yellow);
        /* 文字居中对齐,白色 */
        text-align: center;
        color: white;
    }
</style>
```

如果颜色从左到右线性渐变，对应渐变代码修改如下。

```
background-image: linear-gradient(to right, red, yellow);
```

如果颜色从左上角到右下角线性渐变，对应渐变代码修改如下。

```
background-image: linear-gradient(to bottom right, red, yellow);
```

还可以实现彩虹效果的颜色渐变，代码如下。

```
background-image: linear-gradient(to right, red, orange, yellow, green, blue, indigo, violet);
```

任意角度渐变背景

2. 任意角度渐变

预定义方向的渐变是基于特殊角度值的颜色渐变，如果希望对渐变方向自由控制，可以用角度值取代预定义的方向定义线性渐变，角度值说明如图 6-5 所示。从下到上（to top）的线性渐变对应于 0deg；从左到右（to right）的线性渐变对应于 90deg；从上到下（to bottom）的线性渐变对应于 180deg。

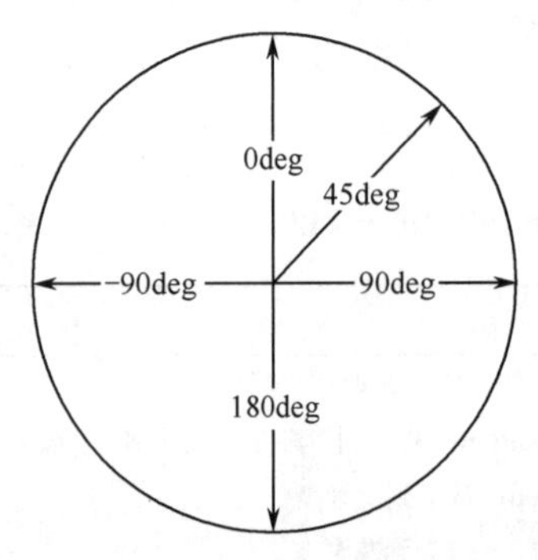

图 6-5　渐变角度值说明

当 background-image 属性的取值为 linear-gradient(angle, color-stop1, color-stop2, ...)函数时，定义指定角度方向的线性渐变。函数参数说明如表 6-3 所示。

表 6-3　linear-gradient(angle, color-stop1, color-stop2, ...)函数参数说明

参　数	说　明
angle	定义渐变方向的角度，是 y 轴和渐变线之间的夹角角度，如图 6-5 所示，0deg 创建一个从下到上的渐变，90deg 将创建一个从左到右的渐变
color-stop1，color-stop2, ...	颜色节点，可以定义不少于 2 个的颜色节点，会依次逐步过渡到指定的节点颜色

将例 6-2 的渐变代码修改为基于角度的渐变代码如下。

```
background-image: linear-gradient(180deg, red, yellow);
```

【例 6-3】使用基于角度的渐变背景设计一个显示效果如图 6-6 所示的形状。

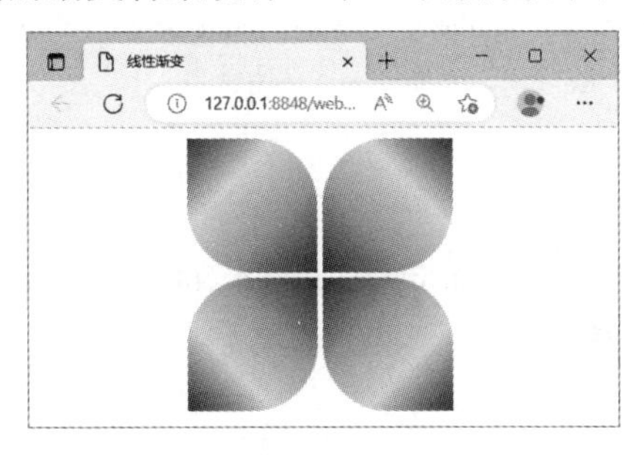

图 6-6　使用渐变和圆角边框设计效果

1）新建 HTML 文件，编写网页内容代码如下。

```
<body>
    <div class="box">
        <div class="box-1"></div>
        <div class="box-2"></div>
        <div class="box-3"></div>
        <div class="box-4"></div>
    </div>
</body>
```

2）4 个 div 元素的尺寸一样，圆角边框，渐变方向分别沿 4 个对角方向，组合后即可实现效果，基于分析编写样式代码如下。

```
<style>
    /* 设置外层容器元素水平居中对齐*/
    .box {
        width: 210px;
        margin: auto;
    }

    /* 设置元素基本样式*/
    [class*="box-"]{
        width: 100px;
        height: 100px;
        display: inline-block;
    }
    /*左上角形状*/
```

```
    .box-1 {
        background-image: linear-gradient(-45deg, red, orange, yellow, green);
        border-radius: 0 50px;
    }
    /*右上角形状*/
    .box-2 {
        background-image: linear-gradient(45deg, red, orange, yellow, green);
        border-radius: 50px 0;
    }
    /*左下角形状*/
    .box-3 {
        background-image: linear-gradient(-135deg, red, orange, yellow, green);
        border-radius: 50px 0;
    }
    /*右下角形状*/
    .box-4 {
        background-image: linear-gradient(135deg, red, orange, yellow, green);
        border-radius: 0 50px;
    }
</style>
```

6.1.3 任务实现

任务 6.1 实现

1．项目创建与资源准备

新建 HTML 项目，在项目 img 目录下准备名字分别为“程平.jpg”、“郭凯.jpg”、“马小光.jpg”、“陈久友.jpg”的图像素材。

2．HTML 内容设计

图标用 img 元素显示，详情信息的文字介绍用 p 元素显示，大图像用 div 元素加背景显示，整体嵌套在 div 元素里，方便布局设计。基于分析创建 HTML 文件，编写内容结构代码如下。

```
<body>
    <div class="box">
        <!-- 图标 -->
        <img src="img/程平. jpg ">
        <img src="img/郭凯. jpg ">
        <img src="img/马小光. jpg">
        <img src="img/陈久友. jpg ">
        <!-- 详情显示 -->
        <div class="content">
            <p class="detail">我国风电装机容量已连续 13 年……</p>
            <p class="detail">我国已建和在建自动化码头……</p>
            <p class="detail">我国正在全力推动制造业高端化……</p>
            <p class="detail">如今，制造业已进入智能化时代……</p>
```

```
                <div class="img"></div>
            </div>
        </div>
    </body>
```

3. CSS 样式设计

（1）设计图像样式

图像样式包括图标和详情图的样式，需要计算详情大图元素的宽度，根据顶部图标列表计算出宽度的大概值为 130（图标宽度）*4+8*2（边框宽度）=536px，进一步通过调试得到最终值 544px，其余为基本样式设计，按照常规美观性要求直接设计即可，代码如下。

```
<style>
    /* 图标样式 */
    img {
        width: 130px;
        /* 设置图像边框 */
        border: 2px solid navajowhite;
    }

    /* 详情大图样式 */
    .img {
        width: 544px;
        /* 高度值基于图像宽度值等比例拉伸计算*/
        height: 280px;
    }
</style>
```

（2）设计文字样式

文字样式，按照常规美观性要求直接设计即可，代码如下。

```
<style>
    /*文字样式*/
    .detail {
        /* 初始不显示 */
        display: none;
        overflow: auto;
        text-align: justify;
        text-indent: 2em;
        padding: 5px;
    }
</style>
```

（3）设计详情的总体样式

设置线性渐变背景，代码如下。

```
<style>
    .content {
        width: 544px;
        padding-top: 10px;
```

```
        display: inline-block;
        /* 设置边框 */
        border: 2px dashed navajowhite;
        /*线性渐变背景*/
        background: linear-gradient(to bottom, white, darksalmon);
    }
</style>
```

（4）设计当鼠标悬停于图标时显示效果的样式

鼠标悬停于顶部图标时，显示详情中的文字和图像，这里有 2 个技术点，分析如下。

第 1 个技术点是如何根据元素之间的派生关系查找详情中的对应元素。首先绘制元素之间的层次关系如图 6-7 所示。

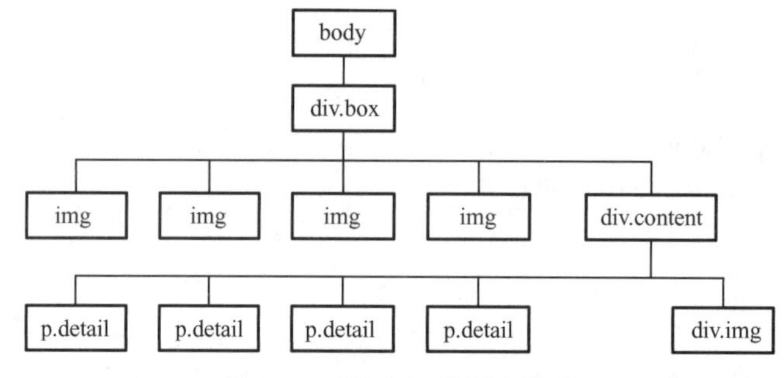

图 6-7　元素之间的层次关系

由元素之间的层次关系可见，详情的容器元素 div.content 是顶部图标元素 img 的同胞，通过同胞选择器（img~div.content）查找，详情的文字元素 p.detail 和图像元素 div.img 是容器元素 div.content 的子元素，通过子元素选择器（div.content>p.detail、div.content>.img）查找。通过伪类选择器定位元素的位置和获取元素的指定状态，从而查找到指定的元素。通过第 1 个图标元素查找第 1 个文字元素的选择器为 img:nth-child(1) ~div.content>p.detail:nth-child(1)，增加鼠标悬停于图标的状态限定，选择器为 img:nth-child(1):hover~div.content>p.detail:nth-child(1)。去掉元素名，直接使用类选择器，简化选择器的书写，结果为 img:nth-child(1):hover~.content>.detail:nth-child(1)。

第 2 个技术点是背景图像的切换与文字的隐藏和显示，分别使用 background-image 属性和 display 属性，需要分别查找元素和动态切换样式。

基于分析编写代码如下。

```
<style>
    /* 第 1 个图标的详情 */
    img:nth-child(1):hover~.content>.img {
        background-image: url(img/程平.jpg);
    }

    img:nth-child(1):hover~.content>.detail:nth-child(1) {
        display: inline-block;
    }

    /* 第 2 个图标的详情 */
```

```
    img:nth-child(2):hover~.content>.img {
        background-image: url(img/郭凯.jpg);
    }

    img:nth-child(2):hover~.content>.detail:nth-child(2) {
        display: inline-block;
    }

    /* 第 3 个图标的详情 */
    img:nth-child(3):hover~.content>.img {
        background-image: url(img/马小光.jpg);
    }

    img:nth-child(3):hover~.content>.detail:nth-child(3) {
        display: inline-block;
    }

    /* 第 4 个图标的详情 */
    img:nth-child(4):hover~.content>.img {
        background-image: url(img/陈久友.jpg);
    }

    img:nth-child(4):hover~.content>.detail:nth-child(4) {
        display: inline-block;
    }
</style>
```

（5）设计整体水平居中显示的样式

整体是有关图像和文字的显示，使用 div 元素的文字对齐即可，代码如下。

```
<style>
    .box {
        /* 设置内容水平居中 */
        text-align: center;
    }
</style>
```

4．项目运行测试

（1）内容测试

编写完 HTML 内容代码后保存网页，查看内容显示是否完整和正确。

（2）按步骤测试样式

依据样式设计的步骤分别保存网页，观察样式的设计效果，掌握元素属性的用法。

任务 6.2　优化展板设计

优化展板设计

本任务 5.2 中，图像都是单幅的，每一幅图像都要单独进行网络请求加载，效率低下，容易引起网络堵塞。本任务将图像进行组合，由 4 幅大小相同的小图拼接成 1 个尺寸为 520px*266px 的图像，如图 6-8 所示。

图 6-8　图像资源

基于拼接的图像资源优化任务 5.2 的实现，完成的网页显示效果同任务 5.2，参见图 5-12 所示，网页加载效率更高。

6.2.1　图像背景相关的属性

图像背景与背景属性

1．background-repeat 属性

默认情况下，背景图像在水平和垂直两个方向上进行重复，以填满整个背景区域。但是，背景图像有时候并不需要重复，或者仅需要在一个方向上重复，就需要使用 background-repeat 属性来定义图像背景的重复方式，属性取值如表 6-4 所示。

表 6-4　background-repeat 属性取值

属 性 值	说　明
repeat	默认值，背景图像在水平和垂直 2 个方向上重复
repeat-x	背景图像在水平方向上重复
repeat-y	背景图像在垂直方向上重复
no-repeat	背景图像不重复，仅显示一次

2．background-size 属性

background-size 属性定义背景图像的尺寸，属性取值如表 6-5 所示。

表 6-5　background-size 属性取值

属 性 值	说　明
length	设置背景图像的宽度和高度，第 1 个值设置宽度，第 2 个值设置高度。如果只设置 1 个值，则第 2 个值会被设置为“auto”，背景图像的高度值参考宽度值等比例拉伸
%	以父元素的百分比来设置背景图像的宽度和高度，设置顺序同 length 值
cover	拉伸背景图像，使其能够完全覆盖背景区域，不考虑背景图像的裁剪
contain	按比例拉伸背景图像，使其在某一个方向达到背景区域的最大尺寸。与 cover 值不同，另一方向有可能不能覆盖背景区域

6.2.2　background 属性

background 属性在一个声明中设置所有的背景属性，允许仅设置部分属性值，对属性值的设置顺序没有特别的要求，习惯上先设置颜色属性值，然后设置图像属性值，以及与图像背景相关的其他属性值。

【例 6-4】编码为元素设置图像背景，并设置不同的不透明度、不同的重复值和不同的尺寸值，保存网页，体验背景属性的用法。

1）新建 HTML 项目，在项目 img 目录下准备名为“y_bg.png”的图像资源。

2）新建 HTML 文件，编写网页内容代码如下。

```
<body>
    <div class="box1">opacity: 1，repeate</div>
    <div class="box2">opacity: 1，repeat-y</div>
    <div class="box3">opacity: 0.4，no-repeat</div>
    <div class="box4">no-repeat，size: 100px</div>
    <div class="box5">no-repeat，contain</div>
    <div class="box6">no-repeat，cover  </div>
</body>
```

3）设置 div 元素的图像背景基本样式，代码如下。

```
div {
    /* 转换 div 元素为行内块元素，并设置大小 */
    display: inline-block;
    width: 140px;
    height: 120px;
    /* 设置图像背景 */
    background: url("img/y_bg.png") aqua;
    margin: 3px;
    color: blue;
}
```

4）依据文字提示编写图像背景相关的属性代码如下。

```
<style>
    .box1 {
        opacity: 1;
    }

    .box2 {
        background-repeat: repeat-y;
    }

    .box3 {
        opacity: 0.4;
        background-repeat: no-repeat;
    }
```

```
        .box4 {
            background-repeat: no-repeat;
            background-size: 100px;
        }

        .box5 {
            background-repeat: no-repeat;
            background-size: contain;
        }

        .box6 {
            background-size: cover;
        }
    </style>
```

保存文件并浏览查看效果，如图 6-9 所示。

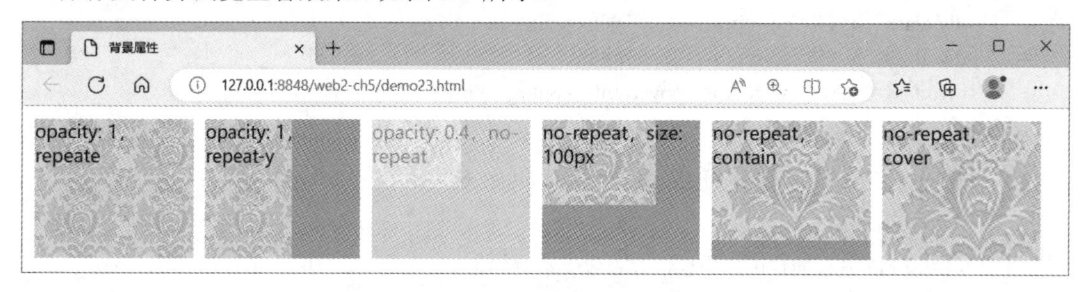

图 6-9　背景属性设置（网页显示效果）

由显示效果可见，第 1 个元素默认图像背景水平和垂直重复填满了整个元素；第 2 个元素仅垂直方向重复了背景；第 3 个元素没有重复，仅显示了 1 幅实际大小的背景图像；第 4 个元素没有重复，设置了背景宽度，背景图像的高度自动进行了等比例缩放；第 5 个元素设置背景尺寸值为 contain，水平方向覆盖以后垂直方向自动进行了等比例缩放；第 6 个元素背景尺寸值为 cover，背景被拉伸填充了元素。

背景作用于由元素内容和内边距所组成的区域，图像背景的优先级高于颜色背景。

6.2.3　图像精灵

background-position 属性

1．background-position 属性

元素背景默认铺在元素边框内，从元素左上角内边距起点开始填充元素的内边距和内容空间。background-position 属性能够设置元素背景的起点位置，设置后背景将从指定的起点位置开始填充元素，落在元素边框和边框之外的背景将会被剪切不显示。属性取值如表 6-6 所示。

表 6-6　background-position 属性取值

属　性　值	说　　明
xkey ykey	关键词值，第 1 个是垂直位置，可以取 top、center、bottom，第 2 个是水平位置，可以取 left、center、right。如果只规定了 1 个关键词，那么第 2 个值将是“center”。默认值为 0% 0%
x% y%	百分比（%）值，第 1 个值规定水平位置，第 2 个值规定垂直位置。左上角是 0% 0%，右下角是 100% 100%。如果只规定了一个值，另一个值将是 50%
xpos ypos	位置（position）值，第 1 个值是水平位置，第 2 个值是垂直位置。左上角是 0 0，单位是像素(0px 0px)或任何其他的 CSS 单位。如果只规定了一个值，另一个值将是 50%。可以混合使用%和 position 值

background-position 属性取值正负不限，正值表示背景起点从元素内边距左上角开始向内偏移的距离，负值表示背景起点从元素内边距左上角开始向外偏移的距离。

【例 6-5】已知一幅图像如图 6-10 所示，将该图设置为元素的背景，且不允许重复，设置不同的背景起点位置，实现如图 6-11 所示的显示效果。

图 6-10　图像资源

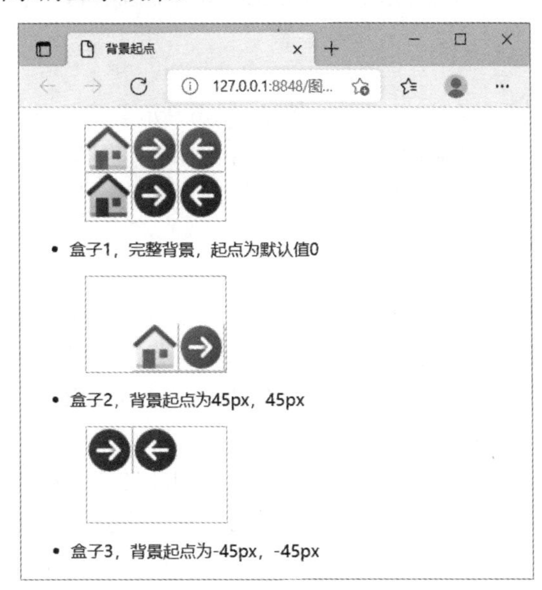

图 6-11　使用 background-position 属性（显示效果）

1）新建 HTML 项目，在 img 目录下准备名为“navsprites_hover.gif”的图像资源。

2）新建 HTML 文件，编写网页内容代码如下。

```
<body>
    <ul>
        <li><div id="box1"></div>盒子 1，完整背景，起点为默认值 0</li>
        <li><div id="box2"></div>盒子 2，背景起点为 45px，45px</li>
        <li><div id="box3"></div>盒子 3，背景起点为-45px，-45px</li>
    </ul>
</body>
```

3）依据效果设计图像背景，并设置不同的背景起点，样式代码如下。

```
<style>
    div {
```

```
            /* 设置边框宽度为 1px,颜色灰色,实线 */
            border: darkgray 1px solid;
            width: 135px;
            height: 90px;
            /* 设置外边距值为 15px */
            margin: 15px;
        }
        #box1 {
            /* 设置不重复背景图像 */
            background: url('img/navsprites_hover.gif') no-repeat;
        }
        #box2 {
            /* 设置不重复背景图像，背景起点为 45px，45px，起点向右向下移 */
            background: url('img/navsprites_hover.gif') 45px 45px no-repeat;
        }
        #box3 {
            /* 设置不重复背景图像，背景起点为-45px，-45px，起点向左向上移 */
            background: url('img/navsprites_hover.gif') -45px -45px no-repeat;
        }
    </style>
```

由网页显示效果可见，第 2 个 div 元素的背景起点设置为正值，背景向右和向下移动，背景右下角被裁剪不显示。第 3 个 div 元素的背景起点设置为负值，背景向左和上移动，背景左上角被裁剪不显示。

2. 生成图像精灵

生成图像精灵

网页每次加载图像都需要访问服务器，加载多张图像就需要多次请求服务器，降低了网络访问的效率。如果多张图像都不是很大，就可以将其组合在一起，生成一个图像的集合，一次性加载到网页中，显示时根据需要对图像区域进行筛选，减少网络请求的次数，提高网页的加载效率。

由若干张小图像组合在一起生成的图像集合称为图像精灵。使用图像精灵能够提高网页的加载效率，但是需要计算图像的像素，而且需要使用图像处理技术将多张图像合并到一张图像中，会带来额外的工作量。此外，由于图像精灵基于图像的像素，在自适应网页设计中也会带来一些布局的困惑，因此，应根据需要谨慎使用。

由例 6-5 可见，可以通过设置元素的宽度与高度确定图像背景的显示尺寸，通过设置背景的起点确定图像背景的显示起点，二者结合能够筛选显示图像区域，在元素中仅显示指定区域的图像，实现图像精灵区域的筛选。

【例 6-6】使用背景属性筛选图像精灵的区域，将图 6-10 中的图像区域根据需要显示在网页的指定位置，实现如图 6-12 所示的显示效果。

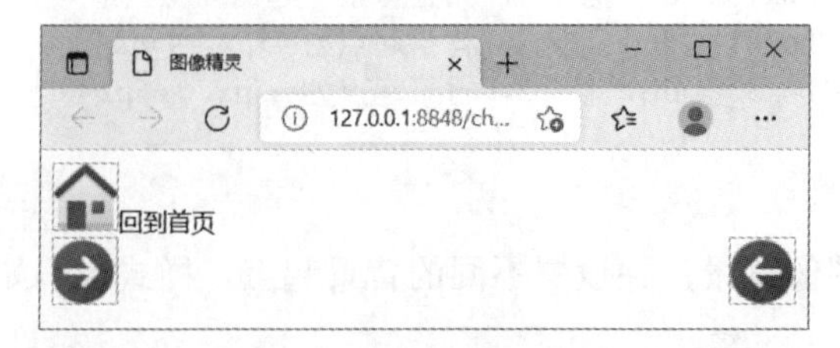

图 6-12　图像精灵（网页显示效果）

1）新建 HTML 项目，在项目的 img 目录下准备名为“navsprites.gif”的图像资源。

2）新建 HTML 文件，编写网页内容代码如下。

```
<body>
    <img id="home">回到首页<br>
    <img id="prev">
    <img id="next" align="right">
</body>
```

3）编写样式代码如下。

```
<style>
    img {
        /* 设置元素尺寸为单个小图像的尺寸 */
        height: 45px;
        width: 45px;
    }
    #home {
        /* 显示第 1 张小图，图像背景的起点为(0,0) */
        background: url('img/navsprites.gif') 0 0;
    }

    #prev {
        /* 显示第 2 张小图，图像背景的起点为(-45,0)，左移 45px */
        background: url('img/navsprites.gif') -45px 0;
    }

    #next {
        /* 显示第 3 张小图，图像背景的起点为(-90,0)，左移 90px */
        background: url('img/navsprites.gif') -90px 0;
    }
</style>
```

【例 6-7】使用背景属性筛选图像精灵的区域，将图 6-10 中的图像区域根据需要显示在网页的指定位置，实现如图 6-13 所示的显示效果。初始显示浅色图像，如图 6-13（a）所示，当鼠标悬停于图像时显示深色图像，如图 6-13（b）所示。

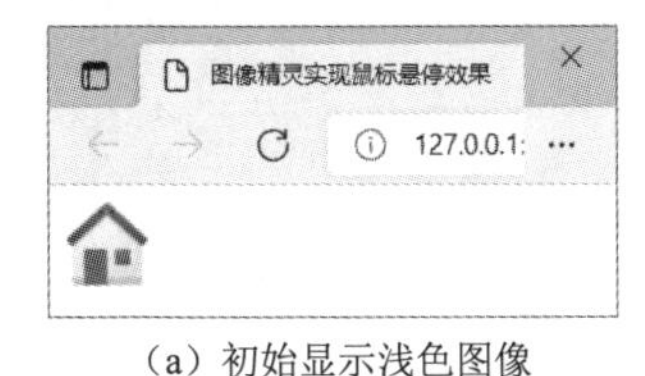

（a）初始显示浅色图像

（b）当鼠标悬停于图像时显示深色图像

图 6-13　应用图像精灵技术（显示效果）

1）新建 HTML 项目，在 img 目录下准备名为“navsprites_hover.gif”的图像资源。

2）新建 HTML 文件，编写网页内容代码如下。

```
<body>
    <div></div>
```

```
</body>
```

3）编写样式代码如下。

```
<style>
    div {
        /* 设置元素尺寸为单个小图像的尺寸 */
        height: 45px;
        width: 45px;
        /* 初始显示第 1 张小图，图像背景的起点为(0,0) */
        background: url('img/navsprites_hover.gif') 0 0;
    }

    div:hover {
        /* 当鼠标悬停于图像时，显示第 2 行第 1 张小图，图像背景的起点为(0,-45) */
        background: url('img/navsprites_hover.gif') 0 -45px;
    }
</style>
```

6.2.4 任务实现

任务 6.2 实现

1. 项目创建与资源准备

新建 HTML 项目，在项目 img 目录下准备名字为“图像精灵.jpg”的图像素材。

2. HTML 内容设计

同任务 5.2，去掉其中 img 元素的 src 属性，为 img 元素增加值为“img”的类属性。

3. CSS 样式设计

（1）设计图像基本样式

基本样式按照常规美观性要求直接设计即可，代码如下。

```
<style>
    /* 图像基本样式属性设置 */
    .img {
        /* 设置图像宽度、高度自动等比例缩放 */
        width: 260px;
        /* 设置图像边框 */
        border-radius: 15px;
        border: 2px solid navajowhite;
    }
</style>
```

（2）基于图像精灵技术筛选图像

分析图像资源的尺寸，图像总尺寸为 520px*266px，所以每一幅图像为 260px*133px，基于图像尺寸计算每一幅图像的起点位置，基于起点位置计算，使用 background-position 属性实现图像精灵，代码如下。

```
<style>
    /* 第 1 幅图像 */
    .content:nth-child(1) .img {
        background: url("img/图像精灵.jpg") 0 0;
    }

    /* 第 2 幅图像 */
    .content:nth-child(2) .img {
        background: url("img/图像精灵.jpg") -260px 0;
    }

    /* 第 3 幅图像 */
    .content:nth-child(3) .img {
        background: url("img/图像精灵.jpg") 0 -133px;
    }

    /* 第 4 幅图像 */
    .content:last-child .img {
        background: url("img/图像精灵.jpg") -260px -133px;
    }
</style>
```

（3）其他样式设计

每一个人物的图像和文字介绍，以及任务整体布局设计同任务 5.2。

4．项目运行测试

（1）内容测试

编写完 HTML 内容代码后保存网页，查看内容显示是否完整和正确。

（2）按步骤测试样式

依据样式设计的步骤分别保存网页，观察样式的设计效果，掌握元素属性的用法。

模块 6 小结

模块小结 6

本模块用 2 个任务实践了元素背景属性的知识点，知识点总结如图 6-14 所示。

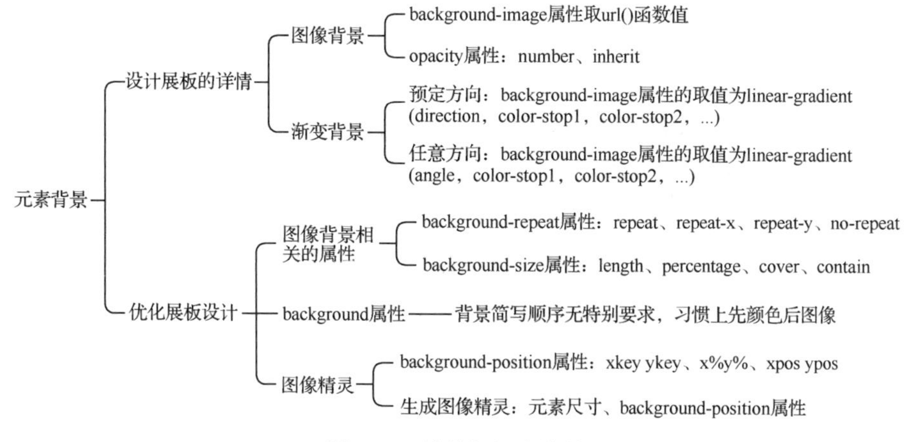

图 6-14 模块知识点总结

随堂测试 6

1．以下哪个定义可以为网页添加背景颜色？（　　）

A．<body color="yellow">　　B．<background>yellow</background>

C．<body bgcolor="yellow">　　D．< body background-color: yellow>

2．以下哪个定义可以为网页插入背景图像？（　　）

A．<body background="background.gif">　　B．<background img="background.gif">

C．<img src="background.gif" background>　　D．<body bground="background.gif">

3．以下哪个属性不可以用于改变背景的颜色？（　　）

A．bgcolor　　B．background-color　　C．color　　D．background

课后实践 6

1．完善例 6-3，为形状添加文字，并使文字居中显示，显示效果如图 6-15 所示。

2．为课后实践 3 设计用户注册网页设计样式，使显示效果如图 6-16 所示，具体样式要求如下。

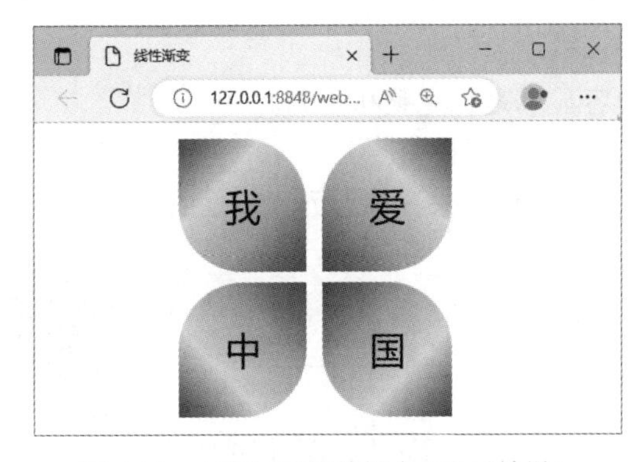

图 6-15　文字与形状的组合（显示效果）

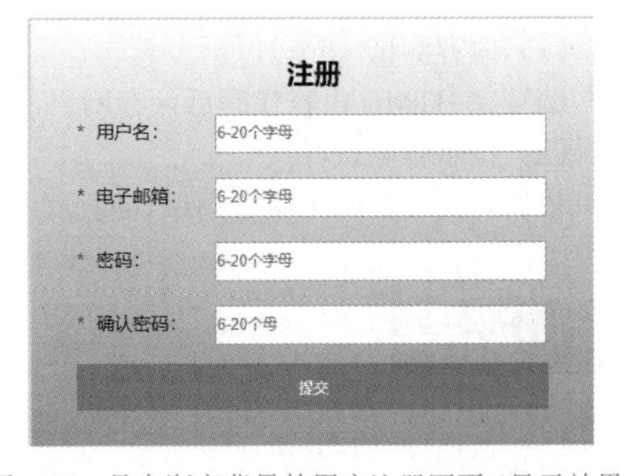

图 6-16　具有渐变背景的用户注册网页（显示效果）

1）必填内容前面的星号显示为红色，选填内容前面的星号显示为蓝色。

2）元素之间边距合适，对齐美观。

3）将注册相关的元素放在 div 元素内，为 div 元素添加边框和边框阴影。

4）为 div 元素添加线性渐变背景色，颜色由上往下逐渐加深。

3．将课后实践任务整合到自己设计的网站中。

模块 7
元素定位

利用定位属性能够设置特殊的网页效果，如固定在网页某个位置的帮助按钮，跟随主菜单的子菜单等，本模块介绍定位属性，包括基本语法和定位应用。

知识目标

1）掌握定位属性的基本语法。
2）掌握元素定位的位置基准和位置偏移属性的设置方法。
3）掌握子绝父相定位的用法。
4）掌握 Z 深度属性的用法。

能力目标

能够使用定位设计常见网页效果，包括帮助菜单、下拉菜单、弹出式菜单、搜索框、轮播图布局和内容标识。

任务 7.1 掌握定位的语法

在网页设计中，往往有一些特殊的位置需求，例如，帮助按钮一般固定在网页的右下角，既不影响网页整体内容显示，又方便用户操作；导航菜单一般放置在网页顶部，醒目且方便导航。针对这些特殊的位置需求，就需要用到定位技术。本任务介绍定位的基本语法与用法，通过本任务的学习，应全面掌握相对定位、绝对定位、固定定位、黏性定位 4 种基本定位的语法、用法及特点，为使用定位属性设计网页效果奠定良好的学习基础。

7.1.1 定位属性

定位相关的属性

1. 普通流定位机制

元素有 3 种定位机制：普通流、浮动和定位。

HTML 元素在网页中都被看作是框，以框模型的方式进行排列。默认所有框都在普通流中进行定位，普通流中框的位置由元素本身决定，遵循以下原则。

1）块元素从上到下一个接一个地排列，元素之间的垂直距离基于框的垂直外边距，并根据边距合并原则进行上下外边距的合并。

2）内联块元素在一行中水平排列，通过设置元素的水平内边距、边框和外边距调整相互之间的间距。由一行元素组成的水平框称为行框（Line Box），默认行框的高度由行内所有元素框中高度最大的框决定，也可以通过设置行高来增加行框的高度。

3）内联元素在一行中水平排列，行框的高度由行内所有元素框中高度最大的框决定，仅包含内联元素的行不能设置行高。

2. position 属性

position 属性设置定位的类型，属性取值如表 7-1 所示。

表 7-1 position 属性取值

属 性 值	说 明
static	静态定位，默认定位方式，元素没有定位
relative	设置元素的相对定位
fixed	设置元素的固定定位
absolute	设置元素的绝对定位
sticky	设置元素的黏性定位
inherit	规定从父元素继承 position 属性的值

3. 位置偏移属性

普通流定义了元素在网页中的标准位置，定位允许元素离开普通流，相对于参考位置进行位置移动。元素相对于参考位置进行的位置移动称为位置偏移，可以在上、下、左、右 4 个方向上进行移动，对应有 4 个位置偏移属性。位置偏移属性如表 7-2 所示。

表 7-2 位置偏移属性

属 性 名	说 明
bottom	设置定位元素下外边距边界与参考位置之间的位置偏移。可以使用负值，正值从参考位置向上移动，负值从参考位置向下移动。有以下几种取值，说明如下。 ● auto：默认值，浏览器自动计算位置 ● %：设置以包含元素的百分比计算的底边位置 ● length：使用 px、cm 等单位设置元素的底边位置 ● inherit：从父元素继承 bottom 属性的值

续表

属　性　名	说　明
top	设置定位元素上外边距边界与参考位置之间的位置偏移，可以使用负值，正值从参考位置向下移动，负值从参考位置向上移动。参数取值同 bottom 属性
right	设置定位元素右外边距边界与参考位置之间的位置偏移，可以使用负值，正值从参考位置向左移动，负值从参考位置向右移动。参数取值同 bottom 属性
left	设置定位元素左外边距边界与参考位置之间的位置偏移，可以使用负值，正值从参考位置向右移动，负值从参考位置向左移动。参数取值同 bottom 属性

位置偏移属性有默认值，默认值与浏览器相关，如果不需要偏移位置，应设置偏移值为 0。

4．clip 属性

clip 属性裁剪绝对定位元素，元素被剪入指定的形状中显示，属性取值如表 7-3 所示。

表 7-3　clip 属性取值

属　性　值	说　明
shape	设置元素的形状，唯一合法的形状值是：rect (top, right, bottom, left)
auto	默认值，不应用任何剪裁
inherit	从父元素继承 clip 属性值

7.1.2　基本定位

相对定位

1．相对定位

相对定位（position:static;）的参考位置是元素本身，也即元素相对于其在普通流中的标准位置进行位置移动。移动后元素形状不变，原本占有的普通流位置仍然保留。如图 7-1 所示，元素框 2 本来位于无背景色虚线框所示的位置，使用相对定位后移动到有背景色虚线框所示的位置，但其原有位置仍然保留，所以元素框 3 的位置并没有发生变化。元素框 2 叠加到了元素框 3 的上面。

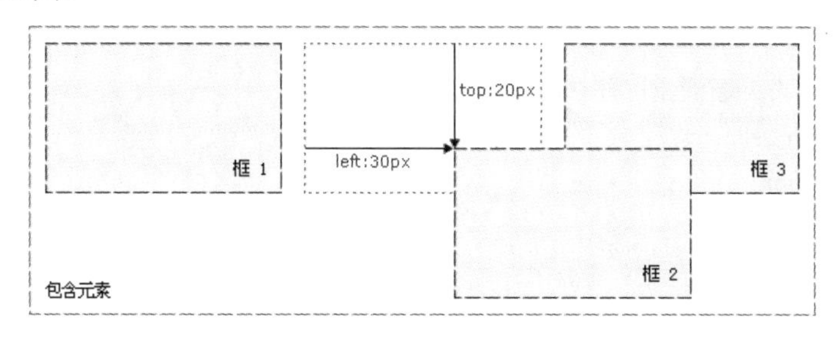

图 7-1　相对定位位置正偏移

元素定位后会叠加在未定位元素之上，遮挡未定位元素。

【例 7-1】编码实现图 7-1 所示的相对定位效果，体验相对定位的位置移动规则。

1）新建 HTML 文件，编写网页内容代码如下。

```
<body>
    <div></div>
    <div id="box"></div>
    <div></div>
</body>
```

2）编写样式代码如下。

```
<style>
    div {
        /* 外观定义 */
        width: 200px;
        height: 125px;
        border: 1px dashed darkgoldenrod;
        background-color: antiquewhite;
        /* 转换为行内块元素 */
        display: inline-block;
    }

    #box{
        /* 相对定位，相对普通流位置右移 30px,下移 20px */
        position: relative;
        left: 30px;
        top: 20px;
    }
</style>
```

【例 7-2】修改例 7-1，将位置偏移值修改为负值，查看网页显示效果，体验偏移值为负值的位置移动规则。

1）修改元素定位属性样式代码如下。

```
</style>
    #box{
    /* 相对定位,相对普通流位置左移 30px,上移 20px */
        position: relative;
        left: -30px;
        top: -20px;
    }
</style>
```

2）保存网页，查看网页显示效果如图 7-2 所示。由显示效果可见，位置偏移值取负值时，元素的位置移动方向与正值正好相反。

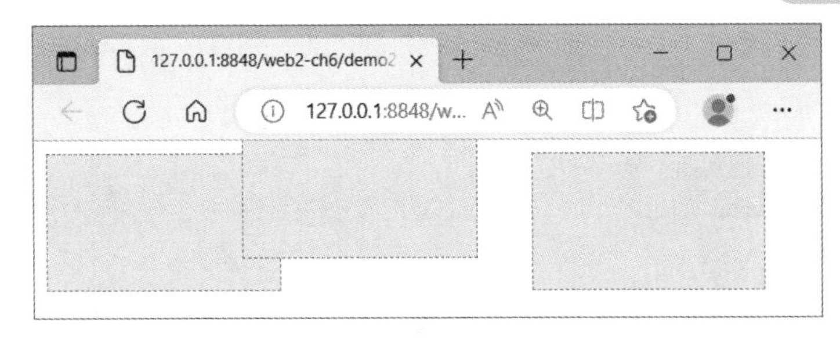

图 7-2　相对定位位置负偏移值（网页显示效果）

固定定位

2. 固定定位

固定定位（position:fixed;）的参考位置是浏览器窗口，也即元素相对于浏览器窗口进行位置移动。定位后元素从普通流中完全删除，原本占有的普通流位置不再保留。由于其参考位置是浏览器窗口，滚动网页时固定定位的元素始终位于浏览器窗口的某一位置，经常被用于设计位于浏览器中固定位置的帮助按钮。

【例 7-3】使用固定定位技术设计一个如图 7-3 所示的显示在浏览器窗口右下角的帮助按钮，初始显示效果如图 7-3（a）所示，当鼠标悬停于帮助按钮上时，显示较大的帮助图标，模拟弹出帮助菜单的画面，如图 7-3（b）所示。

（a）初始显示效果

（b）鼠标悬停于帮助按钮的显示效果

图 7-3　固定定位帮助按钮

1）新建 HTML 项目，在项目 img 目录下准备名为“帮助图标.jpg”和“帮助 Big.png”的图像素材。

2）新建 HTML 文件，编写网页内容代码如下。

```
<body>
    <img id="img1" src="img/帮助图标.jpg">
    <img id="img2" src="img/帮助 Big.png" />
</body>
```

3）编写固定定位样式代码如下。

```
<style type="text/css">
    #img1{
        /* 固定定位，距离浏览器窗口右侧 5px，底部 10px */
        position: fixed;
        right: 5px;
        bottom: 10px;
```

```
        }

        #img2{
            /* 帮助按钮初始不显示 */
            display: none;
        }

        /* 鼠标指针悬停于帮助按钮时，显示帮助图标*/
            #img1:hover+#img2{
            display: block;
        }
    </style>
```

3．Z 深度属性（z-index 属性）

z-index 属性

元素定位以后会发生堆叠现象，z-index 属性能够设置堆叠的顺序。属性取值说明如表 7-4 所示。

表 7-4　z-index 属性取值

属 性 值	说　明
auto	默认值，堆叠顺序与父元素相等。如果 2 个定位的元素重叠而未指定 z-index 属性值，则位于 HTML 代码中后面的元素堆叠顺序值大，显示在前面
number	设置元素的堆叠顺序，可以取正值或负值，具有较高堆叠顺序值的元素始终显示在具有较低堆叠顺序值的元素之上
inherit	从父元素继承值

【例 7-4】基于 Z 深度属性设计一个元素堆叠效果，初始显示效果如图 7-4（a）所示，显示关闭按钮，当鼠标在按钮上悬停时，修改按钮的 Z 深度属性值，显示打开按钮，如图 7-4（b）所示。

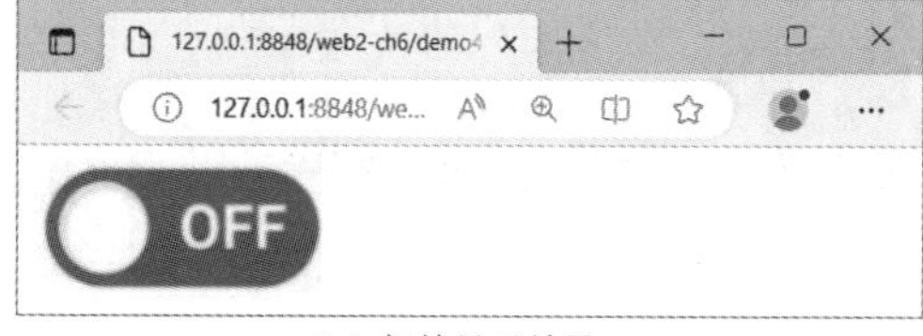

（a）初始显示效果

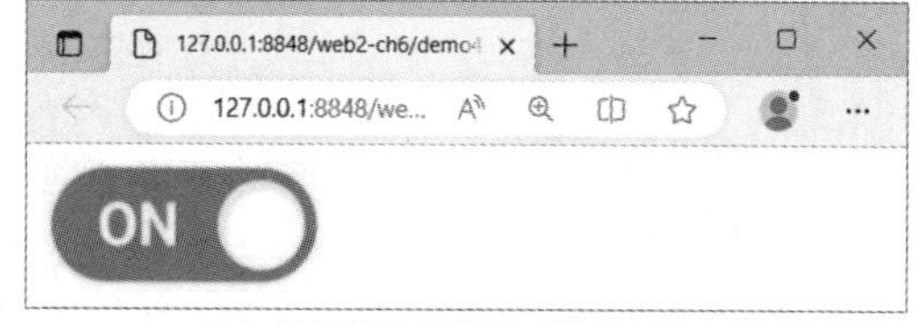

（b）鼠标悬停于按钮时的显示效果

图 7-4　Z 深度属性

1）新建 HTML 项目，在项目的 img 目录下准备名为“off.jpg”和“on.jpg”的图像资源。

2）新建 HTML 文件，编写网页内容代码如下。

```
<body>
    <img src="img/on.jpg" class="img1">
    <img src="img/off.jpg" class="img2">
</body>
```

3）设置元素固定定位。

```
</style>
    img{
        position: fixed;
    }
</style>
```

4）设置鼠标指针悬停于元素时的元素 Z 深度属性值。

```
<style>
    .img2:hover {
        z-index: -1;
    }
</style>
```

4. 绝对定位

绝对定位

绝对定位（position:absolute;）的参考位置是已定位（何种定位都可以）的最近父级或祖先元素，若无已定位的父级或祖先元素，则是浏览器窗口。元素相对于参考位置进行移动，移动后元素从普通流中完全删除，原本占有的普通流位置不再保留，如图 7-5 所示。元素框 2 绝对定位并向下、向右分别移动 20px、30px 后，其原来占有的位置被元素框 3 所占用，元素框 2 不再占有位置，直接叠加在元素框 1 和元素框 3 的上面。

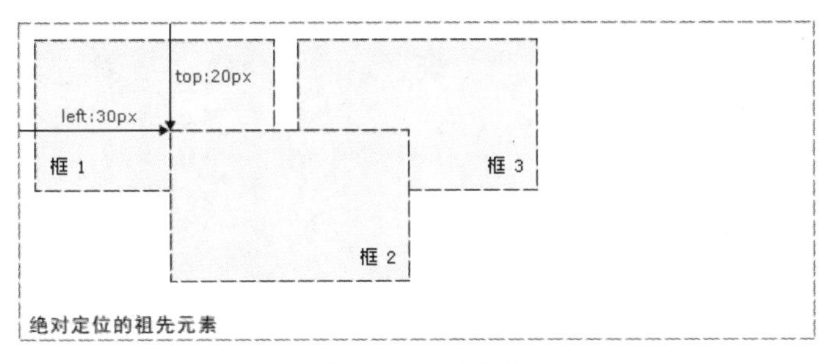

图 7-5 绝对定位

【例 7-5】修改例 7-1，将第 2 个元素的定位属性修改为绝对定位，实现图 7-5 所示的效果。修改元素定位属性代码如下。

```
</style>
    #box{
        position: absolute;
    }
</style>
```

由于第 2 个元素没有已定位的父级或祖先元素，元素的位置参考是浏览器窗口，定位将其相对于浏览器窗口向右和向下分别移动了 30px 和 20px，叠加在了元素框 1 和元素框 3 的上面。

【例 7-6】有 4 个层层嵌套的 div 元素，设置最里面 div 元素 box4 为绝对定位，然后依次设置最外面 div 元素 box1、次外面 div 元素 box2、里面 div 元素 box3 为相对定位，并查看网页的显示效果，理解绝对定位的位置基准原则。

（1）编码设计

1）新建 HTML 文件，编写 4 个嵌套的 div 元素的代码如下。

```
<body>
    <div class="box1">
        <div class="box2">
            <div class="box3">
                <div class="box4"></div>
            </div>
        </div>
    </div>
</body>
```

2）设置 4 个 div 元素的外观属性如下。

```
<style>
    .box1 {
        width: 240px;
        height: 240px;
        background-color: lightgreen;
        padding: 40px;
        /* 设置元素水平居中 */
        margin: auto;
    }
    .box2 {
        width: 160px;
        height: 160px;
        background-color: lightyellow;
        padding: 40px;
    }
    .box3 {
        width: 80px;
        height: 80px;
        background-color: blanchedalmond;
        padding: 40px;
    }
    .box4 {
        width: 100px;
        height: 100px;
        background-color: burlywood;
    }
</style>
```

3）设置第 4 个 div 元素（.box4）为绝对定位，代码如下。

```
<style>
    .box4 {
        /* 设置绝对定位 */
        position: absolute;
        left: 0;
```

```
            top: 0;
        }
    </style>
```

4）依次设置其他 div 元素为相对定位，设置第 1 个 div 元素（.box1）相对定位的代码如下。

```
    <style>
        .box1 {
            /* 设置相对定位 */
            position: relative;
        }
    </style>
```

相对定位不设置位置偏移值表示位置不偏移。

（2）网页显示效果分析

1）网页初始显示效果如图 7-6（a）所示，.box4 设置了绝对定位，但是其没有已定位的父级或祖先元素，位置参考为浏览器窗口，且左和上的位置偏移值为 0，所以移动到了浏览器窗口的左上角。

2）设置.box1 为相对定位后，祖先元素.box1 就有了定位，元素.box1 就是其参考位置，.box4 相对.box1 进行移动，如图 7-6（b）所示。

3）进一步设置.box2 为相对定位后，祖先元素.box2 也有了定位，同时较.box1 其距离.box4 更近，则元素.box2 就是其参考位置，.box4 相对.box2 进行移动，如图 7-6（c）所示。

3）进一步设置.box3 为相对定位后，父元素.box3 也有了定位，距离.box4 最近，则元素.box3 就是其参考位置，.box4 相对.box3 进行了移动，如图 7-6（d）所示。

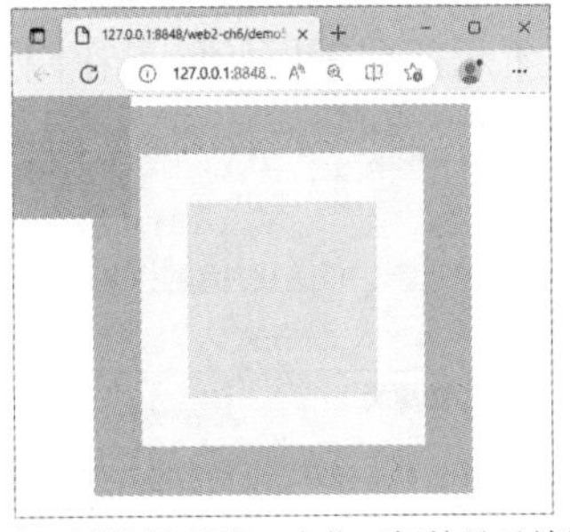

（a）相对于浏览器窗口定位（初始显示效果）

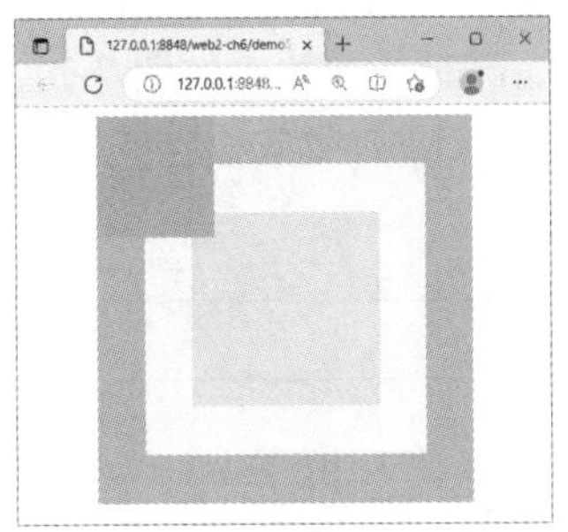

（b）相对于.box1 元素定位

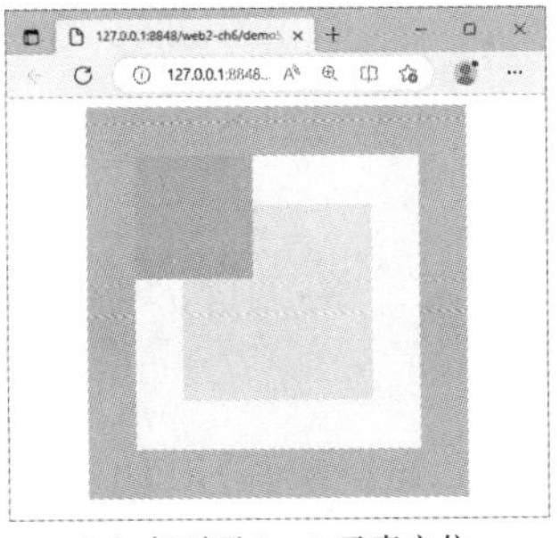

（c）相对于.box2 元素定位

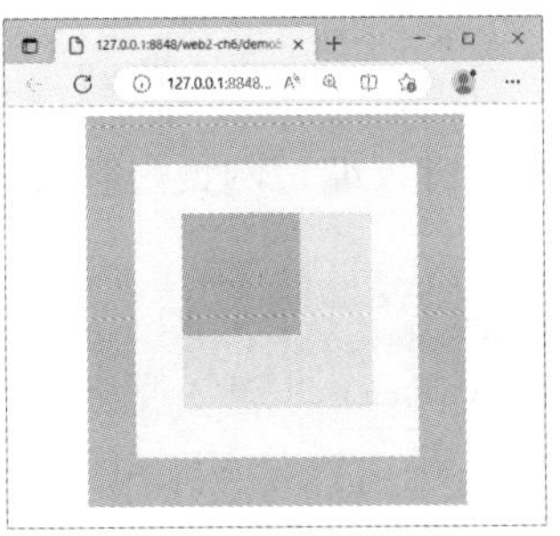

（d）相对于.box3 元素定位

图 7-6　绝对定位位置参考

5．定位总结

定位特性总结

几种定位的特点总结如表 7-5 所示。

表 7-5　几种定位的特点总结

定　　位	占有位置情况	位置偏移属性的有效性	参 考 位 置
静态定位（position:static;）	占有普通流的位置	无效	无
绝对定位（position:absolute;）	不再占有普通流的位置	有效	定位的父级或祖先，或者是浏览器窗口
固定定位（position:fixed;）	不再占有普通流的位置	有效	浏览器窗口
相对定位（position:relative;）	占有普通流的位置	有效	自身（普通流）的位置

7.1.3　黏性定位

黏性定位

黏性定位（position:sticky;）是基于网页滚动位置的一种定位模式，定位表现为在跨越特定的阈值之前为相对定位，之后为固定定位。也即定位行为在相对定位与固定定位之间切换，当网页滚动没有超出目标区域时，元素的定位为相对定位；当网页滚动超出目标区域时，元素的定位为固定定位，会固定在目标位置。

黏性定位的位置偏移属性与其他定位不同，必须且只能设置 top、right、bottom、left 属性中的某一个，用于规定定位模式切换的阈值。不设置或设置 2 个及以上属性值时，固定定位的效果将无效，仅表现为相对定位。Internet Explorer、Edge 15 以及更早版本的浏览器不支持黏性定位。

【例 7-7】使用黏性定位设计一个黏在网页顶部的搜索框，初始显示效果如图 7-7（a）所示，下拉到网页到底部时显示效果如图 7-7（b）所示，搜索框始终黏在网页顶部的指定位置。

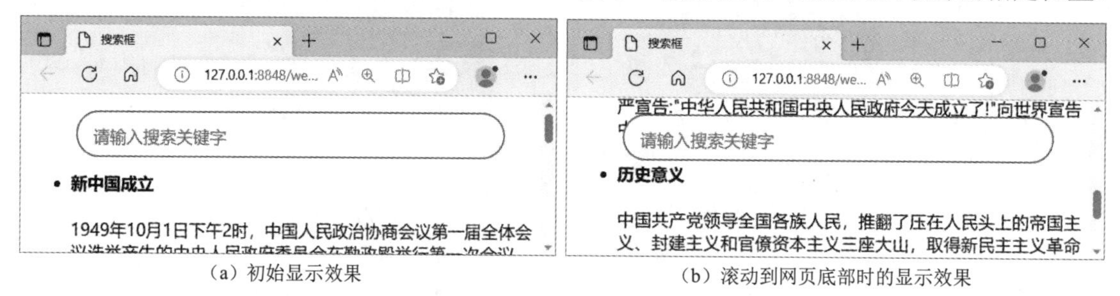

（a）初始显示效果　　（b）滚动到网页底部时的显示效果

图 7-7　黏性定位搜索框

1）新建 HTML 文件，编写网页内容代码如下。

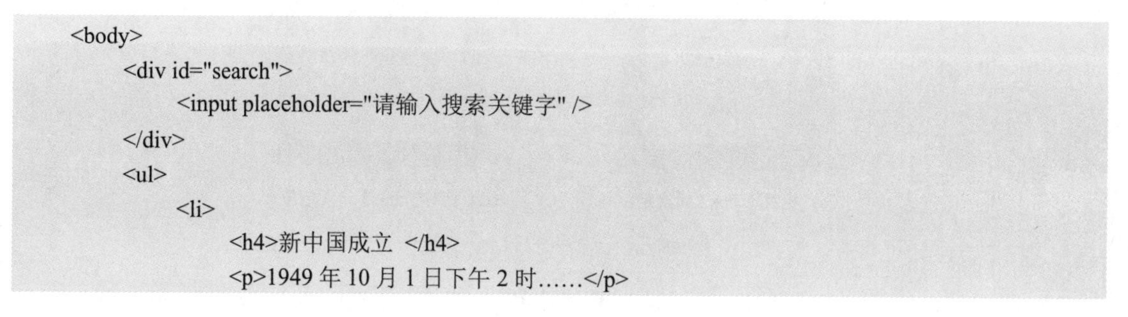

```
<body>
    <div id="search">
        <input placeholder="请输入搜索关键字" />
    </div>
    <ul>
        <li>
            <h4>新中国成立 </h4>
            <p>1949 年 10 月 1 日下午 2 时……</p>
```

```
        </li>
        <li>
            <h4>历史意义</h4>
            <p>中国共产党领导全国各族人民，推翻了...... </p>
        </li>
    </ul>
</body>
```

2）编写元素基本样式，代码如下。

```
<style>
    /* 设置搜索框基本样式 */
    #search {
        width: 400px;
        height: 30px;
        background-color: white;
        margin: 0px 10px 0px 45px;
        padding: 5px;
        border: 2px solid dimgrey;
        border-radius: 25px;
    }

    /* 设置搜索输入框样式 */
    input {
        margin: 8px;
        font-size: 16px;
        border: none;
    }

    /* 设置段落文本两端对齐 */
    p {
        text-align: justify;
    }
</style>
```

3）编写元素黏性定位样式，代码如下。

```
<style>
    /* 设置黏性定位 */
    #search {
        position: sticky;
        top: 15px;
    }
</style>
```

网页显示内容超出浏览器窗口时黏性定位才有显示效果，所以测试时网页内容应有足够数量的行数。

任务 7.2　应用子绝父相定位

应用子绝父相定位

相对定位的元素能够保留其在普通流中的位置，如果将其位置偏移设为 0，则其在普通流中的显示并不发生变化，保持不设置定位的普通流位置，因此将相对定位元素的位置偏移设为 0 具有不改变元素原有普通流显示顺序的特点。绝对定位的元素不占有普通流位置，可以叠加在任何元素上，不影响普通流的显示顺序。以相对定位元素为父元素，嵌套绝对定位子元素，既能保持网页普通流的显示顺序，又能产生一些实用的效果。例如，在商品上叠加一些即时信息或醒目标志，将弹出菜单跟随指定元素叠加显示在网页指定位置等，这非常实用，在网页设计中逐渐成为一种广泛使用的固定定位组合，称为子绝父相定位。本任务使用子绝父相定位设计一些常见的网页效果。

7.2.1　设计内容标识

设计内容标识

1. 需求说明

一年一度的 618 促销活动即将开始，请使用子绝父相定位为具有促销优惠的商品添加促销标志，使网页显示效果如图 7-8 所示，要求如下。

1）一行居中显示 4 个商品。

2）每个商品左上角叠加 618 促销标志。

图 7-8　带有促销标志的商品列表（网页显示效果）

2. 项目创建与资源准备

新建 HTML 项目，在项目 img 目录下准备名字分别为“轮胎.jpg”和“618.jpg”的图像素材。

3. HTML 内容设计

商品直接用图像元素显示，促销标志用 div 元素加图像背景显示，将商品与促销标志放在一个 div 元素内进行归类，最外面套 div 元素，方便整体布局。基于分析创建 HTML 文件，编写内容结构代码如下。

```
<body>
    <div class="box">
        <div class="colum">
            <div class="mark"></div>
            <img src="img/轮胎.jpg" />
        </div>
        <!-- 3 个一样的 div 元素.colum，拷贝代码 -->
    </div>
</body>
```

4. CSS 样式设计

（1）设计元素基本样式

基本样式按照常规美观性要求直接设计即可，代码如下。

```
<style>
    .mark {
        width: 50px;
        height: 35px;
        background-image: url("img/618.jpg");
        /* 设置不透明度，美化显示效果 */
        opacity: 0.7;
    }

    .colum {
        display: inline-block;
    }

    /* 整体水平居中对齐 */
    .box {
        width: 1012px;
        margin: auto;
    }
</style>
```

（2）设计子绝父相定位

促销标志叠加在商品上面，是典型的子绝父相定位应用，将商品和促销标志共同的父元素设置为相对定位，将促销标志设置为绝对定位，代码如下。

```
<style>
    .mark {
        /* 子绝定位 */
        position: absolute;
    }

    .colum {
        /* 父相定位 */
        position: relative;
    }
```

```
</style>
```

7.2.2 设计轮播图布局

设计轮播图布局

1. 需求说明

在网页头部紧挨菜单下面往往会显示一组轮播图，用以展示网站的推荐内容，吸引用户注意，同时也方便用户快速浏览网页主要内容。请使用子绝父相定位设计如图 7-9 所示的轮播图布局，详细要求如下。

1）轮播图底部显示三条水平线，指示轮播图像在图像库中的位置。

2）轮播图左、右各有一个“<”和“>”号，供用户翻页图像使用。

图 7-9　轮播图布局

2. 项目创建与资源准备

新建 HTML 项目，在项目 img 目录下准备名字为“m3.jpg”的图像素材。

3. HTML 内容设计

轮播图像用 div 元素加图像背景显示，水平线和左、右两边的小于、大于符号直接放在 div 元素内，基于分析创建 HTML 文件，编写内容结构代码如下。

```
<body>
    <div class="box">
        <!-- 左右小于和大于符号 -->
        <div class="prev">&lt;</div>
        <div class="next">&gt;</div>
        <!-- 底部三条水平线 -->
        <div class="xy">
            <span></span>
            <span></span>
            <span></span>
        </div>
    </div>
</body>
```

4. CSS 样式设计

（1）设计元素基本样式

基本样式按照常规美观性要求直接设计即可，代码如下。

```
<style type="text/css">
    /* 清除浏览器默认边距对外观的影响 */
    * {
        Font_size: 0;
    }

    /* 设置轮播图像基本样式 */
    .box {
        width: 1128px;
        height: 420px;
        background-image: url(img/m3.jpg);
        /* 设置元素上下外边距 10px，左右居中对齐 */
        margin: 10px auto;
    }

    /* 设置左、右两边的小于和大于符号样式 */
    .prev,.next {
        /* 设置元素大小与字号 */
        width: 40px;
        height: 45px;
        font-size: 48px;
        color: white;
        text-align: center;
        /* 小手鼠标 */
        cursor: pointer;
        opacity: 0.5;
    }

    /* 设置水平线的容器元素 div 的样式 */
    .xy {
        width: 300px;
        height: 20px;
        text-align: center;
    }

    /* 设置水平线样式 */
    .xy span {
        width: 70px;
        height: 3px;
        /* 小手鼠标 */
        cursor: pointer;
        margin: 5px;
        background: blue;
```

```
        /* 将行内元素转换为行内块元素 */
        display: inline-block;
    }
</style>
```

（2）设计子绝父相定位

轮播图像底部的三条水平线和左、右两边的小于、大于号都是叠加在轮播图像上的，是典型的子绝父相定位应用，轮播图像是父元素，设置为相对定位，水平线、小于号、大于号是子元素，设置为绝对定位，并基于轮播图像尺寸计算位置偏移值，编写代码如下。

```
<style>
    .box {
        /* 设置父元素相对定位 */
        position: relative;
    }

    .prev,.next {
        /* 设置子元素绝对定位,向下偏移 150px，靠左摆放*/
        position: absolute;
        top: 150px;
    }

    .next {
        /* 设置大于号子元素靠右排列*/
        right: 0;
    }

    .xy {
        /* 设置子元素绝对定位,底部向上偏移 30px，从左向右偏移 500px*/
        position: absolute;
        bottom: 30px;
        left: 420px;
    }
</style>
```

7.2.3 设计下拉式菜单

设计下拉式菜单

1. 需求说明

网页顶部菜单往往使用下拉式菜单，当用户将鼠标悬停于主菜单项时下拉显示子菜单项，展现更为丰富的内容，在网页设计中应用非常广泛。本节设计一个如图 7-10 所示的下拉式菜单，网页初始显示效果如图 7-10（a）所示，当鼠标悬停于第 3 个菜单项时，下拉显示其子菜单项，如图 7-10（b）所示。详细要求如下。

1）下拉子菜单悬浮于网页上，不占位置，不影响网页基本布局。

2）当鼠标悬停于主菜单项时下拉显示对应子菜单项，鼠标离开时隐藏子菜单项。

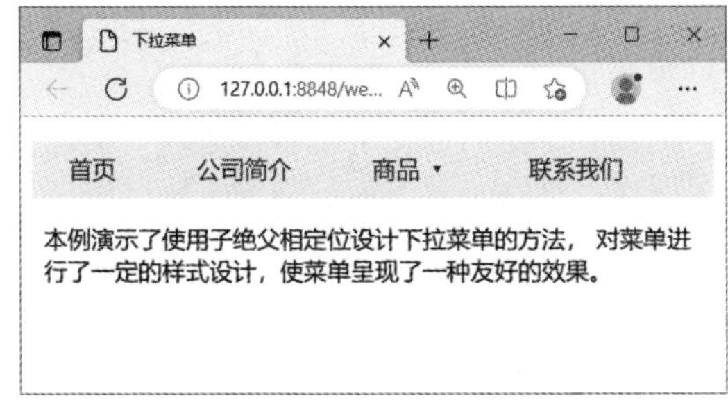

（a）初始显示效果

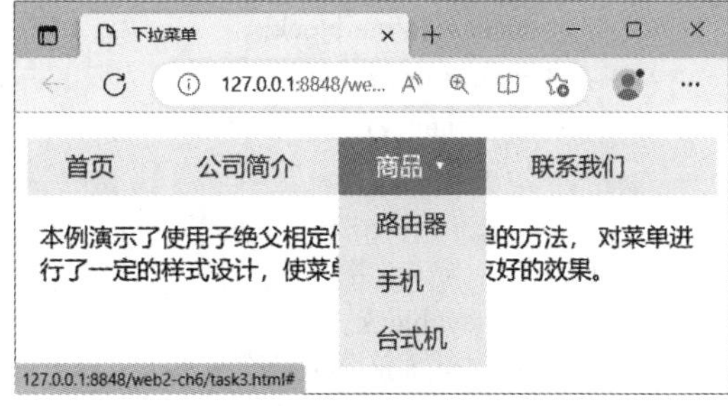

（b）菜单下拉显示效果

图 7-10　下拉式菜单

2. 项目创建与资源准备

本项目不需要资源，直接新建 HTML 项目即可。

3. HTML 内容设计

使用嵌套的无序列表显示菜单项内容，编写内容结构代码如下。

```
<body>
    <ul>
        <li><a href="#">首页</a></li>
        <li><a href="#">公司简介</a></li>
        <li>
            <a href="#">商品 ▼ </a>
            <ul class="dropdown">
                <li><a href="#">路由器</a></li>
                <li><a href="#">手机</a></li>
                <li><a href="#">台式机</a></li>
            </ul>
        </li>
        <li><a href="#">联系我们</a></li>
    </ul>
    <p>本例演示了使用子绝父相定位设计下拉菜单……</p>
</body>
```

4. CSS 样式设计

（1）设计元素基本样式

基本样式按照常规美观性要求直接设计即可，代码如下。

```
<style>
    ul {
        /* 去掉列表修饰符 */
        list-style: none;
        padding: 0;
        background: #f2f2f2;
    }

    ul li {
```

```
            display: inline-block;
            line-height: 21px;
            text-align: left;
        }

        ul li a {
            display: block;
            padding: 8px 25px;
            color: #333;
            text-decoration: none;
        }

        ul li ul.dropdown {
            /* 定义下拉菜单项的样式，初始不显示 */
            display: none;
            min-width: 100%;
            background: #f2f2f2;
        }

        p {
            margin: 8px;
        }
    </style>
```

（2）设计鼠标悬停时元素的显示样式

按照常规美观性要求直接设计即可，代码如下。

```
    <style>
        /* 定义鼠标悬停时，a 元素的样式 */
        ul li a:hover {
            color: #fff;
            background: #939393;
        }

        /* 当鼠标悬停时，显示下拉菜单项 */
        ul li:hover ul.dropdown {
            display: block;
        }
    </style>
```

（3）设计子绝父相定位

主菜单项是父元素，使用相对定位，下拉菜单项是子元素，使用绝对定位，编写代码如下。

```
    <style>
        ul li {
            /* 定义子绝父相定位的父相 */
            position: relative;
        }
```

```
    ul li ul.dropdown {
        /* 定义子绝父相定位的子绝 */
        position: absolute;
        left: 0;
        /* 设置 Z 深度属性，确保置于顶层显示 */
        z-index: 999;
    }
</style>
```

7.2.4　设计弹出式菜单

设计弹出式菜单

1. 需求说明

网页右侧的即时菜单往往使用弹出式菜单，当用户将鼠标悬停于主菜单项时弹出显示子菜单项，展现更为丰富的内容，在网页设计中应用非常广泛。本节设计一个如图 7-11 所示的弹出式菜单，网页初始显示效果如图 7-11（a）所示，当鼠标悬停于第 1 个菜单项时，弹出显示其子菜单项，如图 7-11（b）所示。详细要求如下。

1）主菜单固定在网页右侧，接近浏览器中间的位置。

2）菜单整体悬浮于网页上，不占位置，不影响网页基本布局。

3）当鼠标悬停于主菜单项时弹出显示子菜单项，鼠标离开时隐藏子菜单项。

（a）初始显示效果

右侧弹出菜单
127.0.0.1:8848/w...
保存
另存为
全部保存
文件
编辑

（b）弹出子菜单显示效果

图 7-11　弹出式菜单

2. 项目创建与资源准备

本项目不需要资源，直接新建 HTML 项目即可。

3. HTML 内容设计

使用 button 元素显示主菜单项，使用 a 元素显示子菜单项，基于分析创建 HTML 文件，编写内容结构代码如下。

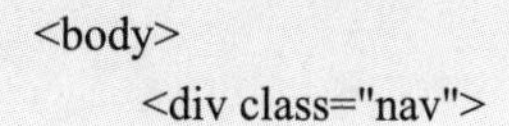

```
<body>
    <div class="nav">
```

```
        <div class="dropdown">
            <button class="dropbtn">文件</button>
            <div class="dropdown-nav">
                <a href="#">保存</a>
                <a href="#">另存为</a>
                <a href="#">全部保存</a>
            </div>
        </div>
        <div class="dropdown">
            <button class="dropbtn">编辑</button>
            <div class="dropdown-nav">
                <a href="#">复制</a>
                <a href="#">粘贴</a>
                <a href="#">剪切</a>
            </div>
        </div>
    </div>
</body>
```

4．CSS 样式设计

（1）设计元素基本样式

基本样式按照常规美观性要求直接设计即可，代码如下。

```
<style>
    .nav {
        /* 设置菜单宽度 */
        width: 100px;
    }

    /* 设置按钮的外观 */
    .dropbtn {
        background-color: #4CAF50;
        color: white;
        padding: 16px;
        font-size: 16px;
        border: none;
    }

    .dropdown-nav {
        /* 设置子菜单初始不显示 */
        display: none;
        /* 设置子菜单基本样式 */
        background-color: #f9f9f9;
        min-width: 160px;
        box-shadow: 0px 8px 16px 0px rgba(0, 0, 0, 0.2);
        /* 设置子菜单置于主菜单之下显示 */
        z-index: -1;
    }
```

```
</style>
```

（2）设计鼠标悬停时元素的样式

按照常规美观性要求直接设计即可，代码如下。

```
<style>
    /* 设置子菜单项基本样式 */
    .dropdown-nav a {
        color: black;
        padding: 12px 16px;
        text-decoration: none;
        display: block;
    }

    /* 设置鼠标悬停时主菜单项的样式 */
    .dropdown:hover .dropbtn {
        background-color: #3e8e41;
    }

    /* 设置鼠标悬停时子菜单项的样式 */
    .dropdown-nav a:hover {
        background-color: #f1f1f1
    }

    /* 设置鼠标悬停时，显示子菜单项 */
    .dropdown:hover .dropdown-nav {
        display: block;
    }
</style>
```

（3）设计子绝父相定位样式

主菜单项是父元素，使用相对定位，弹出式菜单项是子元素，使用绝对定位，编写代码如下。

```
<style>
    .dropdown {
        /* 设置父相定位 */
        position: relative;
    }

    .dropdown-nav {
        /* 设置子绝定位属性 */
        position: absolute;
        top: 10px;
        right: 38px;
    }
</style>
```

（4）将菜单整体固定在网页右侧接近浏览器中间的位置

使用固定定位能够将菜单固定在网页的指定位置，代码如下。

```
<style>
    .nav {
        /* 设置菜单位于视窗右侧居中的位置 */
        position: fixed;
        top: 30%;
        right: 5px;
    }
</style>
```

模块小结 7

模块 7 小结

本模块全面讲解了定位属性的用法，给出了定位的 5 种典型应用效果，知识点总结如图 7-12 所示。

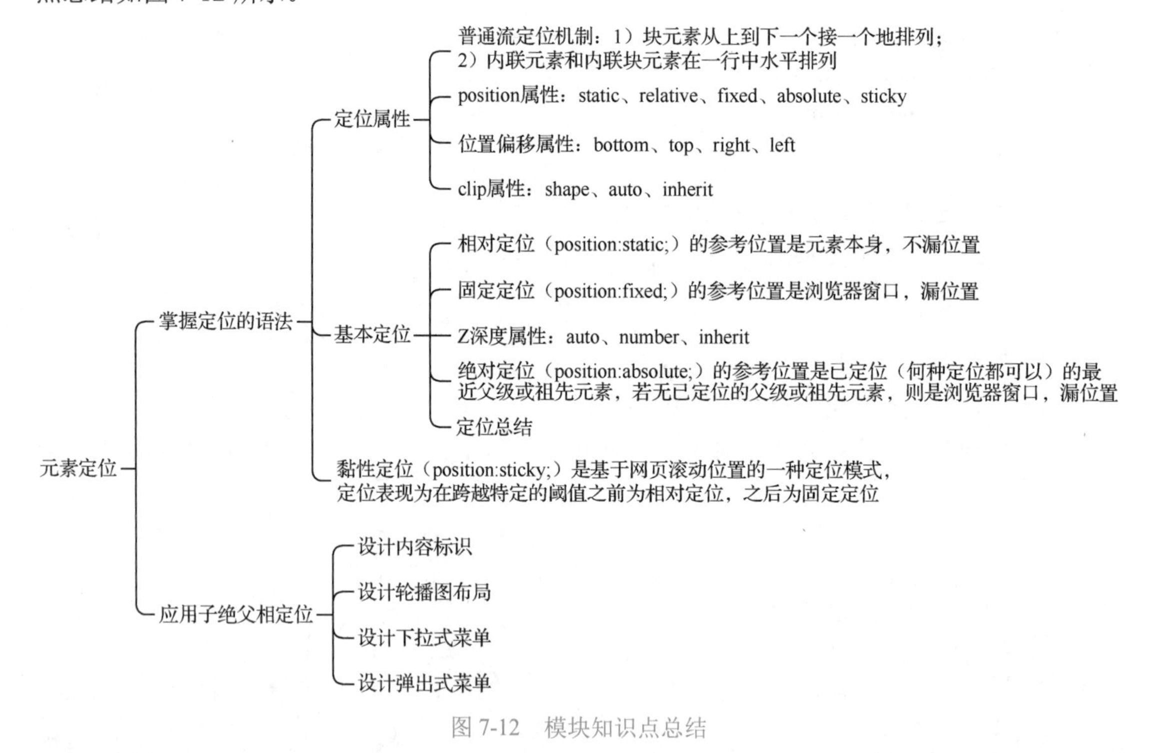

图 7-12　模块知识点总结

随堂测试 7

1．以下关于元素位置偏移属性的说法哪个是错误的？（　　）

A．位置偏移值不指定，则默认为不偏移

B．垂直方向偏移值使用 up 或 down 属性指定

C．垂直方向偏移值使用 top 或 bottom 属性指定

D．位置偏移值可以使用负数

2．以下关于元素相对和绝对定位的说法哪个是错误的？（　　）

A．absolute 设置元素绝对定位，没有父级定位元素则其定位基准是浏览器窗口

B．relative 设置元素相对定位，元素相对于其普通流位置偏移

C．relative 设置元素相对定位，元素相对于定位父级位置偏移

D．absolute 设置元素绝对定位，元素相对于定位父级或浏览器偏移

3．以下关于元素定位的说法哪个是错误的？（　　）

A．static 为默认定位，元素按照普通流进行布局

B．黏性定位的位置基准有阈值，在相对和固定定位之间切换

C．黏性定位没有位置基准

D．固定定位的位置基准是浏览器窗口

4．使用以下哪种定位可以保持两个元素的相对位置不变？（　　）

A．相对定位　　B．子绝父相定位　　C．固定定位　　D．绝对定位

5．使用以下哪种定位可以使元素固定在浏览器的某个位置？（　　）

A．相对定位　　B．子绝父相定位　　C．固定定位　　D．绝对定位

6．以下哪种样式设计不能在网页中实现两个元素的重叠效果？（　　）。

A．z-index 属性　　B．容器属性

C．绝对定位与相对定位属性　　D．固定定位属性

7．已知 HTML 代码如下，哪个样式设置可以使文字置于图像上方？（　　）

```
<div class="text">文字</div>
<div><img src="img/图像.jpg"/></div>
```

A．.text{position:absolute;z-index:-1;}　　B．.text{position:relative;z-index:-1;}

C．.text{position:relative;z-idnex:1;}　　D．.text{position:absolute;z-index:1;}

8．以下代码段中关于 z-index 属性的说法正确的是（　　）。

```
<style type="text/css">
    .tipText{
        display:none;
        position:absolute;
        z-index: 2;
        left:10px;
        top:36px;
    }
</style>
<body>
    <div class="tipText"><img src="tip.jpg"</div>
</body>
```

A．z-index 属性值的值取值范围为 0～100

B．必须设置 z-index 属性，否则会出现语法错误

C．将 z-index 属性设置为 2 或-2 效果是一样的

D．z-index 属性用于改变元素的左右位置

9．使用无序列表定义导航菜单时，以下哪个属性可以定义菜单的叠放次序？（　　）

A．list-style　　B．padding　　C．z-index　　D．float

课后实践 7

1．参考例 7-3 设计自己网站的帮助菜单。
2．参考 7.2.2 节设计自己网站的轮播图布局。
3．参考 7.2.3 节设计自己网站的主菜单。
4．参考 7.2.5 节设计自己网站的搜索框。

模块8
元素过渡与动画

转换与动画能够设置特殊的网页效果，如元素造型、动画等，本模块介绍转换、过渡与动画属性，包括基本语法和典型应用。

知识目标

1）掌握转换、过渡、动画属性的基本语法。
2）掌握过渡设计动画的方法，以及过渡动画的应用场景。
3）掌握关键帧设计动画的方法，以及关键帧动画的应用场景。

能力目标

1）能够使用动画设计网页欢迎效果。
2）能够使用过渡设计幽灵按钮。
3）能够使用关键帧设计轮播动画。

任务8.1 掌握转换与过渡的语法

转换与过渡是 CSS3 的属性，能够设计一些特殊的网页效果，改善用户的交互式体验。本任务介绍转换与过渡属性的基本语法与用法，通过本任务的学习，应全面掌握转换与过渡属性的语法、用法及特点，并能基于转换与过渡属性设计元素造型和网页简单动画。

8.1.1 浏览器前缀

浏览器前缀

转换、过渡、动画都是CSS3属性，早期版本浏览器对CSS3属性的支持程度不同，需要带浏览器前缀值才能支持，表8-1列出了浏览器与前缀值的对应关系。

表 8-1　浏览器与前缀值的对应关系

前 缀 值	浏 览 器
-ms-	IE 浏览器
-moz-	Firefox 浏览器
-o-	Opera 浏览器
-webkit-	Chrome 和 Safari 浏览器

8.1.2　转换属性

转换属性

1．transform 属性

transform 属性定义元素的移动、缩放、旋转和倾斜，属性取值为转换函数，可以是二维（2D）或三维（3D）转换函数，二维转换函数如表 8-2 所示，三维转换函数如表 8-3 所示。

表 8-2　二维转换函数

函 数 名	说　明
matrix(n,n,n,n,n,n)	定义 2D 转换，使用 6 个值的矩阵
translate(x,y)	定义 2D 转换，沿着 *X* 轴和 *Y* 轴移动元素
translateX(n)	定义 2D/3D 转换，沿着 *X* 轴移动元素
translateY(n)	定义 2D/3D 转换，沿着 *Y* 轴移动元素
scale(x,y)	定义 2D 缩放转换，参数 x 和 y 分别定义元素宽度和高度的缩放比例，取值为负值表示反转元素后缩放
scaleX(n)	定义 2D/3D 缩放转换，参数 n 定义元素宽度的缩放比例，取值为负值表示反转元素后缩放
scaleY(n)	定义 2D/3D 缩放转换，参数 n 定义元素高度的缩放比例，取值为负值表示反转元素后缩放
rotate(angle)	定义 2D 旋转，参数 angle 为正值表示定义顺时针旋转的角度，为负值表示定义逆时针旋转的角度，单位为 deg，表示度
skew(x-angle,y-angle)	定义 2D 倾斜转换，参数 x-angle 和 y-angle 分别定义 *X* 轴和 *Y* 轴倾斜的角度，如果第 2 个参数为空，则默认为 0，参数为负表示向相反方向倾斜
skewX(angle)	定义 2D 倾斜转换，参数定义元素在 *X* 轴（水平方向）的倾斜角度
skewY(angle)	定义 2D 倾斜转换，参数定义元素在 *Y* 轴（垂直方向）的倾斜角度

表 8-3　三维转换函数

函 数 名	说　明
matrix3d(n,n,n,n,n,n,n,n,n,n,n,n,n,n,n,n)	定义 3D 转换，使用 16 个值的 4*4 矩阵
translate3d(x,y,z)	定义 3D 转换，沿着 *X* 轴、*Y* 轴、*Z* 轴移动元素
translateZ(z)	定义 3D 转换，沿着 *Z* 轴移动元素
scale3d(x,y,z)	定义 3D 缩放转换，参数 x 定义元素宽度的缩放比例，参数 y 定义元素高度的缩放比例，参数 z 定义元素 *Z* 轴的缩放比例，取值为负值表示反转元素后缩放
scaleZ(z)	定义 3D 缩放转换，沿着 *Z* 轴缩放，取值为负值表示反转元素后缩放

续表

函 数 名	说　明
rotate3d(x,y,z,angle)	定义 3D 旋转
rotateX(angle)	定义沿 *X* 轴的 3D 旋转
rotateY(angle)	定义沿 *Y* 轴的 3D 旋转
rotateZ(angle)	定义沿 *Z* 轴的 3D 旋转
perspective(n)	定义 3D 转换元素距离视图的距离

2. transform-origin 属性

transform-origin 属性定义元素转换的基点位置。2D 转换时，能够基于元素的 *X*、*Y* 轴转换。3D 转换时，还能基于元素的 *Z* 轴转换。各轴取值如表 8-4 所示。

表 8-4　transform-origin 各轴取值

参 数 名	取　值	说　明
x-axis	left、center、right、length、%	定义基点被置于 *X* 轴的何处
y-axis	top、center、bottom、length、%	定义基点被置于 *Y* 轴的何处
z-axis	length	定义基点被置于 *Z* 轴的何处

【例 8-1】使用转换属性转换 2 张图像的显示位置，使其呈现一定的造型，造型效果如图 8-1 所示。

图 8-1　图像造型排列（造型效果）

1）新建 HTML 项目，在 img 目录下准备名为“花瓶.jpg”的图像资源。

2）新建 HTML 文件，编写网页内容代码如下。

```
<body>
    <div class="box">
        <div class="img rotate_left">
            <img src="img/花瓶.jpg" />
            <p class="caption">红色的花瓶</p>
        </div>
        <div class="img rotate_right">
```

```
                <img src="img/花瓶.jpg" />
                <p class="caption">红色的花瓶</p>
            </div>
        </div>
</body>
```

3）编写元素基本外观样式代码如下。

```
<style>
    body {
        margin: 30px;
        background-color: #E9E9E9;
    }

    .img {
        /* 设置图像容器元素 div 尺寸与图像一样 */
        width: 205px;
        height: 285px;
        /* 设置上右下左内边距分别为 10px 10px 20px 10px */
        padding: 10px 10px 20px 10px;
        /* 设置边框 */
        border: 1px solid #BFBFBF;
        background-color: white;
        /* 设置图像包围盒阴影，增加美观度 */
        box-shadow: 2px 2px 3px #aaaaaa;
        /* 转换元素类型为行内块元素 */
        display: inline-block;
    }

    p {
        text-align: center;
    }

    .box {
        width: 650px;
        margin: auto;
    }
</style>
```

4）设计元素造型，编写转换样式代码如下。

```
<style>
    div.rotate_left {
        /* 顺时针旋转 8 度 */
        transform: rotate(8deg);
    }

    div.rotate_right {
        /* 逆时针旋转 8 度 */
        transform: rotate(-8deg);
```

```
    }
</style>
```

5）为了确保网页在各种浏览器中的显示效果都正确，针对转换属性还应该编写带浏览器前缀值的代码，具体如下。

```
<style>
    /* 针对不同浏览器顺时针旋转 8 度 */
    div.rotate_left {
        /* IE 9 */
        -ms-transform: rotate(8deg);
        /* Firefox */
        -moz-transform: rotate(8deg);
        /* Safari and Chrome */
        -webkit-transform: rotate(8deg);
        /* Opera */
        -o-transform: rotate(8deg);
    }

    /* 针对不同浏览器逆时针旋转 8 度 */
    div.rotate_right {
        /* IE 9 */
        -ms-transform: rotate(-8deg);
        /* Firefox */
        -moz-transform: rotate(-8deg);
        /* Safari and Chrome */
        -webkit-transform: rotate(-8deg);
        /* Opera */
        -o-transform: rotate(-8deg);
    }
</style>
```

本例给出了所有浏览器的完整转换属性代码，本书后面仅给出 Chrome 和 Safari 浏览器的转换属性代码，请读者自行补充其他浏览器的转换属性代码。

【例 8-2】基于例 5-13 的形状绘制，使用伪元素与转换属性绘制如图 8-2 所示的红心造型。

图 8-2　红心造型

1）使用伪元素生成造型的两个基本形状，因此，网页中只有 1 个 div 元素。新建 HTML 文件，编写代码如下。

```
<body>
    <!-- 生成 2 个伪元素的 div 元素，本身并不显示 -->
    <div id="heart"></div>
</body>
```

2）定义元素的基本样式，代码如下。

```
<style>
    /* 设置两个伪元素的基本样式 */
    #heart:before,#heart:after {
        content: "";
        width: 150px;
        height: 240px;
        background-color: red;
        border-radius: 150px 150px 0 0;
    }
</style>
```

3）定义元素与伪元素的位置，代码如下。

```
<style>
    #heart {
        /* 将造型固定在浏览器指定位置 */
        position: fixed;
        left: 100px;
        top: 100px;
    }

    #heart:before,#heart:after {
        position: absolute;
    }

    #heart:before {
        /* div 元素前面的伪元素左移元素的宽度 150px */
        left: 150px;
    }

    #heart:after {
        /* div 元素后面的伪元素位置不变 */
        left: 0;
    }
</style>
```

4）设计元素造型，编写转换样式代码如下。

```
<style>
    #heart:before {
        /* 伪元素逆时针旋转 45 度，心的左半瓣 */
```

```
        -webkit-transform: rotate(-45deg);
        /* 定义旋转的基点位置*/
        -webkit-transform-origin: 0 100%;
    }

    #heart:after {
        /* 伪元素顺时针旋转 45 度，心的右半瓣 */
        -webkit-transform: rotate(45deg);
        /* 定义旋转的基点位置*/
        -webkit-transform-origin: 100% 100%;
    }
</style>
```

8.1.3 过渡属性

过渡属性

过渡能够使元素属性在规定时间内平滑地由一种取值变化为另一种取值，产生动画效果。

1．基本属性

过渡基本属性有 4 个，相关说明如表 8-5 所示。

表 8-5 过渡属性相关说明

属 性 名	说 明
transition-property	定义应用过渡效果的元素属性名称，取值说明如下。 ● none：没有属性会获得过渡效果 ● all：默认值，所有属性都将获得过渡效果 ● property：应用过渡效果的元素属性名称列表，名称之间以逗号进行分隔
transition-duration	定义完成过渡效果需要花费的时间。取值为以秒或毫秒为单位的数值。默认值为 0，表示没有过渡效果
transition-timing-function	定义过渡效果的速度曲线。取值说明如下。 ● linear：使用同一个速度过渡，等于 cubic-bezier(0,0,1,1) ● ease：慢速开始，然后变快，慢速结束，等于 cubic-bezier(0.25,0.1,0.25,1)，是默认过渡速度曲线 ● ease-in：以慢速开始的过渡，等于 cubic-bezier(0.42,0,1,1) ● ease-out：以慢速结束的过渡，等于 cubic-bezier(0,0,0.58,1) ● ease-in-out：以慢速开始和结束的过渡，等于 cubic-bezier(0.42,0,0.58,1) ● cubic-bezier(n,n,n,n)：使用 cubic-bezier 函数自定义过渡速度曲线
transition-delay	定义过渡效果延迟时间，也即过渡开始前的等待时间，取值为以秒或毫秒为单位的数值。默认值为 0，表示过渡立即开始

2．transition 属性

transition 属性简写基本过渡属性，一般按照应用过渡效果的元素属性名、过渡效果完成需要花费的时间、过渡效果的速度曲线、过渡延迟时间的顺序依次设置。例如，设置一个针对元素宽度属性、用 2 秒完成的过渡效果的代码如下。

```
transition: width 2s;
```

可以对元素的多个属性分别设置过渡的效果，称为过渡列表，过渡列表用逗号进行分隔。例如，设置元素宽度属性 2 秒完成过渡效果、高度属性 3 秒完成过渡效果的代码如下。

```
transition: width 2s, height 3s;
```

过渡定义有两个必要要素，即过渡涉及的元素样式属性和完成过渡需要的时间。

3．过渡的状态转换

过渡涉及到元素样式属性的 2 种取值，每种取值设置在元素的某种状态上，在特定的条件下，元素从一种状态切换到另一种状态，完成样式属性值的变换，产生过渡动画。最常见的状态切换为从初始状态切换到鼠标悬停状态，因此，往往将元素样式属性的一种取值设置在元素本身，即初始状态上，另一种取值设置在元素的特定状态，例如鼠标悬停状态上。

过渡是元素本身的属性，所以过渡属性应定义在元素上，不要定义在元素的特定状态，例如鼠标悬停状态上，否则会出现意想不到的结果。

【例 8-3】使用过渡属性定义一个动画效果，div 元素初始大小为 120px*120px，黄色背景，当鼠标悬停于 div 元素时，在 2 秒内完成属性值过渡，div 元素的大小变为 240px*160px，颜色变为红色。图 8-3（a）所示为 div 元素的初始显示效果，图 8-3（b）为鼠标悬停后变化的最终状态效果。

（a）初始显示效果

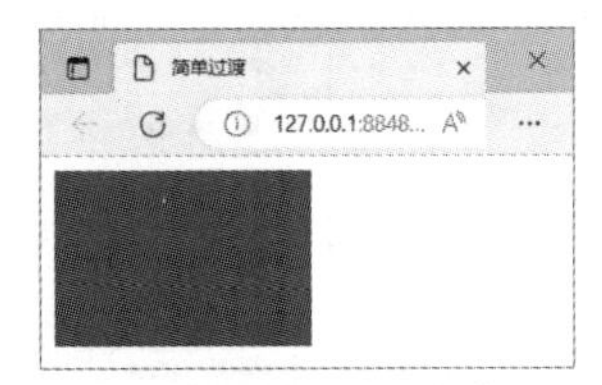

（b）过渡到的最终状态效果

图 8-3　元素框模型与背景属性过渡

1）新建 HTML 文件，编写网页内容代码如下。

```
<body>
    <div></div>
</body>
```

2）编写元素 2 种状态的样式代码如下。

```
<style>
    /* 初始状态 */
    div {
        width: 120px;
        height: 120px;
        background-color: yellow;
    }
```

```
        /* 鼠标悬停状态 */
        div:hover {
                width: 240px;
                height: 160px;
                background-color: red;
        }
</style>
```

3）编写元素过渡属性代码如下。

```
<style>
        /* 初始状态 */
        div {
                -webkit-transition: all 3s;
        }
</style>
```

过渡实现动画效果基于元素属性值的改变，如果元素设置了初始属性值，就从初始属性值改变到终止值，如果未设置初始属性值，就从元素的默认或继承属性值改变到终止值。元素转换、定位等属性有默认初始值。应用过渡动画时，如果初始状态使用默认值，可以不设置属性的初始值。

【例 8-4】为例 8-3 的 div 元素增加文字，增加鼠标悬停样式，当鼠标悬停时 div 元素右移 150px，字体放大到 2em，字体动画有 2 秒的延时，在 1 秒内完成过渡，图 8-4（a）所示为网页的初始效果，图 8-4（b）为鼠标悬停后变化的最终状态效果。

（a）初始效果

（b）过渡到的最终状态效果

图 8-4　元素字号与转换属性过渡

1）复制例 8-3 的 HTML 文件，修改内容代码如下。

```
<body>
        <div>欢迎您</div>
</body>
```

2）增加鼠标悬停样式代码如下。

```
<style>
        /* 鼠标悬停状态 */
        div:hover {
                /*属性默认初始值为 0*/
                -webkit-transform: translateX(150px);
                font-size: 5em;
```

```
    }
</style>
```

3）修改动画属性代码如下。

```
<style>
    /* 初始状态 */
    div {
        -webkit-transition: width 3s,height 3s,transform 3s,font-size 1s 2s;
    }
</style>
```

4）为了美观，将元素边框设置为圆角边框，增加圆角边框代码如下。

```
<style>
    /* 初始状态 */
    div {
        border-radius: 10px;
    }
</style>
```

任务 8.2　设计过渡效果

设计过渡效果能够改善用户的交互体验，本任务基于过渡属性设计“欢迎动画”和“幽灵按钮”等典型网页效果，供网站开发参考。

8.2.1　设计欢迎动画

设计欢迎动画

1. 需求说明

网站入口如果能有一个具有仪式感的欢迎动画将会很好地提升用户的体验，请设计一个如图 8-5 所示的动画，初始显示效果如图 8-5（a）所示，当鼠标悬停于图像时开始播放动画，动画的最终显示效果如图 8-5（b）所示。详细要求如下。

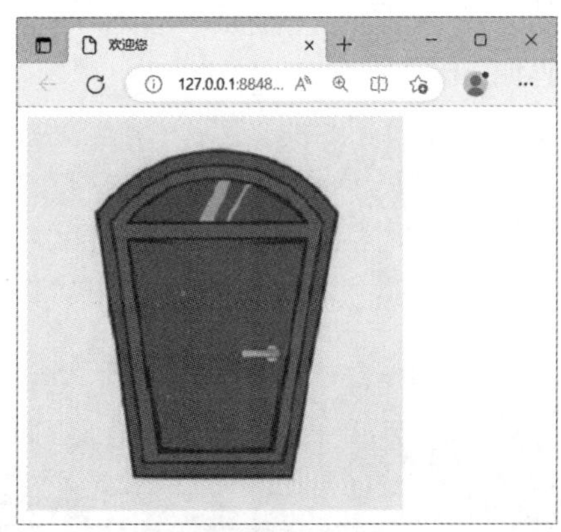

（a）初始显示效果

（b）过渡到的最终显示效果

图 8-5　欢迎动画

1）当鼠标悬停于图像时背景立即切换到玫瑰花背景，且边框变为圆角。

2）当切换到玫瑰花以后，玫瑰花用 2s 时间旋转 360 度。

3）玫瑰花旋转完成后，文字用 1s 时间放大，并移到玫瑰花的中心。

2. 项目实现

1）新建 HTML 项目，准备名字为“门.jpg”和“玫瑰花.jpg”的 2 个图像资源。

2）新建 HTML 文件，编写网页内容代码如下。

```
<body>
    <div>
        <p>欢迎您</p>
    </div>
</body>
```

3）编写元素初始样式，代码如下。

```
<style>
    div {
        width: 290px;
        height: 290px;
        padding: 15px;
        color: beige;
        background-image: url(img/门.jpg);
    }
</style>
```

4）编写鼠标悬停时，元素的最终样式，代码如下。

```
<style>
    /* 鼠标悬停时，div 元素的样式 */
    div:hover {
        background-image: url(img/玫瑰花.jpg);
        -webkit-transform: rotate(360deg);
        border-radius: 50px;
        color: white;
    }

    /* 鼠标悬停于 div 元素时，p 元素的样式 */
    div:hover p {
        text-align: center;
        font-size: 5em;
    }
</style>
```

5）定义过渡属性，实现动画效果，代码如下。

```
<style>
    p {
        -webkit-transition: all 1s 2s;
    }
```

```
    div {
        /* 背景直接切换，仅展现玫瑰花的旋转动画 */
        -webkit-transition: transform 2s;
    }
</style>
```

8.2.2 设计幽灵按钮

背景颜色变换的按钮

按钮是网页设计中使用非常广泛的一个元素，使用过渡属性可以使按钮具有魔幻的显示效果，称为幽灵按钮。本任务使用过渡属性设计 3 个常用幽灵按钮。

1. 背景颜色变换的按钮

按钮动画效果说明如下。

- 初始时，按钮有边框，没有背景颜色，文字黑色显示，如图 8-6（a）所示。
- 当鼠标悬停于按钮时，按钮背景颜色柔和地切换到与边框一样的颜色，从而视觉上忽略掉元素的边框，单色显示按钮。动画结束时，绿色按钮的文字颜色修改为白色，显示效果如图 8-6（b）所示，灰色按钮的文字颜色不作修改，仍为默认的黑色，如图 8-6（c）所示。
- 动画在 0.5s 时间内完成。

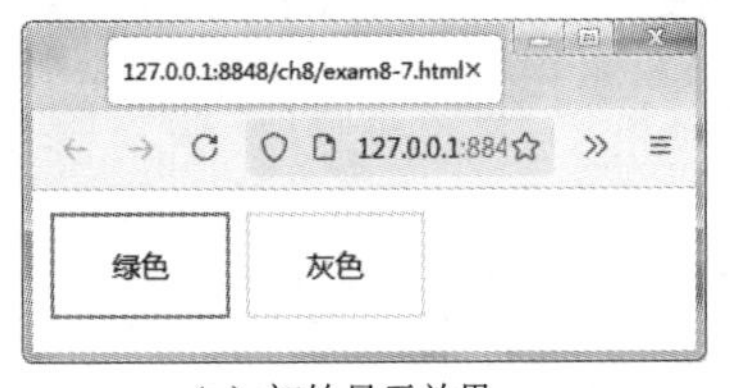

（a）初始显示效果

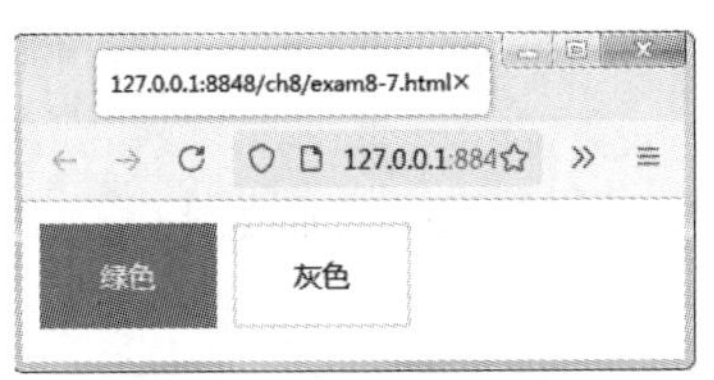

（b）鼠标悬停于绿色按钮显示效果

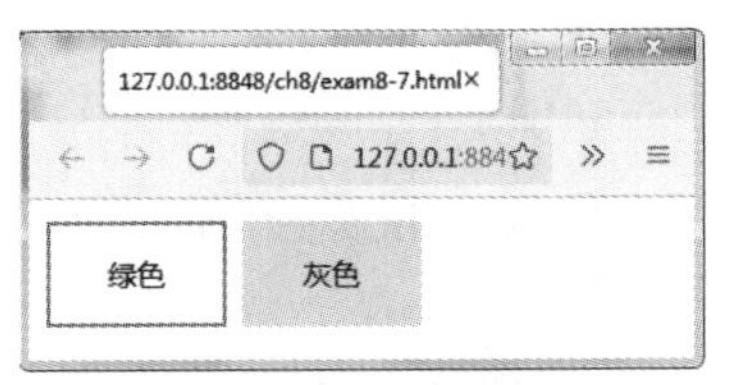

（c）鼠标悬停于灰色按钮显示效果

图 8-6　背景颜色变换的按钮

1）新建 HTML 文件，编写网页内容代码如下。

```
<body>
    <button class="button button1">绿色</button>
    <button class="button button2">灰色</button>
</body>
```

2）编写基本样式代码如下。

```
<style>
    /* 按钮基本样式 */
    .button {
        /* 设置按钮白色背景,无边框 */
        background-color: white;
        border: none;
        /* 设置按钮上右下左内边距分别为 16px 32px 16px 32px */
        padding: 16px 32px;
        /* 设置按钮上右下左外边距分别为 4px 2px 4px 2px*/
```

```
        margin: 4px 2px;
        /* 设置黑色字体，文字居中对齐，字号 16px */
        color: black;
        text-align: center;
        font-size: 16px;
        /* 设置小手鼠标 */
        cursor: pointer;
    }

    .button1 {
        /* 设置绿色边框 */
        border: 2px solid #4CAF50;
    }

    .button2 {
        /* 设置灰色边框 */
        border: 2px solid #e7e7e7;
    }
</style>
```

3）编写鼠标悬停时按钮的样式，代码如下。

```
<style>
    .button1:hover {
        /* 鼠标悬停于左边按钮时，背景色和前景色变化 */
        background-color: #4CAF50;
        color: white;
    }

    .button2:hover {
        /* 鼠标悬停于右边按钮时，背景色变化 */
        background-color: #e7e7e7;
    }
</style>
```

4）编写过渡属性代码如下。

```
<style>
    .button {
        /* 设置动画 0.5 秒完成，其余动画属性使用默认值 */
        -webkit-transition-duration: 0.5s;
    }
</style>
```

2. 魔幻效果按钮

按钮动画效果说明如下。

魔幻效果按钮

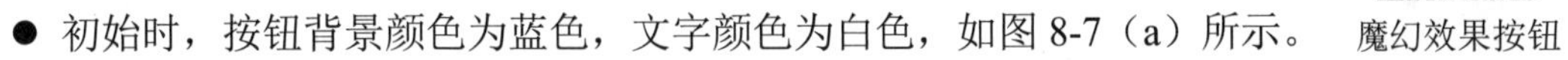

- 初始时，按钮背景颜色为蓝色，文字颜色为白色，如图 8-7（a）所示。
- 当鼠标悬停于按钮时，按钮背景颜色切换为白色，文字颜色切换为蓝色。上边框从左到右逐渐变为蓝色，下边框从右到左逐渐变为蓝色，右边框从上到下逐渐变为蓝色，

左边框从下到上逐渐变为蓝色。先上、下边框变换颜色，变换完成后左、右边框再变换，最终显示效果如图 8-7（b）所示。

● 动画完成时间自定义。

（a）初始显示效果

（b）过渡到的最终显示效果

图 8-7　魔幻按钮

1）新建 HTML 文件，编写网页内容代码如下。

```
<body>
    <div id="box">
        <div id="border_top"></div>
        <div id="border_right"></div>
        魔幻按钮
        <div id="border_bottom"></div>
        <div id="border_left"></div>
    </div>
</body>
```

2）编写基本样式代码如下。

```
<style>
    #box {
        /* 定义按钮的初始样式,包括背景色,字体及对齐方式 */
        width: 200px;
        height: 100px;
        background: dodgerblue;
        color: white;
        font-size: 32px;
        font-weight: bold;
        text-align: center;
        line-height: 100px;
        margin: 30px;
    }

    #border_top,#border_bottom {
        /* 上下边框,宽度初始为 0，不显示 */
        width: 0;
        height: 10px;
    }

    #border_left,#border_right {
        /* 左右边框,高度初始为 0，不显示  */
        width: 10px;
```

```
        height: 0;
    }
</style>
```

3）元素定位属性也可以产生动画效果，这里对元素定位使用过渡属性，编写子绝父相定位样式代码如下。

```
<style>
    #box {
        /* 按钮整体是父元素，相对定位 */
        position: relative;
    }

    #border_top,#border_bottom,
    #border_left,#border_right {
        /* 边框是子元素，绝对定位 */
        position: absolute;
    }

    #border_top {
        /* 上边框，宽度从左上开始变化 */
        left: 0;
        top: 0;
    }

    #border_bottom {
        /* 下边框，宽度从右下开始变化 */
        right: 0;
        bottom: 0;
    }

    #border_left {
        /* 左边框，高度从左下开始变化 */
        left: 0;
        bottom: 0;
    }

    #border_right {
        /* 左边框，高度从右上开始变化 */
        right: 0;
        top: 0;
    }
</style>
```

4）编写鼠标悬停时的样式代码如下。

```
<style>
    #box:hover {
        /* 鼠标悬停时，背景色透明,前景色蓝色 */
```

```
        background: transparent;
        color: dodgerblue;
    }

    #box:hover #border_top,
    #box:hover #border_bottom {
        /* 上下边框，鼠标悬停时，宽度变到 200px,背景变蓝色 */
        width: 200px;
        background: dodgerblue;
    }

    #box:hover #border_left,
    #box:hover #border_right {
        /* 左右边框，鼠标悬停时，高度变到 200px,背景变蓝色 */
        background: dodgerblue;
        height: 100px;
    }
</style>
```

5）编写过渡属性代码如下。

```
<style>
    #box {
        -webkit-transition: 2s all linear;
    }

    #border_top,
    #border_bottom {
        -webkit-transition: 2s;
    }

    #box:hover #border_left,
    #box:hover #border_right {
        /* 延时 2s，等待上下边框过渡完成后，在 2s 内完成过渡 */
        -webkit-transition: 2s 2s;
    }
</style>
```

3. 箭头效果按钮

箭头效果按钮

按钮动画效果说明如下。

- 初始时，按钮不显示箭头，如图 8-8（a）所示。
- 当鼠标悬停于按钮时出现箭头，且箭头和文字同时左移，移动的距离不同，如图 8-8（b）所示。
- 动画完成时间自定义。

（a）初始显示效果

（b）过渡到的最终显示效果

图 8-8　箭头效果按钮

1）新建 HTML 文件，编写网页内容代码如下。

```
<body>
    <button class="button">
        <span>箭头按钮</span>
    </button>
</body>
```

2）编写基本样式代码如下。

```
<style>
    .button {
        /*圆角边框 */
        border-radius: 4px;
        /* 无边框线 */
        border: none;
        /* 背景色与前景色 */
        background-color: #f4511e;
        color: #FFFFFF;
        /* 文字居中对齐,字号 28px */
        text-align: center;
        font-size: 28px;
        /* 内边距 20px，边距 5px，宽度 200px*/
        padding: 20px;
        margin: 5px;
        width: 200px;
        /* 小手鼠标 */
        cursor: pointer;
    }

    .button span {
        /* 小手鼠标 */
        cursor: pointer;
        /* 转换为行内块元素 */
        display: inline-block;
    }

    .button span:after {
        /* 伪元素内容为两个大于号 */
        content: '\00bb';
        /* 利用不透明度设置为不可见 */
        opacity: 0;
    }
</style>
```

3）元素定位属性也可以产生动画效果，这里对元素定位使用过渡属性，编写子绝父相定位样式代码如下。

```
<style>
    .button span {
```

```
        position: relative;
    }

    .button span:after {
        position: absolute;
        top: 0;
        right: -20px;
    }
</style>
```

4）编写鼠标指针悬停样式代码如下。

```
<style>
    .button:hover span {
        /* 鼠标悬停右内边距变大，span 元素左移(25-20=5px) */
        padding-right: 25px;
    }

    .button:hover span:after {
        /* 显示伪元素，且从右向左偏移 20px */
        opacity: 1;
        right: 0;
    }
</style>
```

5）编写过渡属性代码如下。

```
<style>
    .button span,.button span:after {
        -webkit-transition: 0.5s;
    }
</style>
```

任务 8.3 设计轮播图的动画

设计轮播图的动画

在任务 7.2 的第 2 个子任务（7.2.2 节）中，设计了轮播图的布局，本任务基于动画属性实现轮播图的动画，网页显示效果如图 8-9 所示。具体要求如下。

1）能够轮播 3 幅图像，图 8-9（a）和图 8-9（b）为其中的 2 幅图像展示。

2）底部水平线指示轮播图像在图库中的位置，与轮播图像位置对应的水平线蓝色显示，分别如图 8-9（a）和图 8-9（b）所示。

3）左、右两边的小于号、大于号初始颜色为浅浅的蓝色，如图 8-9（a）所示，当鼠标悬停于轮播图像时变为深蓝色，如图 8-9（b）所示。

（a）第 2 幅图像

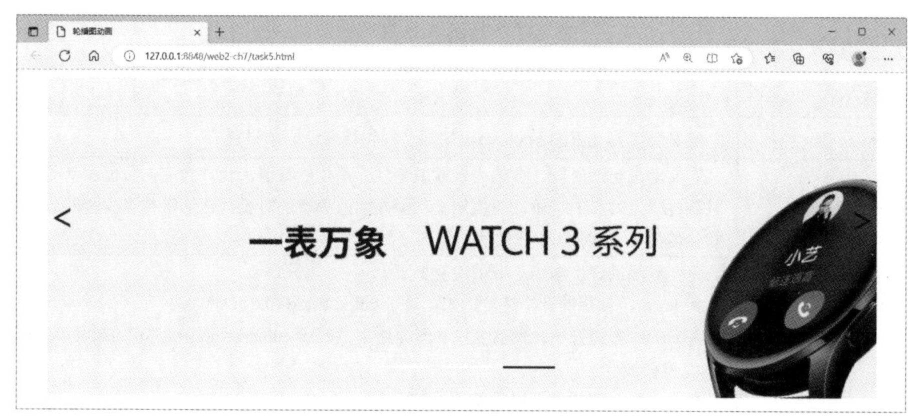

（b）第 3 幅图像，且鼠标悬停于轮播图像

图 8-9　轮播图动画展示

动画关键帧

8.3.1　动画关键帧

@keyframes 规则创建动画关键帧，一个时间节点定义元素的一组样式属性取值，由若干时间节点的若干组样式属性取值组成动画的帧。语法格式如下。

```
@keyframes animationname {keyframes-selector {css-styles;}}
```

参数说明如表 8-6 所示。

表 8-6　keyframes 规则参数说明

参 数 名	说　明
animationname	定义动画的名称
keyframes-selector	定义动画的时间节点，是时间节点选择器，取值为时长的百分比数值，取值范围为 0%～100%。0%表示动画的开始，100%表示动画的完成。为了得到最佳的浏览器效果，应该始终定义 0%和 100%选择器。 也可以取 from（等于 0%）与 to（等于 100%）2 个值作为时间节点选择器，如果仅设置这两个时间节点，动画效果等价于过渡
{css-styles;}	定义元素样式的声明块

8.3.2 动画属性

动画属性

与过渡一样，动画也能使元素样式属性从一种取值平滑地变化为另一种取值。但是，过渡只能给元素样式属性设置 2 个取值，即起始和终止值，过渡还不够细腻。使用关键帧，动画能够为元素样式属性指定若干时间节点的取值，实现更为丰富的显示效果，从而取代图像动画、Flash 动画和 JavaScript 动画，应用更为广泛。

1. 动画基本属性

动画基本属性有 8 个，如表 8-7 所示。

表 8-7　动画基本属性

属性名	说明
animation-name	定义绑定到元素的 keyframes 规则名称。该属性必须设置
animation-delay	定义动画延迟时间，取值为以秒或毫秒为单位的数值。允许负值，负值表示动画马上开始，且跳过规定时长的动画。正值定义动画开始前等待的时长，也即等待多少时间后再开始动画，默认值为 0，表示立即开始动画
animation-timing-function	定义动画的速度曲线。取值说明如下。 ● linear：使用同一个速度动画，等于 cubic-bezier(0,0,1,1) ● ease：慢速开始，然后变快，慢速结束，等于 cubic-bezier(0.25,0.1,0.25,1)，是默认动画速度曲线 ● ease-in：以慢速开始的动画，等于 cubic-bezier(0.42,0,1,1) ● ease-out：以慢速结束的动画，等于 cubic-bezier(0,0,0.58,1) ● ease-in-out：以慢速开始和结束的动画，等于 cubic-bezier(0.42,0,0.58,1) cubic-bezier(n,n,n,n)：使用 cubic-bezier 函数自定义动画速度曲线
animation-iteration-count	定义动画的播放次数，取值说明如下。 ● n：播放指定次数的动画 ● infinite：无限次播放动画
animation-direction	定义动画的播放方向，取值说明如下。 ● normal：默认值。动画正向播放，每个周期内动画向前播放，播放到结束后再从起点开始重新播放动画 ● alternate：动画交替正反向播放。在奇数次数（1、3、5…）时正向播放，在偶数次数（2、4、6…）时反向播放。反向播放时，动画按步后退，速度曲线也反向，如 ease-in 在反向时成为 ease-out ● alternate-reverse：动画反向交替正反向播放。与 alternate 取值的效果相反，在奇数次数时反向播放，在偶数次数时正向播放
animation-play-state	定义动画的状态，取值说明如下。 ● paused：暂停动画。 ● running：播放动画
animation-duration	定义完成动画需要花费的时间。取值为以秒或毫秒为单位的数值。默认值为 0，表示没有动画效果
animation-fill-mode	定义动画时间之外元素的样式，也即在动画执行之前和之后如何给动画的元素应用样式，取值说明如下。 ● none：动画执行之前和之后不改变任何样式 ● forwards：元素保持动画最后一帧的样式 ● backwards：元素使用动画第一帧的样式 ● both：执行 forwards 和 backwards 的动作

2．animation 属性

animation 属性即动画基本属性，一次设置可 animation-name、animation-duration、animation-timing-function、animation-delay、animation-iteration-count 和 animation-direction 6 个属性的值，属性取值之间用空格进行分隔。语法格式如下。

```
animation: name duration timing-function delay iteration-count direction;
```

并不一定要设置全部 6 个属性的值，可以仅设置部分属性的值。其中，animation-name 和 animation-duration 这 2 个属性的值必须设置，其余可以使用默认值。

【例 8-5】使用 animation 属性修改例 8-3，实现同样的动画效果。

动画示例

1）新建 HTML 文件，编写网页内容代码如下。

```
<body>
    <div></div>
</body>
```

2）编写元素基本样式代码如下。

```
<style>
    /* 元素基本样式，也是初始状态 */
    div {
        width: 120px;
        height: 120px;
        background-color: yellow;
    }
</style>
```

3）编写元素动画样式代码如下。

```
<style>
    /* 定义动画关键帧 */
    @-webkit-keyframes mymove {

        /* 动画起始帧，样式同元素基本样式，可以不设置 */
        from {}

        /* 动画结束帧，设置元素样式为动画结束样式*/
        to {
            width: 150px;
            height: 100px;
            background-color: red;
        }
    }

    /* 当鼠标悬停于元素时，启动动画 */
    div:hover {
        -webkit-animation: mymove 3s;
    }
</style>
```

【例 8-6】使用 animation 属性为例 8-2 增加动画效果，使绘制的红心呈现跳动的效果。

通过交替变化元素的大小模拟元素跳动的效果。在例 8-2 的基础上直接增加动画样式代码如下。

```
</style>
    /*定义动画关键帧，在 0.95 倍与 1 倍之间交替变化元素的大小*/
    @-webkit-keyframes heartbeat {

        /* 起始帧，0.95 倍 */
        0% {
            -webkit-transform: scale(0.95);
        }

        50% {
            /* 中间帧，1 倍 */
            -webkit-transform: scale(1);
        }

        100% {
            /* 结束帧，0.95 倍 */
            -webkit-transform: scale(0.95);
        }
    }

    #heart {
        /* 动画名字属性 */
        -webkit-animation-name: heartbeat;
        /* 动画 2 秒完成 */
        -webkit-animation-duration: 1s;
        /* 动画延迟 0.5 秒开始 */
        -webkit-animation-delay: 500ms;
        /* 动画持续运行 */
        -webkit-animation-iteration-count: infinite;
    }
</style>
```

【例 8-7】用动画设计一个在方框内正反向交替跑动的实心方块，当鼠标悬停于实心方块上时暂停方块的跑动，松开后继续跑动，显示效果如图 8-10 所示。图 8-10（a）为初始显示状态，图 8-10（b）为鼠标悬停于实心方块上某时刻的显示效果。

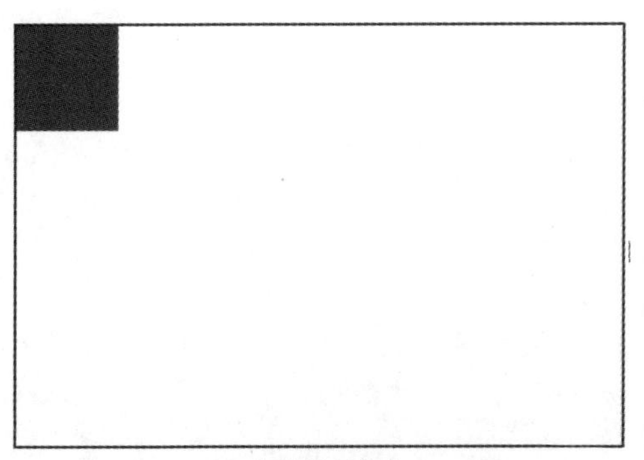
（a）初始显示状态

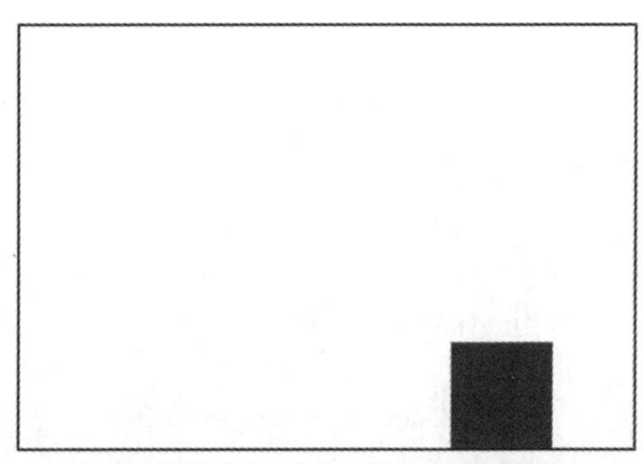
（b）鼠标悬停于实心方块上某个时刻的显示效果

图 8-10　在方框内交替跑动的实心方块（显示效果）

1）新建 HTML 文件，编写网页内容代码如下。

```
<body>
    <!-- 外部边框 -->
    <div class="box">
        <!-- 内部跑动的实心方块 -->
        <div class="main"></div>
    </div>
</body>
```

2）编写元素的基本样式代码如下。

```
<style>
    /* 设置实心方块运动空间，外部方框 */
    .box {
        width: 600px;
        height: 400px;
        border: 2px solid blue;
    }

    /* 设置实心方块的样式 */
    .box .main {
        /* 设置大小与背景颜色 */
        width: 100px;
        height: 100px;
        background-color: red;
    }
</style>
```

3）编写元素动画样式代码如下。

```
<style>
    /*定义动画关键帧*/
    @-webkit-keyframes translate {

        /* 起始帧，水平垂直无位移 */
        0% {
            -webkit-transform: translateX(0) translateY(0);
        }

        /* 25%时间点，水平平移 500px（600-100=500），正好到右边框 */
        25% {
            -webkit-transform: translateX(500px) translateY(0);
        }

        /* 50%时间点，垂直平移 300px，水平平移 500px，正好到右下角 */
        50% {
            -webkit-transform: translateX(500px) translateY(300px);
        }
```

```
            /* 75%时间点，垂直平移 300px，正好到左下角 */
            75% {
                -webkit-transform: translateX(0) translateY(300px);
            }

            /* 100%时间点，回到起点 */
            100% {
                -webkit-transform: translateX(0) translateY(0px);
            }
        }

        .main {
            /* 5 秒完成 1 次动画，动画次数无限，关键帧名字为 translate，动画方向交替 */
            -webkit-animation: translate 5s linear infinite alternate;
        }
</style>
```

4）当鼠标悬停于实心方块上时，动画暂停，样式代码如下。

```
<style>
        .main: hover {
            /*  鼠标悬停暂停动画 */
            -webkit-animation-play-state: paused;
        }
</style>
```

3. 动画与过渡的区别

动画与过渡的区别

动画与过渡有许多类似的性质，都能使元素样式呈现动画的效果。但是，二者还有一些区别，总结如下。

1）过渡只有 2 个关键帧（对应动画的 0%和 100%时间节点）；动画可以有若干个关键帧，实现的效果更为丰富。

2）动画可以设置自动触发，可以设置执行的方向和次数，可以反复多次执行；过渡需要触发，如使用鼠标悬停触发动画结束状态的样式，且触发后只能执行 1 次。

3）动画执行过程中能够暂停，过渡则不能。

4）动画能够使元素属性取值在初始值和终止值之间交替变换，过渡则不能。

总体而言，动画的功能更为强大，过渡代码书写更为简单，应根据使用的具体情况具体选择。

8.3.3 任务实现

任务 8.3 实现

1. 项目创建与资源准备

拷贝任务 7.2 的第 2 个任务（7.2.2 节）的项目，并在项目 img 目录下准备名字分别为“m1.jpg”“m2.jpg”“m3.jpg”的图像素材。

2. HTML 内容设计

同任务 7.2 的第 2 个任务（7.2.2 节）。

3. CSS 样式设计

整体同任务 7.2 的第 2 个任务（7.2.2 节），仅修改第 1 个水平指示线的初始颜色为蓝色。

4. 动画设计

1）动画有 4 个关键帧，切换 3 幅背景图像，6 秒完成 1 次动画。

2）底部水平线指示轮播图像在图库中的位置，所以也是 6 秒完成 1 次动画。3 个标识使用同样的动画，背景颜色在三分之一时间（2s）内由白色变为蓝色，3 个动画依次间隔 2 秒后启动，确保与轮播图像的对应关系正确。

3）鼠标悬停于轮播图像时动画暂停。

基于分析编写代码如下。

```
<style type="text/css">
    /* 轮播图动画关键帧定义 */
    @-webkit-keyframes imgchange {

        /* 起始帧图像*/
        0% {
            background-image: url(img/m1.jpg);
        }

        /* 0～33.3%时间段图像 */
        33.3% {
            background-image: url(img/m2.jpg);
        }

        /* 33.4%～66.7%时间段图像*/
        66.7% {
            background-image: url(img/m3.jpg);
        }

        /* 66.8%～100%时间段图像*/
        100% {
            background-image: url(img/m1.jpg);
        }
    }

    /* 底部水平线导航指示动画关键帧定义 */
    @-webkit-keyframes spanchange {

        /* 起始帧白色背景 */
        0% {
            background-color: white;
        }
```

```
        /* 蓝色背景持续到 33.3%的时间点 */
        33.3% {
            background-color: blue;
        }

        /* 33.4%的时间点变回白色背景 */
        33.4% {
            background-color: white;
        }

        /* 回到白色背景 */
        100% {
            background-color: white;
        }
    }

    .box {
        /* 设置动画 6 秒完成,持续动画 */
        -webkit-animation: imgchange 6s cubic-bezier(0, 0, 0, 1.74) infinite;
    }

    span:first-child {
        /* 每个动画持续 6 秒，与图像动画同步变化，依次延时 2s 开始，实现 3 个指标标识
           间隔 2s 交替 */
        -webkit-animation: spanchange 6s cubic-bezier(0, 0, 0, 1.74) 200ms infinite;
    }

    span:nth-child(2) {
        /* 第 2 个指示标识延时 2 秒开始 */
        -webkit-animation: spanchange 6s cubic-bezier(0, 0, 0, 1.74) 2000ms infinite;
    }

    span:last-child {
        /* 第 3 个指示标识延时 4 秒开始 */
        -webkit-animation: spanchange 6s cubic-bezier(0, 0, 0, 1.74) 4000ms infinite;
    }

    .box:hover .prev,.box:hover .next {
        /* 鼠标悬停于轮播图时，小于号和大于号的颜色饱和显示 */
        opacity: 1;
    }

    .box:hover span,.box:hover {
        /* 鼠标悬停时暂停动画 */
        -webkit-animation-play-state: paused;
    }
</style>
```

5. 项目运行测试

（1）轮播图基本布局测试

同任务 7.2 的第 2 个任务（7.2.2 节）。

（2）动画测试

保存网页，依次查看动画要求的样式，并验证。

模块 8 小结

模块小结 8

本模块全面讲解了转换、过渡与动画属性的用法，给出了幽灵按钮和轮播设计的一些典型应用场景，以及有趣的动画效果“跳动的心”和“围着操场跑的盒子”，知识点总结如图 8-11 所示。

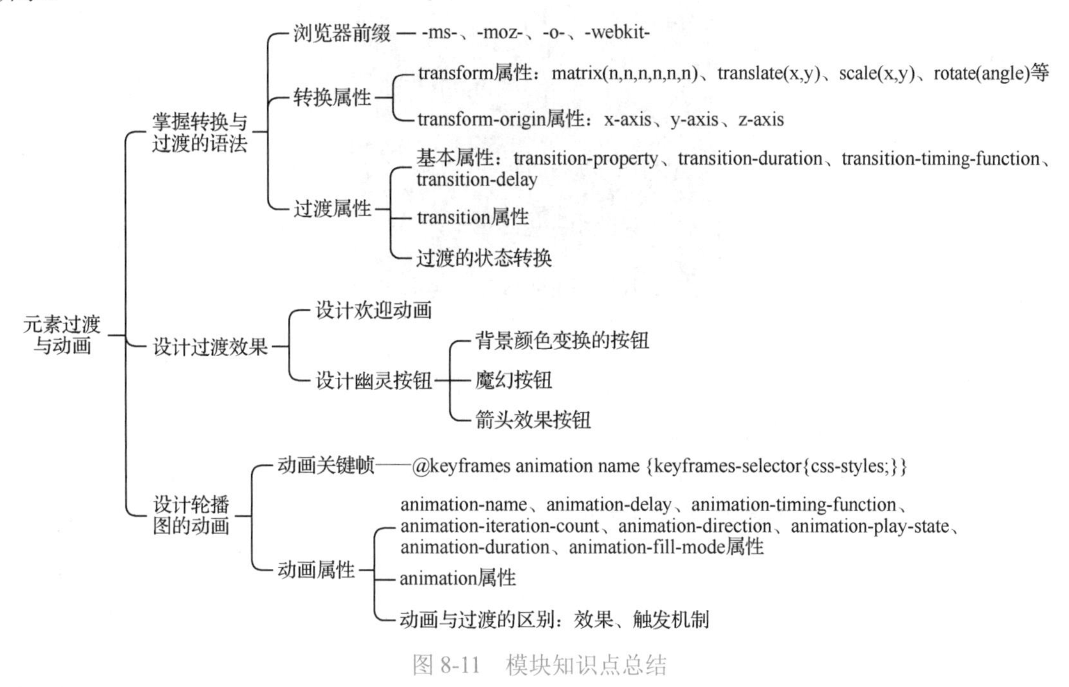

图 8-11　模块知识点总结

随堂测试 8

1．设置元素指定时间节点的样式使用什么规则？（　　）

A．animation　　B．keyframes　　C．flash　　D．transition

2．以下哪个语句可以实现鼠标悬停在 div 元素上时元素有 45 度旋转的效果？（　　）

A．div:hover{transform:rotate(45deg)}　　B．div:hover{transform:tanslate(50px)}

C．div:hover{transform:scale(1.5)}　　D．div:hover{transform:skew(45deg)};

3．以下哪个属性可以使动画一直执行？（　　）

A．animation-direction　　B．animation-iteration-count

C．animation-play-state　　　　D．animation-delay

4．以下哪个属性可以让动画暂停执行？（　　）

A．animation-direction　　　　B．animation-iteration-count

C．animation-play-state　　　　D．animation-delay

课后实践 8

1．修改例 8-7，用相对定位属性设计动画，实现同样的网页显示效果。

2．修改例 8-6，尝试将“跳动的心”修改为“火箭发射”，显示效果如图 8-12 示。

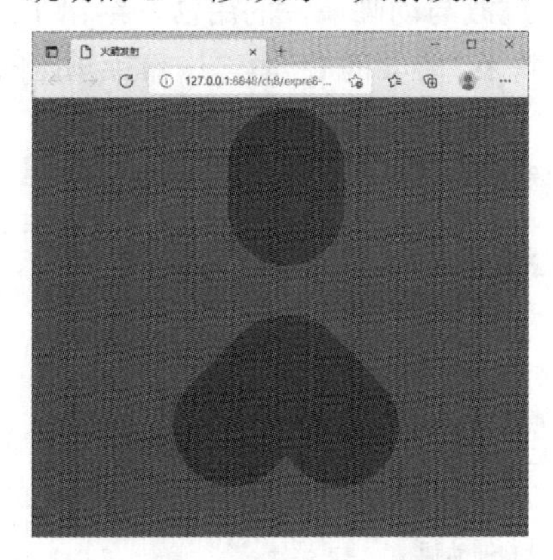

图 8-12　火箭发射显示效果

3．将幽灵按钮应用到自己网站设计中，完善网页显示效果。

4．设计自己网站的轮播图动画。

5．参考魔幻效果按钮动画完善任务 8.3，为底部水平线增加动画效果，使水平指示线指示图像位置时在 2s 内长度由 0%变到 100%。

课后实践 8.5

模块 9 网页布局技术

布局是网页设计中非常重要和关键的技术，本模块基于浮动设计了网页整体布局，基于媒体查询和视口生成了自适应布局，在内容设计中使用了弹性布局。

知识目标

1）掌握 float 与 clear 属性的用法。

2）掌握视口与媒体查询的语法。

3）掌握弹性布局的概念与相关属性的用法。

能力目标

1）能够使用浮动属性设计文字环绕效果。

2）能够使用浮动和浮动清除属性设计网页整体布局。

3）能够使用视口和媒体查询设计网页的自适应布局。

4）能够使用弹性布局设计网页内容的自适应布局。

任务 9.1 设计浮动布局

设计浮动布局

通过前面知识的学习，大家已经具备了网页内容设计的能力，本任务使用浮动技术设计网页的整体布局。选取若干典型网站进行分析，总结出常见的网页布局形式，如图 9-1 所示就是其中的一种典型布局，分析如下。

1）网页内容宽度固定，称为版心，图 9-1 中的版心宽度设计为 1200px。

2）网页页眉和页脚背景自适应浏览器宽度，增加整体的美观性。

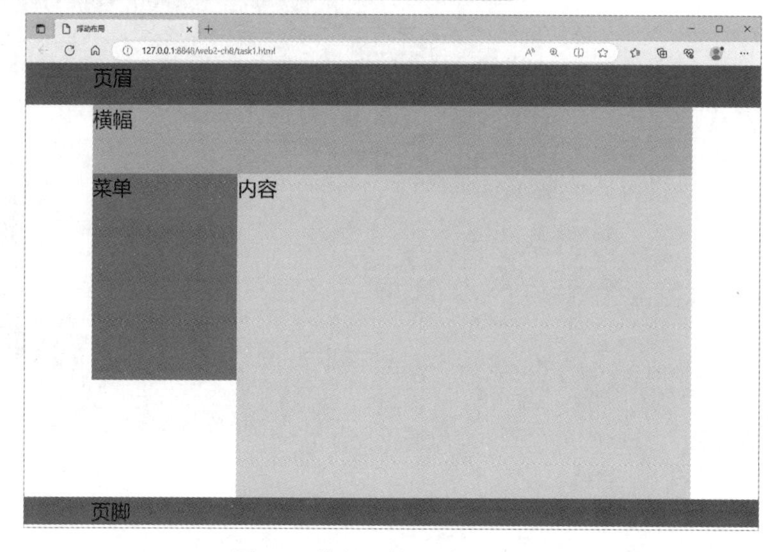

图 9-1　带版心的网页浮动布局

9.1.1　float 属性

float 属性

float 属性定义元素的浮动，属性取值如表 9-1 所示。

表 9-1　float 属性取值

属　性　值	说　　明
left	元素向左浮动
right	元素向右浮动
none	默认值，元素不浮动，显示在普通流的位置
inherit	从父元素继承 float 属性的值

1．文字环绕

浮动能够使元素紧密地排列在一起，如果不明确指定浮动元素的宽度，浮动后元素会尽可能地窄。将浮动应用到元素与文字内容的排列中能够实现文字环绕元素的显示效果。

【例 9-1】用浮动实现如图 9-2 所示的文字环绕图像的显示效果。

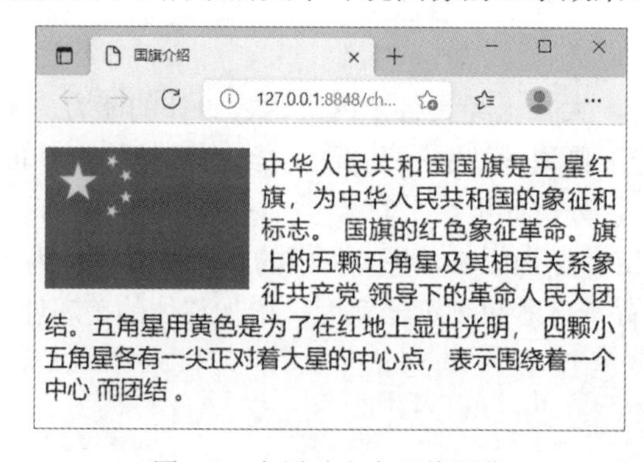

图 9-2　左浮动文字环绕图像

1）新建 HTML 项目，在项目 img 目录下准备名为“国旗.png”的图像。

2）新建 HTML 文件，编写网页内容代码如下。

```
<body>
    <img src="img/国旗.png" />
    <p>中华人民共和国国旗是五星红旗……</p>
</body>
```

3）编写元素基本样式代码如下。

```
<style>
    img {
        /* 设置图像右边距为 10px */
        margin-right: 10px;
        /* 设置图像宽度，高度自动等比例缩放，确保国旗的尺寸比例 */
        width: 175px;
    }
    p{
        font-size: 20px;
        text-align: justify;
    }
</style>
```

4）编写元素浮动样式代码如下。

```
<style>
    img {
        /* 设置图像左浮动 */
        float: left;
    }
</style>
```

【例 9-2】修改例 9-1，为图像增加标题和边框，将浮动修改为右浮动，实现如图 9-3 所示的显示效果。

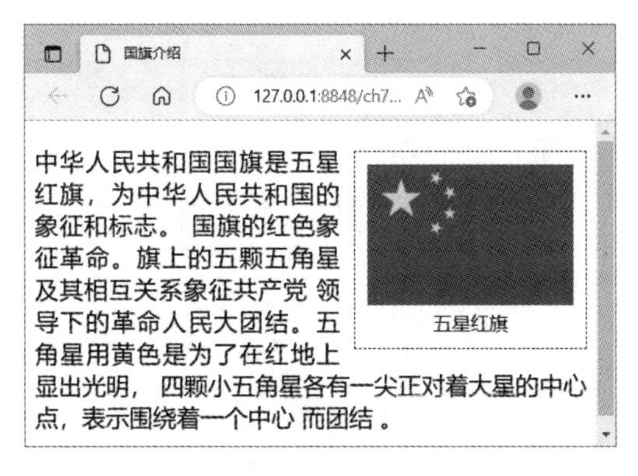

图 9-3　右浮动文字环绕图像

1）新建 HTML 项目，在项目 img 目录下准备名为“国旗.png”的图像。

2）新建 HTML 文件，编写网页内容代码如下。

```
<body>
```

```
    <div>
        <img src="img/国旗.png" />
        五星红旗
    </div>
    <p > 中华人民共和国国旗是五星红旗…… </p>
</body>
```

3）编写元素基本样式如下。

```
<style>
    div {
        width: 175px;
        /* 设置元素上右下左外边距分别为 5px 12px 0 10 */
        margin: 5px 12px 0 10;
        /* 设置元素内边距为 10px */
        padding: 10px;
        /* 设置元素边框宽度为 1px,点线,黑色 */
        border: 1px dashed black;
        /* 设置文字居中对齐,字号为 16px */
        text-align: center;
        font-size: 16px;
    }
    /* img 与 p 元素样式设置同例 9-1，且去掉 img 元素的 margin 属性 */
</style>
```

4）编写元素浮动样式代码如下。

```
<style>
    div {
        /* 设置元素右浮动 */
        float: right;
    }
</style>
```

【例 9-3】用浮动实现如图 9-4 所示的文字环绕文字的效果。

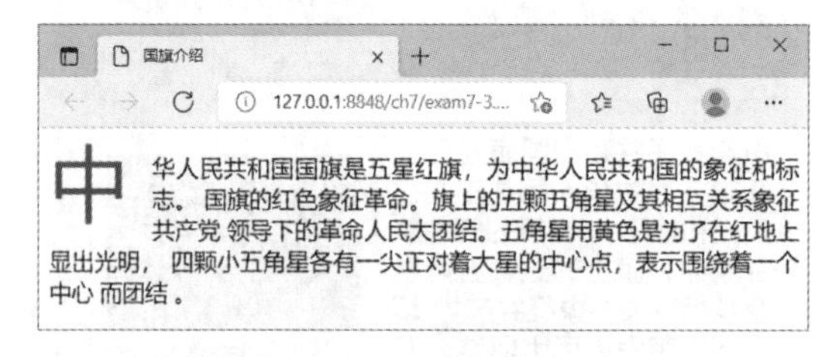

图 9-4　文字环绕文字

1）新建 HTML 文件，编写网页内容代码如下。

```
<body>
    <p>
        中华人民共和国国旗是五星红旗……
    </p>
</body>
```

2）编写元素基本样式代码如下。

```
<style>
    /*设计元素首字符（中字）的样式*/
    p::first-letter {
        /*  设置元素,字号,字体(含备选字体),行高,颜色  */
        font-size: 400%;
        font-family: algerian, courier;
        line-height: 83%;
        color: #FF0000;
    }
    p{
        font-size: 20px;
        text-align: justify;
    }
</style>
```

3）编写元素浮动样式代码如下。

```
<style>
    /*设计元素首字符（“中”字）的样式*/
    p::first-letter {
        /*  设置元素左浮动  */
        float: left;
    }
</style>
```

2. 浮动流定位机制

浮动流定位机制与隔墙清除浮动法

（1）元素一行显示

元素浮动后会脱离普通流，向左或向右移动，直到元素框模型外边缘碰到包含框或另一个浮动元素的边框为止，从而紧密地排列在一起，一行显示。如图 9-5 所示，元素框 1、2、3 浮动后一行显示。

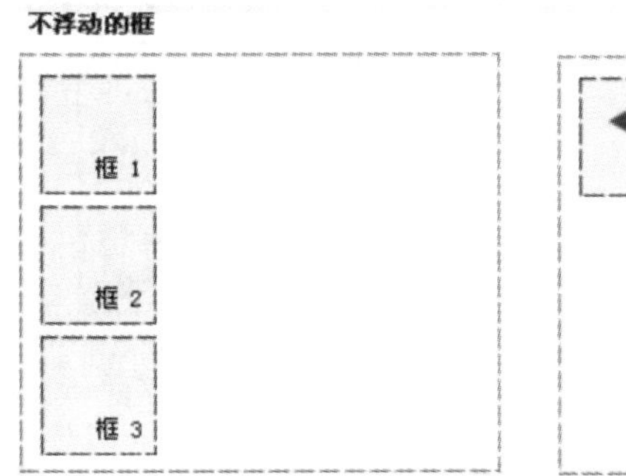

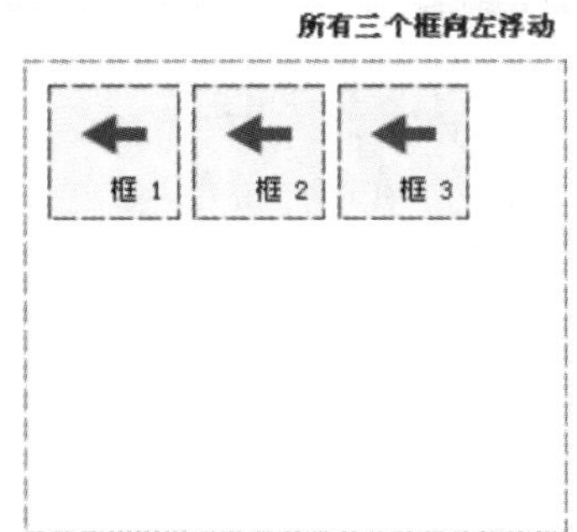

图 9-5　浮动后元素一行显示

（2）元素自动换行

元素浮动后如果一行排不下，会自动换行，排列到下一行。如图 9-6 所示，元素框 1、2、3 浮动后一行显示不下，元素框 3 自动换行到下一行显示。

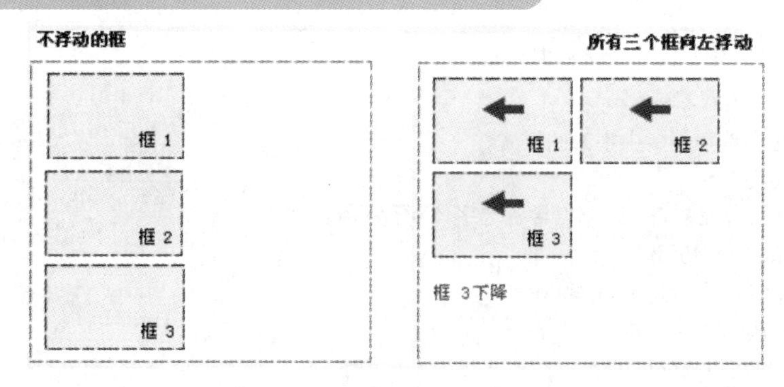

图 9-6　浮动后元素自动换行

（3）元素遮挡

元素浮动后会脱离普通流，不再占有普通流的位置，从而有可能会堆叠到其他元素上面，遮挡掉其他元素。如图 9-7 所示，元素框 1 浮动后不再占有普通流的位置，其位置给了普通流中的元素框 2，从而堆叠在元素框 2 之上，遮挡了元素框 2。

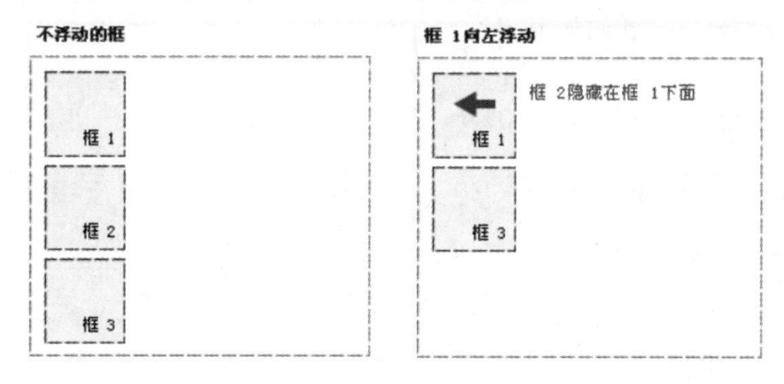

图 9-7　浮动后元素堆叠

（4）元素卡顿

元素浮动后水平方向和垂直方向均会紧密排列，从而形成元素卡顿现象。如图 9-8 所示，浮动元素框 3 与浮动元素框 2 垂直紧密排列，被浮动元素框 1 所卡顿。

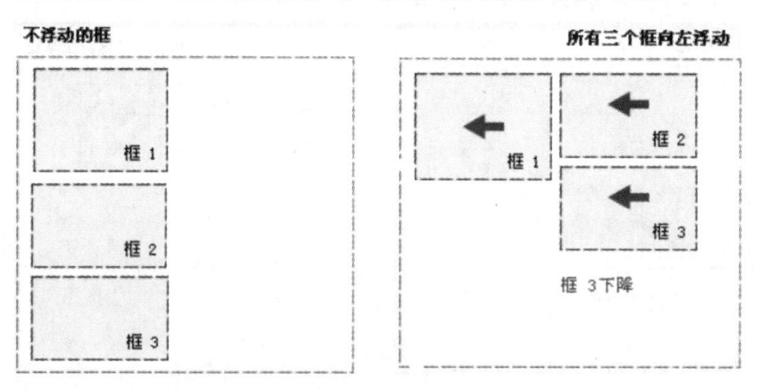

图 9-8　浮动后元素卡顿

【例 9-4】使用 float 属性排列 div 元素，使菜单和内容的 div 容器元素一行紧密排列，呈现左边菜单右边内容的显示效果，如图 9-9 所示。

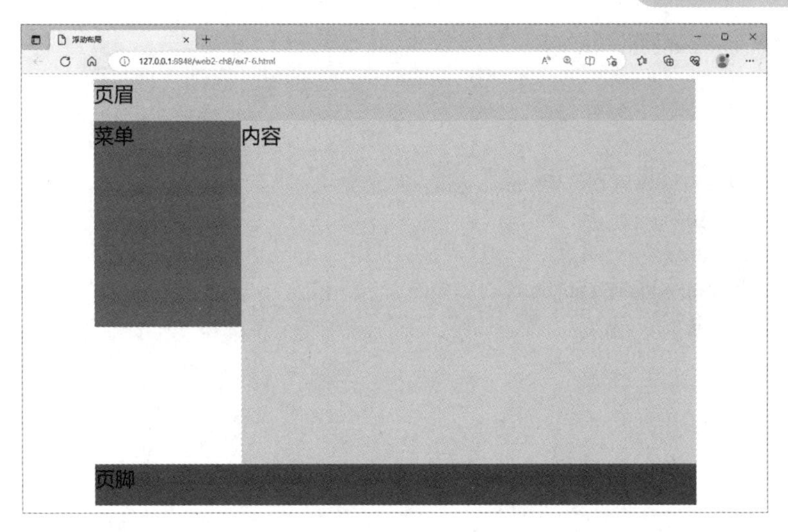

图 9-9　简单浮动布局（显示效果）

1）新建 HTML 文件，编写网页内容代码如下。

```
<body>
    <div class="box">
        <div class="top">页眉</div>
        <div class=" main ">
            <div class="left ">菜单</div>
            <div class="right ">内容</div>
        </div>
        <div class="footer">页脚</div>
    </div>
</body>
```

2）编写基本样式代码如下。

```
<style>
    .box {
        /* 设置元素宽度为版心宽度 1200px，居中对齐 */
        width: 1200px;
        margin: auto;
        font-size: 30px;
    }

    .top {
        /* 设置顶部菜单项高度和背景颜色 */
        height: 60px;
        background-color: pink;
    }

    .left {
        /* 设置左侧菜单项高度 300px，宽度 300px */
        height: 300px;
        width: 300px;
```

```
            background-color: grey;
        }

        .right {
            /* 设置右侧内容高度 500px，宽度 900px */
            height: 500px;
            width: 900px;
            background-color: gainsboro;
        }

        .footer {
            /* 设置页脚高度和背景颜色 */
            height: 60px;
            background-color: darkcyan;
        }
    </style>
```

3）编写元素浮动样式代码如下。

```
<style>
    .left {
        /* 设置元素左浮动 */
        float: left;
    }

    .right {
        /* 设置元素右浮动 */
        float: right;
    }
</style>
```

4）由于菜单和内容的 div 元素浮动后不再占有普通流的位置，还必须为其父元素（.main）设置高度，以确保其位置不漏给后续页脚元素，页脚元素不被遮挡，高度值为菜单和内容 div 元素高度值的较大者，编写代码如下。

```
<style>
    .main {
        /* 设置元素高度为 500px，宽度默认为父元素宽度的 100%，1200px */
        height: 500px;
    }
</style>
```

3．隔墙清除浮动法

通过为浮动元素的父元素设置合适的高度能够有效地清除浮动对后续元素带来的影响，确保浮动元素不叠加在后续元素上，这种方法就好像为浮动元素打了一堵墙，将浮动元素和后续元素分隔在墙内与墙外，互不干扰，所以也称为隔墙清除浮动法（简称隔墙法）。

9.1.2　clear 属性

clear 属性

为浮动元素的父元素设置合适的高度能够清除元素浮动对后续元素的影响，且方法简单。但是，这种方法每一次修改浮动元素的高度都需要对应修改其父元素的高度，非常麻烦，也不够现实。因此，又专门为元素设计了 clear 属性，用于清除浮动对元素的影响，从而确保元素位置不受浮动的影响，属性取值如表 9-2 所示。

表 9-2　clear 属性取值

属 性 值	说　明
left	清除元素左侧浮动的影响
right	清除元素右侧浮动的影响
both	清除元素两侧浮动的影响
none	默认值，不清除浮动的影响
inherit	从父元素继承 clear 属性的值

针对 clear 属性设置位置的不同，又有 3 种具体的清除方法。

1. 相邻元素清除浮动法

为浮动元素的相邻元素设置合适的clear属性值，就可以清除浮动对相邻元素位置的影响。

【例 9-5】修改例 9-4，为页脚元素设置 clear 属性，清除浮动对后续页脚元素位置的影响。

去掉例 9-4 中浮动元素父元素（.main）的样式设置，为页脚元素增加 clear 属性设置，代码修改如下。

```
<style>
    .main {
    }

    .footer {
        clear: both;
    }
</style>
```

2. 额外元素清除浮动法

在浮动元素的相邻元素里添加 clear 属性可以有效地清除浮动对相邻元素的影响，能够解决浮动漏位置的问题。但是，将 clear 属性设置在受影响的元素里一方面结构不够友好，另一方面还需要随着元素相互位置关系的变化不断地修改 clear 属性的设置位置，非常麻烦，也不够现实。因此，实践中往往是增加额外的元素，通过为额外元素设置 clear 属性清除浮动的影响。

【例 9-6】修改例 9-5，通过增加额外元素清除浮动对页脚元素位置的影响。

1）在例 9-5 浮动元素父元素（.main）后面增加一个专门用于清除浮动的相邻兄弟元素（.clearfix），代码如下。

```
<div class="clearfix"></div>
```

2）为专门用于清除浮动的元素（.clearfix）添加样式代码如下。

```
<style>
        .clearfix{
                /* 清除元素两侧浮动 */
                clear: both;
        }
</style>
```

3）去掉页脚元素清除浮动的 clear 属性代码。

3. 伪元素清除浮动法

增加额外元素可以清除浮动对其他元素的影响，但是，这个元素是专门用于清除浮动影响的，在 HTML 内容结构中并没有意义，破坏了 HTML 文件的内容结构，所以在实际中使用也并不多，而是基于这种方法的原理，用伪元素清除浮动对相邻元素的影响。

【例 9-7】修改例 9-6，使用伪元素清除浮动对后续页脚元素位置的影响。

1）去掉专门用于清除浮动的 div 元素（.clearfix）及其样式代码。

2）为浮动元素的父元素（.main）增加清除浮动的样式代码如下。

```
<style>
        .main:after {
                /*伪元素*/
                display: block;
                content: "";
                /*清除元素两侧浮动*/
                clear: both;
        }
</style>
```

9.1.3 任务实现

任务 9.1 实现

1. HTML 内容设计

整个网页有版心设计，所以页眉、页脚、横幅、菜单项、内容等都需要 div 元素嵌套，基于分析创建 HTML 文件，编写内容结构代码如下。

```
<body>
    <div class="top">
        <div class="inner">页眉</div>
    </div>
    <div class="box">
        <div class="banner">横幅</div>
        <div class="main">
            <div class="left ">菜单</div>
            <div class="right ">内容</div>
        </div>
    </div>
```

```
    <div class="footer">
        <div class="inner">页脚</div>
    </div>
</body>
```

2. CSS 样式设计

复制例 9-7 样式设计，并设置 inner 类样式同 box 类样式，banner 类样式同 footer 类样式。

设计响应式布局

任务 9.2　设计响应式布局

通过样式设计动态调整网页内容的隐藏、显示、放大、缩小和移动，以使内容自动适应浏览器窗口的显示尺寸，称为响应式布局设计。

随着前端技术的发展，响应式布局已经是网页的基本布局。本任务使用响应式布局设计一个如图 9-10 所示的网页，具体要求如下。

1）图 9-10（a）为浏览器窗口宽度大于 768px 的 PC 显示效果，内容分为 3 列显示，菜单项和右侧诗词各占网格布局的 3 列，中间内容占网格布局的 6 列。

2）图 9-10（b）为浏览器窗口宽度大于 600px、小于 768px 的平板显示效果，菜单项占网格布局的 4 列，内容占网格布局的 8 列。

3）图 9-10（c）为浏览器窗口宽度小于 600px 的 PC 和移动设备显示效果，一列显示，也即占网格布局的 12 列，100%宽。

（a）浏览器窗口宽度大于 768px 的 PC 显示效果

图 9-10　响应式布局设计

（b）浏览器窗口宽度大于 600px、小于 768px 的平板显示效果　　（c）浏览器窗口宽度小于 600px 的 PC 和移动设备显示效果

图 9-10　响应式布局设计（续）

9.2.1　网页视口

网页视口

1．视口定义

视口（viewport）是指网页上的可见区域，是浏览器的窗口，并不是屏幕的大小，只有在全屏模式下，视口才是整个屏幕的大小。

Web 浏览器包含布局和视觉两个视口。视觉视口可以变化，是布局视口的当前可见部分，也即主文件中的窗口，或嵌套浏览上下文（如对象、iframe 或 SVG）中父元素的大小。在 CSS 中，有基于视口的长度单位，1vh 是 1%布局视口的高度，1vw 是 1%布局视口的宽度。

2．视口的作用

在网页设计中，一般默认移动设备的布局视口宽度为 980px。但是也有各种不同形状、不同像素比的移动设备，其屏幕宽度并不是 980px，这些设备为了让网页内容能够展示全面，在渲染时会自动对网页内容进行缩放。例如，在一个屏幕宽度为 320px 的移动设备上显示网页时，移动设备会自动对网页内容进行缩放，直至其内容的布局视口宽度为 320px。这种直接缩放会导致网页内容变形，影响显示效果。

在 HTML5 中，可以通过 meta 元素来控制视口。通过设置 meta 元素的属性、移动设备的浏览器就可以使用真实的屏幕宽度替换默认的 980px 视口宽度，从而不会缩放网页内容，改善网页的显示效果。元素定义如下。

```
<meta name="viewport" content="width=device-width, initial-scale=1.0">
```

viewport 属性的取值包含若干个组成部分。

其中，width 设置视口的宽度，取值为 device-width 时将视口宽度设置为设备的屏幕宽度，也即网页的布局视口宽度与设备宽度（以像素为单位）完全一致。initial-scale 设置网页内容的初始缩放比例，取值为 1.0 表示不缩放。

此外，还可以定义 maximum-scale、minimum-scale 和 user-scalable，分别设置网页内容的最大缩放比例、最小缩放比例以及是否允许用户自定义缩放操作等，使用其默认值即可。

【例 9-8】编码体验网页视口的作用。

1）新建 HTML 项目，在项目 img 目录下准备名为“高铁.png”的图像资源。

2）新建 HTML 文件，编写网页内容代码如下。

```
<body>
    <h2>大国重器——中国高铁</h2>
    <p>
        中国高铁让很多国家都羡慕不已，中国是世界上……
    </p>
    <img src="img/高铁.png">
</body>
```

3）编写元素基本样式代码如下。

```
<style>
    p {
        font-size: 20px;
        text-indent: 2em;
        text-align: justify;
    }

    h2 {
        text-align: center;
    }
</style>
```

4）保存文件，并在移动设备上浏览网页，查看显示效果。在 Nexus 4 的显示效果如图 9-11（a）所示。由显示效果可见，不设置视口的情况下，网页内容自动进行了缩放，显示效果不够友好。

5）在 head 元素内增加有关视口定义的元素 meta，代码如下。

```
<!-- 视口设置 -->
<meta name="viewport" content="width=device-width, initial-scale=1.0">
```

6）保存文件，并在移动设备上浏览网页，查看显示效果。在 Nexus 4 的显示效果如图 9-11（b）所示。由显示效果可见，设置视口以后，网页内容没有缩放，显示效果友好。

在模拟浏览器中浏览网页时，只有初次运行才检测设备的视口，所以每一次修改代码后都需要关闭网页和浏览器，然后再重新打开网页和浏览器才能测试到视口设置的效果。

（a）不设置视口的显示效果（Nexus 4）

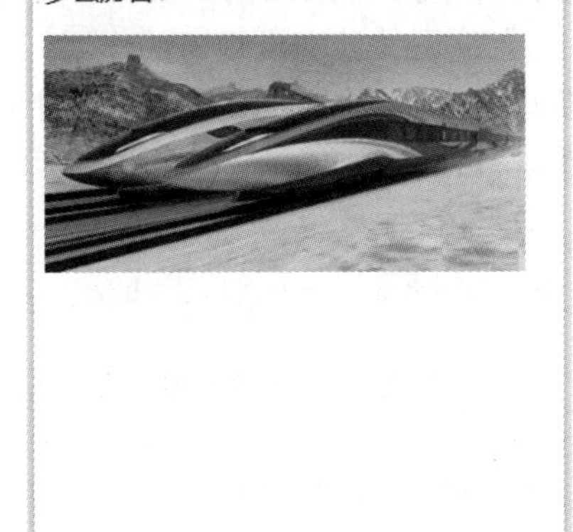

（b）设置了视口的显示效果（Nexus 4）

图 9-11　视口的作用

3. 响应式宽度

用户查看网页隐藏的内容时，习惯在设备上垂直滚动，确保内容垂直滚动需要遵循的附加规则如下。

1）不要使用宽度超过视口宽度的元素，例如，图像的宽度不要大于视口的宽度，在例 9-8 中，没有设置图像的宽度，那么使用的就是图像本身的宽度，因此需要确保图像本身的宽度小于视口宽度，才能确保不需要水平滚动网页。

2）以像素计的屏幕尺寸在设备之间变化很大，因此，不要让内容依赖于特定的视口宽度来呈现效果，应该使用相对宽度值让元素自适应屏幕宽度。例如，设置元素的 width 属性值为 100%，而不是特定单位的固定值。

3）不要给定位元素设置较大绝对值的位置偏移值，以免元素滑落到小型设备的视口之外。

4）使用媒体查询（9.2.2 节介绍）为小屏幕和大屏幕应用不同的样式。

【例 9-9】修改例 9-8，为图像元素设置自适应宽度，优化网页的显示效果。

增加图像元素样式设计代码如下。

```
<style>
    /* 图像宽度自适应 */
    img{
        width: 100%;
    }
</style>
```

9.2.2 媒体查询

媒体查询

1. 基本语法

在 CSS2 中引入了媒体查询，用于为不同类型的设备应用不同的元素样式。CSS3 扩展了 CSS2 设备的概念，在查找设备类型的同时关注设备的能力，还可以基于视觉视口的宽度和高度、设备的宽度和高度、设备的方向模式（横向或纵向），以及分辨率等为网页内容应用不同的元素样式。

媒体查询通过@media 规则规定元素样式的作用域，语法格式如下。

```
@media not|only mediatype and (mediafeature and|or|not mediafeature) {
  CSS-rule-set;
}
```

参数说明如表 9-3～表 9-5 所示。

表 9-3 @media 规则参数的逻辑值

逻 辑 值	说 明
not	逻辑非
only	唯一值，一般用于防止旧版浏览器应用指定的样式，对现代浏览器没有影响
and	逻辑与

参数都是可选的，但是如果使用 not 或 only，则必须指定设备的类型。

表 9-4 @media 规则参数的设备类型（mediatype）

类 型 值	说 明
all	所有类型的设备
print	打印机
screen	PC、平板电脑、智能手机等的屏幕
speech	大声“读出”网页内容的屏幕阅读器

表 9-5 @media 规则参数的设备特性（mediafeature）

特 性 取 值	说 明
height	定义视口的高度
max-height	定义视口的最大高度，例如浏览器窗口
min-height	定义视口的最小高度，例如浏览器窗口
width	定义视口的宽度
max-width	定义视口的最大宽度，例如浏览器窗口
min-width	定义视口的最小宽度，例如浏览器窗口
orientation	定义视口的旋转方向（横屏还是竖屏模式）
prefers-color-scheme	探测用户偏好的配色方案

【例 9-10】使用媒体查询设计一个响应式菜单，当浏览器窗口宽度大于 480px 时菜单水平排列，文字居中对齐，显示效果如图 9-12（a）所示，当浏览器窗口宽度小于等于 480px 时菜单垂直排列，文字靠左对齐，显示效果如图 9-12（b）所示。

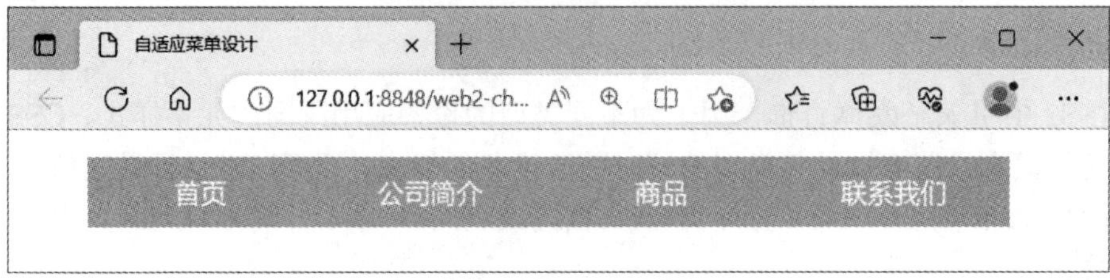

（a）菜单一行排列（显示效果）

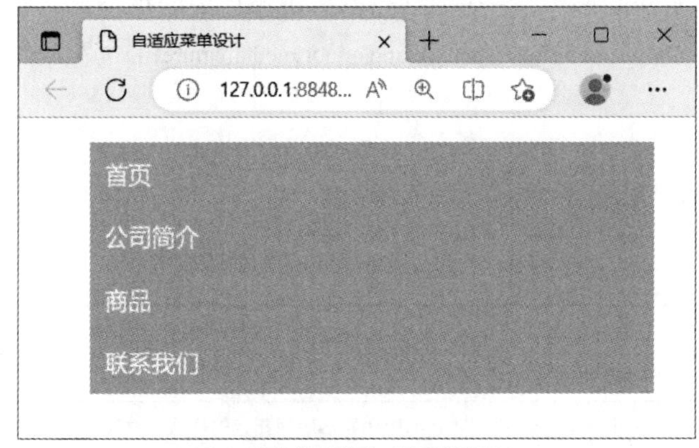

（b）菜单单列排列（显示效果）

图 9-12　响应式菜单

1）新建 HTML 文件，编写网页内容代码如下。

```
<body>
    <ul>
        <li>
            <a href="#">首页</a>
        </li>
        <li>
            <a href="#">公司简介</a>
        </li>
        <li>
            <a href="#">商品</a>
        </li>
        <li>
            <a href="#">联系我们</a>
        </li>
    </ul>
</body>
```

2）编写元素基本样式代码如下。

```
<style>
    ul {
```

```
        /*  去掉列表默认样式，不显示项目符号  */
        list-style-type: none;
    }

    a {
        /*  去掉超链接默认样式，不显示下画线，字体白色*/
        text-decoration: none;
        color: white;
    }

    li {
        /*  设置元素基本显示样式  */
        background-color: skyblue;
        padding: 10px;
    }
</style>
```

3）编写媒体查询代码如下。

```
<style>
    @media all {
        li {
            /*  设置元素左浮动  */
            float: left;
            /*  设置元素基本显示样式  */
            text-align: center;
            width: 80px;
        }
    }

    @media screen and (max-width: 480px) {
        li {
            /*  设置元素不浮动  */
            float: none;
            /*  设置元素基本显示样式  */
            width: 80%;
            text-align: left;
        }
    }
</style>
```

4）编写视口代码如下。

```
<meta name="viewport" content="width=device-width, initial-scale=1.0">
```

媒体查询代码同样遵循样式优先级的基本规范，如遵循样式的层叠性，所以本例中媒体查询代码的放置位置需要特别引起注意，放在不同的位置网页的显示效果完全不同。

@media all 规则等价于不设置媒体查询，可以省略，不写规则名。本书前面定义的元素样式规则都是@media all 规则。

2. 外部引用

媒体查询代码也可以写在单独的 CSS 文件中，通过 link 元素引用到网页中，并在 link 元素中通过 media 属性设置@media 规则。

【例 9-11】修改例 9-10，将媒体查询代码写到一个名为“smallscreen.css”的样式文件中，在网页中引用样式文件，实现与例 9-10 同样的效果。

1）创建名为 smallscreen.css 的样式文件，编写媒体查询代码如下。

```
li {
        /* 设置元素不浮动 */
        float: none;
        /* 设置元素基本显示样式 */
        width: 80%;
        text-align: left;
}
```

2）复制例 9-10 的 HTML 文件，去掉其中小于 480px 的媒体查询代码。

3）在 HTML 文件的 head 元素中添加 link 元素，引用样式文件到网页中，代码如下。

```
<link rel="stylesheet" media="screen and (max-width: 480px)" href="smallscreen.css">
```

9.2.3 网格视图

网格视图

网格视图（grid-view）将网页分割为若干列，网页内容基于列分配网页空间。通常将网页分隔为 12 列，1 列对应网页总宽的 8.33%，2 列对应 16.66%，以此类推，12 列对应 100%（99.96%），也即网页总宽度。

【例 9-12】编码实现图 9-13 所示的网格视图布局结构。

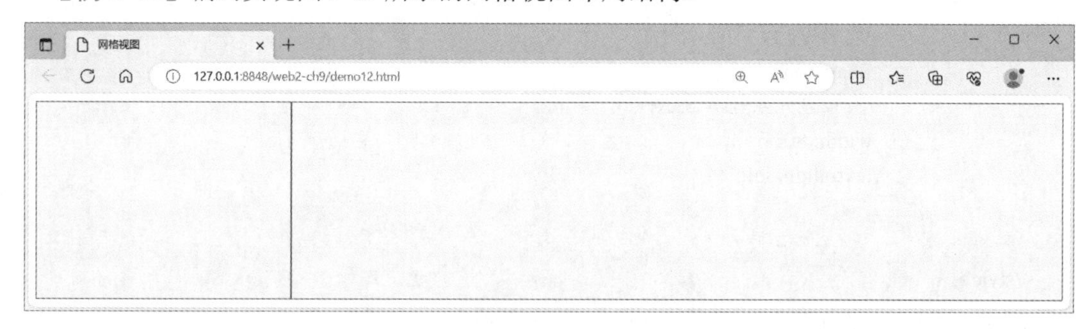

图 9-13 基于网格视图的布局

1）新建 HTML 文件，编写网页内容代码如下。

```
<body>
        <div class="row">
                <!-- 菜单项占 3 列 -->
                <div class="col-3"></div>
                <!-- 内容项占 9 列 -->
```

```
        <div class="col-9"></div>
    </div>
</body>
```

2）设置元素基本样式代码如下。

```
<style>
    /* 设置网格视图所有列的样式 */
    [class*="col-"] {
        height: 200px;
        background-color: azure;
        /* 设置元素框模型尺寸计算模式，方便元素对齐 */
        box-sizing: border-box;
        border: 1px solid black;
    }
</style>
```

3）网格视图分隔为 12 列，对应创建 12 个类样式，使用“col-数字”的方式命名类名，其中的数字定义样式跨越的列数，代码如下。

```
<style>
    /* 设置每一类网格的宽度占比 */
    .col-1 {width: 8.33%;}
    .col-2 {width: 16.66%;}
    .col-3 {width: 25%;}
    .col-4 {width: 33.33%;}
    .col-5 {width: 41.66%;}
    .col-6 {width: 50%;}
    .col-7 {width: 58.33%;}
    .col-8 {width: 66.66%;}
    .col-9 {width: 75%;}
    .col-10 {width: 83.33%;}
    .col-11 {width: 91.66%;}
    .col-12 {width: 100%;}
</style>
```

4）设置元素浮动与浮动清除，代码如下。

```
<style>
    /* 设置所有网格左浮动模式 */
    [class*="col-"] {
      float: left;
    }

    /* 清除浮动 */
    .row::after {
      content: "";
      clear: both;
      display: block;
    }
</style>
```

9.2.4 任务实现

任务 9.2 实现

1．项目创建与资源准备

新建 HTML 项目，在项目 img 目录下准备名字为“中秋节.png”的图像素材。

2．HTML 内容设计

新建 HTML 文件，编写内容结构代码如下。

```
<body>
    <div class="header">
        <h1>中国四大传统节日</h1>
    </div>
    <div class="row">
        <!-- 左侧导航菜单 -->
        <div class="col-3 col-s-4 menu">
            <ul>
                <li>春节</li>
                <li>清明节</li>
                <li>端午节</li>
                <li>中秋节</li>
            </ul>
        </div>
        <!-- 中间内容显示 -->
        <div class="col-6 col-s-8">
            <h1>中秋节</h1>
            <p class="p">
                中秋节又称月夕、秋节、祭月节、仲秋节、拜月节、团圆节等……
            </p>
            <img src="img/中秋节.png" class="img">
        </div>
        <!-- 右侧诗词显示 -->
        <div class="col-3">
            <div class="aside">
                <h2>望月怀远</h2>
                <p>[唐]张九龄</p>
                <p>海上生明月，天涯共此时。<br>
                    情人怨遥夜，竟夕起相思。<br>
                    灭烛怜光满，披衣觉露滋。<br>
                    不堪盈手赠，还寝梦佳期。
                </p>
                <h2>太常引・建康中秋夜为吕叔潜赋</h2>
                <p>[宋]辛弃疾</p>
                <p>一轮秋影转金波，飞镜又重磨。<br>
                    把酒问姮娥：被白发、欺人奈何！<br>
                    乘风好去，长空万里，直下看山河。<br>
```

```
                    斫去桂婆娑，人道是，清光更多！
                </p>
            </div>
        </div>
    </div>
    <div class="footer">
        <p>传统文化介绍网</p>
    </div>
</body>
```

3. CSS 样式设计

1）设计元素基本样式，代码如下。

```
<style>
    /* 设置元素框模型尺寸计算模式，方便元素对齐 */
    * {
        box-sizing: border-box;
    }

    /* 设置页眉样式 */
    .header {
        background-color: #9933cc;
        color: #ffffff;
        padding: 10px;
    }

    /* 设置页脚样式 */
    .footer {
        background-color: #9933cc;
        color: #ffffff;
        text-align: center;
        font-size: 12px;
        padding: 10px;
    }

    /*设置菜单样式 */
    .menu ul {
        list-style-type: none;
        margin: 0;
        padding: 0;
    }

    /* 设置菜单项样式 */
    .menu li {
        padding: 8px;
        margin-bottom: 7px;
        background-color: #33b5e5;
        color: #ffffff;
```

```
    }

    /* 设置中间内容的样式 */
    .p{
        text-align: justify;
        text-indent: 2em;
    }

    /* 设置右侧诗词的样式 */
    .aside {
        background-color: #33b5e5;
        padding: 15px;
        color: #ffffff;
        text-align: center;
        font-size: 14px;
    }

    /* 设置网格视图所有列的基本样式 */
    [class*="col-"] {
        padding: 15px;
    }
</style>
```

2）结合媒体查询设计网格视图样式，代码如下。

```
<style>
    /* 针对所有设备，因为有媒体查询样式定义，所以实际仅对移动设备和宽度小于 600px 的 PC 有效 */
    [class*="col-"] {
        width: 100%;
    }

    /* 针对宽度大于 600px，小于 768px 的平板 */
    @media only screen and (min-width: 600px) {
        .col-s-1 {width: 8.33%;}
        .col-s-2 {width: 16.66%;}
        .col-s-3 {width: 25%;}
        .col-s-4 {width: 33.33%;}
        .col-s-5 {width: 41.66%;}
        .col-s-6 {width: 50%;}
        .col-s-7 {width: 58.33%;}
        .col-s-8 {width: 66.66%;}
        .col-s-9 {width: 75%;}
        .col-s-10 {width: 83.33%;}
        .col-s-11 {width: 91.66%;}
        .col-s-12 {width: 100%;}
    }

    /* 针对宽度大于 768px 的 PC */
    @media only screen and (min-width: 768px) {
```

```
        .col-1 {width: 8.33%;}
        .col-2 {width: 16.66%;}
        .col-3 {width: 25%;}
        .col-4 {width: 33.33%;}
        .col-5 {width: 41.66%;}
        .col-6 {width: 50%;}
        .col-7 {width: 58.33%;}
        .col-8 {width: 66.66%;}
        .col-9 {width: 75%;}
        .col-10 {width: 83.33%;}
        .col-11 {width: 91.66%;}
        .col-12 {width: 100%;}
    }
</style>
```

3）设计元素浮动与清除浮动样式代码如下。

```
<style>
    [class*="col-"] {
        float: left;
    }

    /* 清除浮动 */
    .row::after {
        content: "";
        clear: both;
        display: block;
    }
<style>
```

4）定义图像元素的自适应样式，当浏览器窗口大小调整时使图像元素自适应视口宽度，呈现更为友好的显示效果，真正实现响应式布局，代码如下。

```
<style>
    /* 设置中间图像的自适应的宽度样式 */
    .img{
        width: 100%;
    }
</style>
```

5）编写网页视口代码如下。

```
<meta name="viewport" content="width=device-width, initial-scale=1.0">
```

4. 项目运行测试

（1）内容测试

编写完 HTML 内容代码后保存网页，查看内容显示是否完整和正确。

（2）按步骤测试样式

依据样式设计的步骤分别保存网页，观察样式的设计效果，掌握响应式布局的设计要点。

任务 9.3 设计弹性布局

设计弹性布局

完善任务 9.1，在浮动布局中添加如下内容。

1）在页眉区设计菜单，并使用弹性布局调整菜单项之间的间隔，使菜单项之间的间隔相等。

2）在内容区设计两行内容，内容自适应容器宽度，分别占比 40%和 60%。

设计完成的网页显示效果如图 9-14 所示。

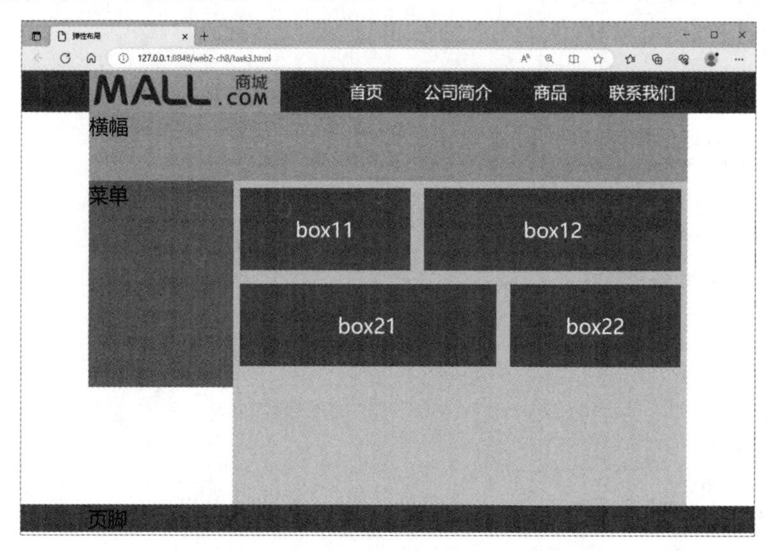

图 9-14　弹性布局（网页显示效果）

弹性布局相关概念

9.3.1　弹性布局相关概念

W3C 于 2009 年提出了全新的弹性布局（flexible box）方案，可以简便、完整、响应式地实现各种网页布局，目前已经得到了所有浏览器的支持。弹性布局为元素框模型提供了最大的灵活性，任何一个元素都可以指定为弹性布局，定义语法如下。

```
display:flex; 或 display: inline-flex;（针对内联元素）
```

使用弹性布局的元素称为 Flex 容器（flex container），简称“容器”。其所有子元素自动成为容器成员，称为 Flex 项目（flex item），简称“项目”。为容器设置弹性布局以后，项目的 float、clear 和 vertical-align 属性都不再有效。

容器默认有两根轴，即水平主轴（main axis）和垂直交叉轴（cross axis）。水平主轴开始位置与容器边框的交点叫作主轴起点（main start），结束位置与容器边框的交点叫作主轴终点（main end）；交叉轴开始位置与容器边框的交点叫作交叉轴起点（cross start），结束位置与容器边框的交点叫作交叉轴终点（cross end）。

项目默认沿主轴排列。单个项目沿主轴占据的空间叫作主轴空间（main size），沿交叉轴占据的空间叫作交叉轴空间（cross size）。

弹性布局相关概念的含义如图 9-15 所示。

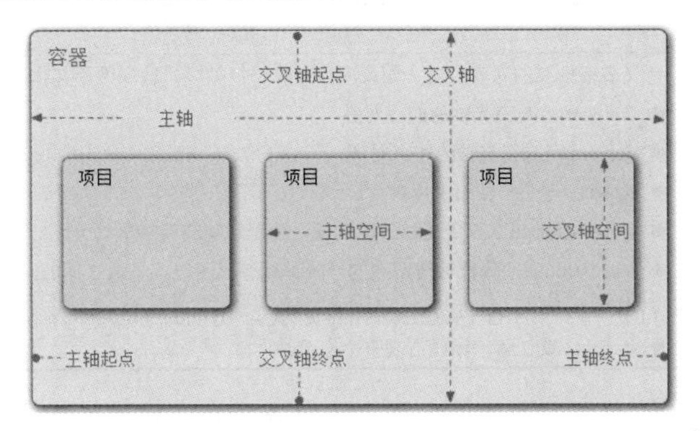

图 9-15　弹性布局相关概念图示

9.3.2　容器属性

容器属性

容器是弹性布局的基础，与容器相关的属性如表 9-6 所示。

表 9-6　容器属性

属 性 名	说　明
flex-direction	定义主轴的方向（即项目的排列方向），取值说明如下。 ● row：主轴为水平方向，起点在左端，默认值 ● row-reverse：主轴为水平方向，起点在右端 ● column：主轴为垂直方向，起点在上沿 ● column-reverse：主轴为垂直方向，起点在下沿
flex-wrap	默认情况下，项目都排在被称为“轴线”的一条线上。如果一条轴线排不下，使用 flex-wrap 属性定义如何换行，取值说明如下。 ● nowrap（默认）：不换行 ● wrap：换行，第一行在上方 ● wrap-reverse：换行，第一行在下方
flex-flow	是 flex-direction 属性和 flex-wrap 属性的简写形式，默认值为 row nowrap
justify-content	定义项目在主轴的对齐方式，有 5 种取值，说明如下。 ● flex-start（默认值）：与主轴起点对齐 ● flex-end：与主轴终点对齐 ● center：与主轴的中点对齐 ● space-between：与主轴的两端对齐，且项目之间的间隔相等 ● space-around：每个项目两侧的间隔相等，项目之间的间隔与项目与边框之间的间隔不同
align-items	定义项目在交叉轴的对齐方式，有 5 种取值，取值说明如下。 ● flex-start：与交叉轴的起点对齐 ● flex-end：与交叉轴的终点对齐 ● center：与交叉轴的中点对齐 ● baseline: 与项目第一行的文字基线对齐 ● stretch：默认值，如果项目未设置高度或高度设置为 auto，将占满容器的高度

续表

属性名	说明
align-content	定义多根轴线的对齐方式（如果项目只有一根轴线，该属性不起作用），属性取值说明如下。 ● flex-start：与交叉轴的起点对齐 ● flex-end：与交叉轴的终点对齐 ● center：与交叉轴的中点对齐 ● space-between：与交叉轴两端对齐，轴线之间的间隔平均分配 ● space-around：每根轴线两侧的间隔都相等。所以，轴线之间的间隔跟轴线与边框之间的间隔不同 ● stretch：默认值，轴线占满整个交叉轴

【例 9-13】使用弹性布局容器属性水平方向对齐元素。要求元素两端与容器对齐，元素之间的间隔大小相等，且自适应视口宽度，网页显示效果如图 9-16 所示。

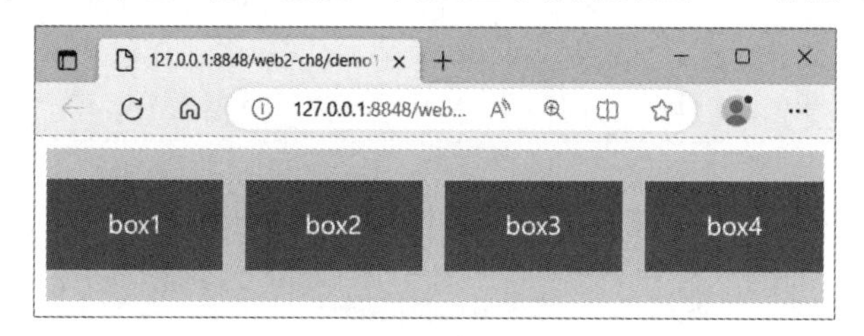

图 9-16　使用弹性布局水平方向对齐元素（网页显示效果）

1）新建 HTML 文件，编写网页内容代码如下。

```
<body>
    <div class="content">
        <div class="box">box1</div>
        <div class="box">box2</div>
        <div class="box">box3</div>
        <div class="box">box4</div>
    </div>
</body>
```

2）编写元素基本样式代码如下。

```
<style>
    .content {
        background-color: gainsboro;
        padding: 20px 0;
    }

    .box{
        width: 120px;
        /* 设置内容水平居中对齐 */
        text-align: center;
        /* 设置段落行高与元素高度一致,内容垂直居中 */
        height: 60px;
        line-height: 60px;
        /* 设置元素文字颜色与背景色*/
```

```
            color: white;
            background-color: royalblue;
        }
    </style>
```

3）设计弹性布局代码如下。

```
    <style>
        .content {
            /* 设置元素弹性布局 */
            display: flex;
            /* 设置项目在主轴的对齐方式 */
            justify-content: space-between;
        }
    </style>
```

9.3.3　项目属性

项目属性

项目是容器的内容，通过为项目设置属性，可以进一步增加弹性布局的灵活性，项目属性如表 9-7 所示。

表 9-7　项目属性

属 性 名	说　明
order	定义项目的排列顺序。数值越小，排列越靠前，默认值为 0，表示按项目在 HTML 内容中的显示顺序排列
flex-grow	定义项目的放大比例，取值说明如下。 ● 默认值为 0，表示即使容器存在剩余空间，项目也不放大 ● 若所有项目的 flex-grow 属性都设置为 1，则项目将等分容器的剩余空间 ● 若项目的 flex-grow 属性取值各不相同，则项目将按比例占用容器的剩余空间。例如，设置某个项目的 flex-grow 属性值为 2，设置其他项目的 flex-grow 属性值为 1，则 flex-grow 属性值为 2 的项目占用的容器剩余空间是其他单个项目占用的容器剩余空间的 2 倍
flex-shrink	定义项目的缩小比例，负值对该属性无效，取值说明如下。 ● 默认为 1，如果容器空间不足，则项目将自动缩小 ● 若所有项目的 flex-shrink 属性值都为 1，当容器空间不足时，项目将等比例缩小 ● 若某个项目的 flex-shrink 属性值为 0，其他项目的 flex-shrink 属性值不为 0，则当容器空间不足时，flex-shrink 属性值为 0 的项目不缩小，其他项目等比例缩小
flex-basis	定义在分配容器的剩余空间前，项目占据的主轴空间。浏览器将根据这个属性的取值计算主轴是否有多余空间，取值说明如下。 ● 默认值为 auto，项目在容器中占据元素框模型本身的空间 ● 设为固定值，项目在容器中占据固定值指定的空间
flex	是 flex-grow、flex-shrink 和 flex-basis 属性的简写，因为浏览器会推算相关值，建议优先使用这个属性，而不是写 3 个单独的属性。取值说明如下。 ● 默认值为（0 1 auto） ● 有两个快捷值：auto (表示 1 1 auto) 和 none (表示 0 0 auto)
align-self	设置项目的对齐方式。允许单个设置项目的对齐方式，设置后将覆盖 align-items 属性的设置。属性有 6 种取值（auto | flex-start | flex-end | center | baseline | stretch），取值含义与容器属性 align-items 一样。默认值为 auto，表示继承父元素的 align-items 属性；如果没有父元素，就等同于 stretch 取值

【例 9-14】使用弹性布局修改用户登录界面的设计，使 input 元素自适应视觉视口的宽度，网页显示效果如图 9-17 所示。

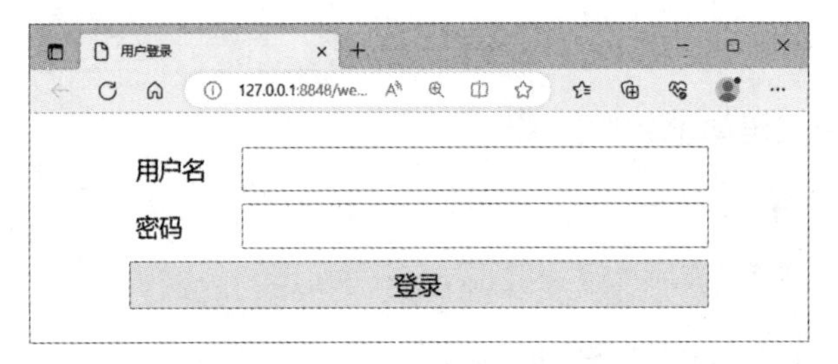

图 9-17　使用弹性布局设计用户登录界面（网页显示效果）

1）新建 HTML 文件，编写网页内容代码如下。

```
<body>
    <form method="get">
        <div class="form-row">
            <label for="name">用户名</label>
            <input type="text" id="name" />
        </div>
        <div class="form-row">
            <label for="password">密码</label>
            <input type="text" id="password" />
        </div>
        <div class="form-row">
            <input type="submit" value="登录">
        </div>
    </form>
</body>
```

2）编写元素基本样式代码如下。

```
<style>
    * {
        font-size: 20px;
        padding: 5px;
    }

    .form-row {
        /* 设置元素水平居中对齐 */
        width: 80%;
        margin: auto;
    }

    .form-row label {
        /* 将元素转换为行内块元素 */
        display: inline-block;
        /* 设置元素宽度 60px，右内边距 10px */
        width: 80px;
        padding-right: 10px;
```

```
    }
</style>
```

3）设计弹性布局代码如下。

```
<style>
    .form-row {
        /* 设置元素弹性布局 */
        display: flex;
    }

    .form-row input {
        /* 设置弹性布局剩余空间分配方式，等价于 flex-grow: 1; */
        flex: 1;
    }
</style>
```

【例 9-15】使用弹性布局设计网页内容布局，使内容自适应视觉视口宽度，分别占比 40% 和 60%，网页显示效果如图 9-18 所示。

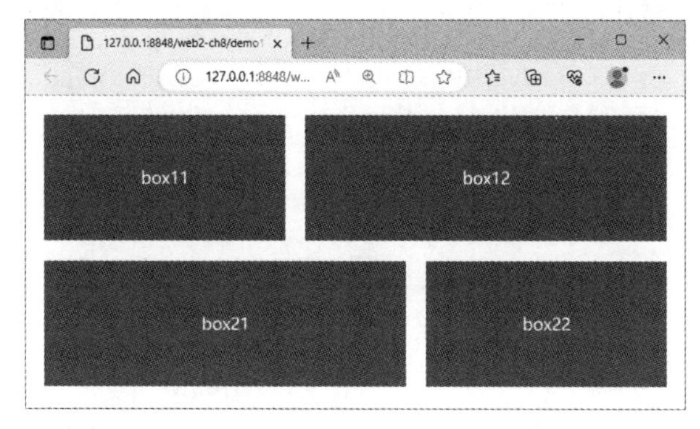

图 9-18　基于弹性布局的网页内容布局设计（网页显示效果）

1）新建 HTML 文件，编写网页内容代码如下。

```
<body>
    <div class="content">
        <div class="box-2">box11</div>
        <div class="box-3">box12</div>
    </div>
    <div class="content">
        <div class="box-3">box21</div>
        <div class="box-2">box22</div>
    </div>
</body>
```

2）编写元素基本样式代码如下。

```
<style>
    .box1,.box2 {
        /* 设置段落行高与元素高度一致,内容垂直居中 */
        height: 120px;
        line-height: 120px;
        /* 设置内容水平居中对齐 */
```

```
            text-align: center;
            /* 设置元素文字颜色与背景色*/
            color: white;
            background-color: royalblue;
            margin: 10px;
        }
</style>
```

3）设计弹性布局代码如下。

```
<style>
    /* 设置容器弹性布局 */
    .content {
        display: flex;
    }
    /* 设置项目的缩放比，2/(2+3)=40% */
    .box-2 {
        flex: 2;
    }
    /* 设置项目的缩放比，3/(2+3)=60% */
    .box-3{
        flex: 3;
    }
</style>
```

9.3.4 任务实现

任务 9.3 实现

1．项目创建与资源准备

复制任务 9.1 HTML 项目，在项目 img 目录下准备名字为“商城.png”的图像素材。

2．HTML 内容设计

修改 HTML 文件内容结构代码如下。

```
<body>
    <div class="top">
        <div class="inner">
            <!-- 商城 logo -->
            <div class="logo"></div>
            <!-- 菜单项设计 -->
            <ul>
                <li><a href="#">首页</a>   </li>
                <li><a href="#">公司简介</a></li>
                <li><a href="#">商品</a></li>
                <li><a href="#">联系我们</a></li>
            </ul>
        </div>
    </div>
    <div class="box">
        <div class="banner">横幅</div>
        <div class="main">
```

```
                <div class="left">菜单</div>
                <div class="right ">
                    <!-- 内容设计 -->
                    <div class="content">
                        <div class="box-2">box11</div>
                        <div class="box-3">box12</div>
                    </div>
                    <div class="content">
                        <div class="box-3">box21</div>
                        <div class="box-2">box22</div>
                    </div>
                </div>
            </div>
        </div>
        <div class="footer">
            <div class="inner">页脚</div>
        </div>
</body>
```

3. CSS 样式设计

1）保留任务 9.1 的浮动布局样式设计代码。

2）将例 9-15 的样式设计代码复制过来。

3）参考例 9-10 设计菜单项基本样式，代码如下。

```
<style>
    ul {
        /* 去掉列表默认样式，不显示项目符号 */
        list-style-type: none;
    }

    a {
        /* 去掉超链接默认样式，不显示下画线，字体白色*/
        text-decoration: none;
        color: white;
    }

    li {
        /* 设置元素对齐与边距样式 */
        text-align: center;
        padding: 10px;
    }

    .logo {
        /* 设置 logo 的图像 */
        height: 60px;
        width: 290px;
        background: url("img/商城.png");
        /* 设置不透明度，使图像与背景色更为协调 */
        opacity: 0.6;
    }
<style>
```

4）设计菜单项弹性布局，样式代码如下。

```
<style>
    .inner {
        display: flex;
    }

    ul {
        /* 自适应容器宽度 */
        flex: 1;
        /* 设置弹性布局容器 */
        display: flex;

    }

    li {
        /* 自适应容器宽度 */
        flex: 1;
    }
</style>
```

模块小结 9

模块 9 小结

本模块全面讲解了 float、clear、弹性布局相关属性的用法，介绍了视口、媒体查询、网格视图的概念和语法，给出了一些典型的网页布局设计方法，知识点总结如图 9-19 所示。

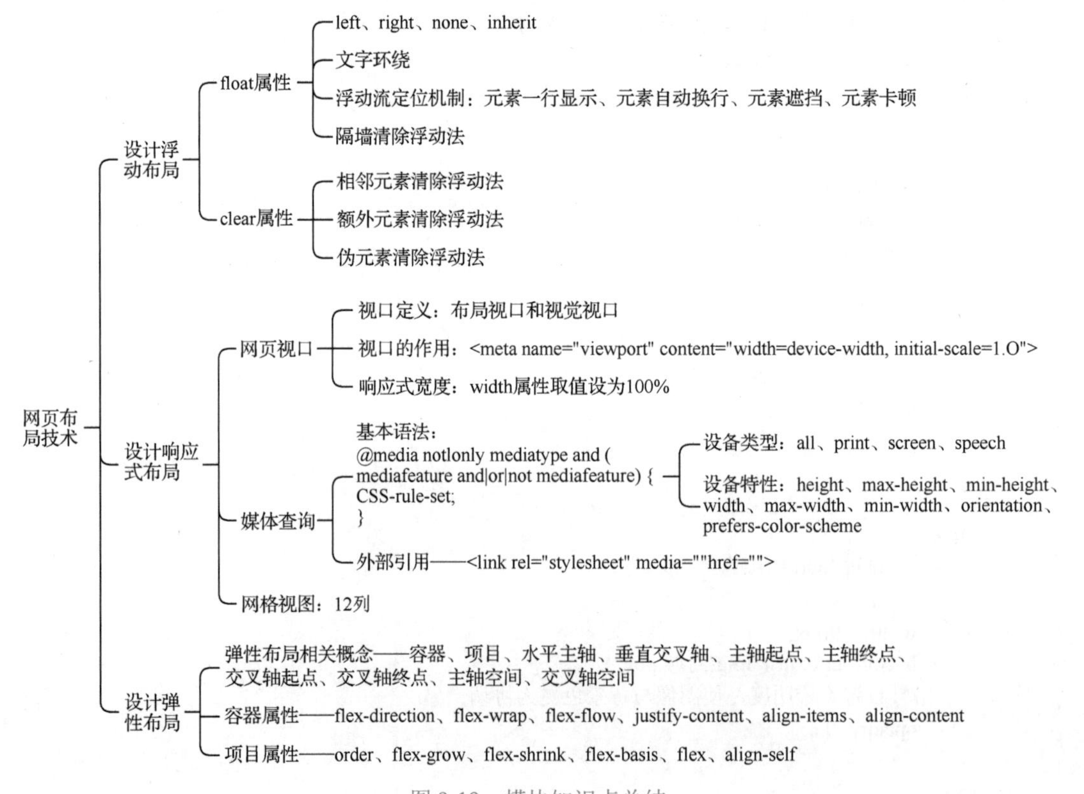

图 9-19　模块知识点总结

随堂测试 9

1．以下哪个不是 float 属性的取值？（　　）

A．left　　B．center　　C．right　　D．none

2．以下哪个不是 clear 属性的取值？（　　）

A．left　　B．center　　C．right　　D．both

3．以下关于布局的说法哪个是正确的？（　　）

A．弹性布局可以实现自适应布局，浮动布局不能

B．通过将 display 属性值设为 flex 定义元素的弹性布局

C．在元素弹性布局中，flex 属性值必须设置

D．在弹性布局中，元素默认换行

4．以下关于清除浮动的说法哪个是正确的？（　　）

A．只能使用 clear 属性清除浮动影响

B．使用隔墙法清除浮动时父元素的高度必须与浮动元素一样

C．伪元素清除浮动法是额外元素清除浮动法的一种应用

D．使用 clear 属性清除浮动时，必须将 clear 属性设置在待清除浮动影响的元素上

5．将 justify-content 属性设置为以下哪个值可以使元素分散对齐？（　　）

A．center　　B．justify　　C．space-between　　D．space-around

6．在弹性布局中，以下哪个不是容器的属性？（　　）

A．justify-content　　B．align-items　　C．flex　　D．flex-wrap

7．在弹性布局中，以下哪个不是项目的属性？（　　）

A．order　　B．flex　　C．align-self　　D．align-items

8．以下关于 flex 属性的说法哪一个是正确的？（　　）

A．flex 属性用于指定弹性布局的项目如何分配容器的空间

B．flex 属性应该设置在弹性布局的容器元素上

C．设置 flex 属性的值为 1 没有意义

D．flex 属性用于设置元素的固定位置

课后实践 9

1．用浮动修改课后实践 7 中设计的网站主菜单布局。

2．编码实现图 9-7 所示的元素浮动效果。

3．参考任务 9.2，将自己的网站设计为响应式布局。

4．用弹性布局美化课后实践 3 中创建的用户注册网页。

模块 10
网站设计综合实训

本模块综合应用各模块知识，仿照华为官网首页设计一个网页，从而掌握前端设计的基本思路和方法。

任务 10.1 设计网页布局

10.1.1 布局分析

打开华为官网首页查看并分析网页布局，华为首页采用按行布局模式，可以分为 10 个模块，模块结构如图 10-1 所示。

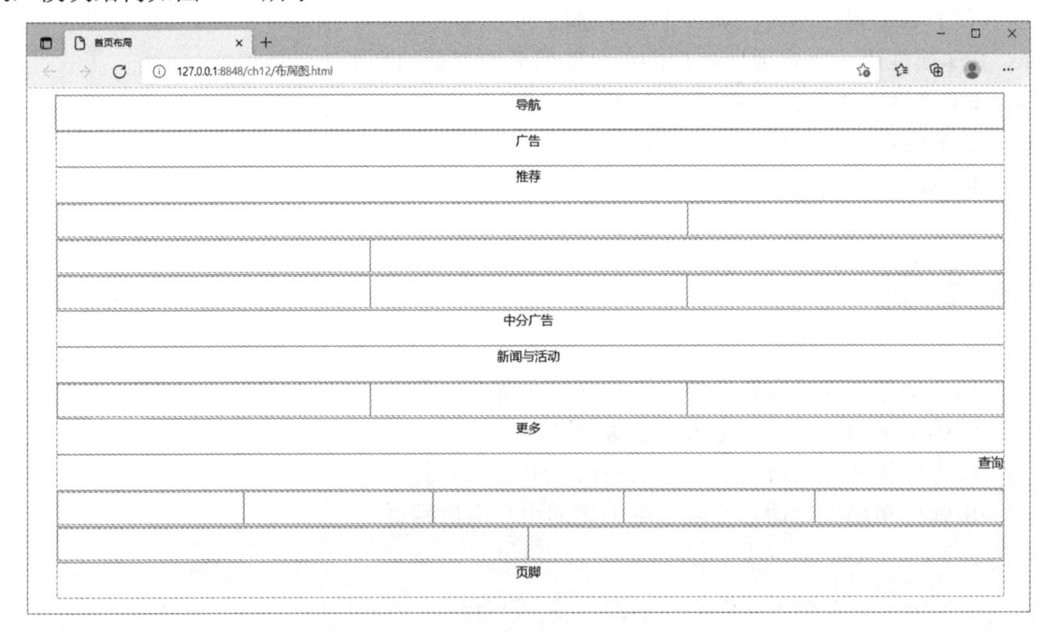

图 10-1　华为官网首页布局结构

10.1.2　布局设计

华为首页是一种有版心的设计，确定版心宽度（这里设定为 1200px）后，整体使用浮动布局，每一行根据情况使用浮动或弹性布局，可以参考任务 9.1 和 9.3 设计。

任务 10.2　设计网页菜单

10.2.1　设计顶部导航主菜单

顶部导航菜单

1. 需求分析

参考华为官网首页顶部导航主菜单，设计网页主菜单，显示效果如图 10-2 所示，版心宽度为 1200px。

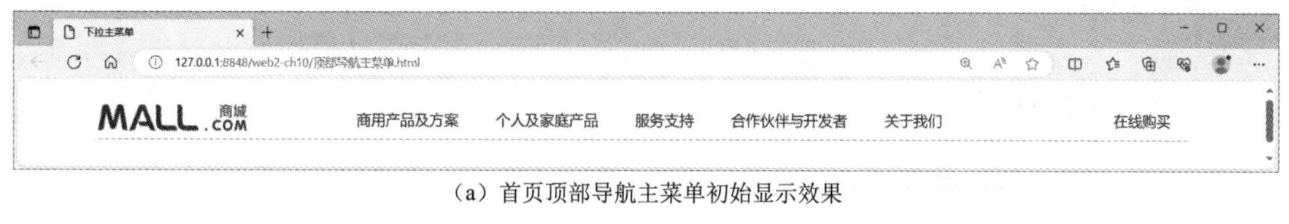

（a）首页顶部导航主菜单初始显示效果

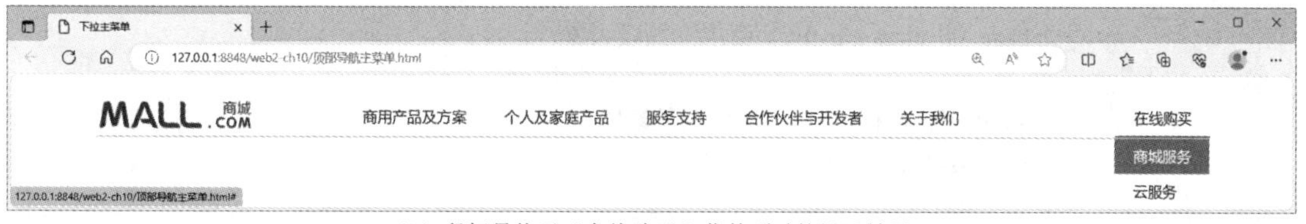

（b）鼠标悬停于“在线购买”菜单项时的显示效果

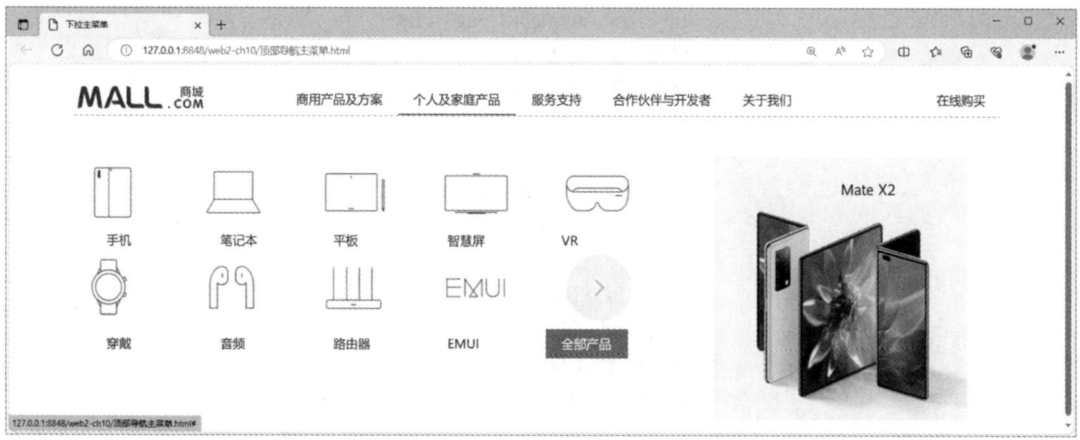

（c）鼠标悬停于“个人及家庭产品”菜单项时的显示效果

图 10-2　顶部导航主菜单

1）图 10-2（a）是菜单初始显示效果，仅显示基本菜单项。

2）图 10-2（b）是当鼠标悬停于“在线购买”菜单项时的显示效果，菜单项下面出现红色下划指示线，同时弹出了下拉菜单项。

3）图 10-2（c）是当鼠标悬停于“个人及家庭产品”菜单项时的显示效果，菜单项下面出现红色下划指示线，同时下拉显示菜单项内容。

4）公司徽标菜单项没有鼠标悬停效果。当鼠标悬停于其他菜单项时，为菜单项添加背景颜色，突出显示菜单项。

2．技术分析

1）总体使用子绝父相（黏）定位技术，确保下拉菜单项能够跟随主菜单显示。同时，主菜单位于网页顶部。

2）使用 display 属性控制子菜单项的显示与隐藏。

3．编码实施

1）新建 HTML 项目，在 img 目录下准备名字分别为“商城.png”“menu1.png”“menu2.png”“matex2-2x-cn2.jpg”的图像素材。

2）新建名为“顶部导航主菜单.html”的 HTML 文件，参考显示效果图 10-2，设计 HTML 内容代码如下。

```
<body>
    <ul class="main">
        <li>
            <img src="img/huawei_logo.png" id="head-left">
        </li>
        <li><a href="#" class="menu">商用产品及方案</a></li>
        <li>
            <a href="#" class="menu">个人及家庭产品</a>
            <ul class="dropdown">
                <li>
                    <div class="left">
                        <img src="img/menu1.png"><br>
                        <a href="#">手机</a>
                        <a href="#">笔记本</a>
                        <a href="#">平板</a>
                        <a href="#">智慧屏</a>
                        <a href="#">VR</a><br><br>
                        <img src="img/menu2.png"><br>
                        <a href="#">穿戴</a>
                        <a href="#">音频</a>
                        <a href="#">路由器</a>
                        <a href="#">EMUI</a>
                        <a href="#">全部产品</a>
                    </div>
                    <div class="right">
                        <a href="#">
                            <img src="img/matex2-2x-cn2.jpg">
                        </a>
```

```
                        </div>
                    </li>
                </ul>
            </li>
            <li><a href="#">服务支持</a></li>
            <li><a href="#">合作伙伴与开发者</a></li>
            <li><a href="#">关于我们</a></li>
            <li>
                <a href="#" class="menu">在线购买</a>
                <ul class="dropdown">
                <li><a href="#">商城服务</a></li>
                    <li><a href="#">云服务</a></li>
                </ul>
            </li>
        </ul>
</body>
```

3）设计元素基本样式，代码如下。

```
<style>
    /* 清除浏览器默认样式 */
    * {
        font-size: 0;
        margin: 0;
        padding: 0;
    }

    /* 设置左上角公司图标的样式 */
    #head-left {
        width: 177px;
    }

    /* 定义 a 元素的样式 */
    a {
        display: inline-block;
        padding: 8px 20px;
        color: #333;
        text-decoration: none;
        font-size: 16px;
    }

    /* 定义 a 元素的鼠标悬停样式 */
    a:hover {
        color: #fff;
        background: #bfbfbf;
    }

    /* 定义菜单样式 */
    ul {
```

```
        list-style: none;
    }

    /* 设置菜单总体样式 */
    .main {
        /* 设置版心与水平居中 */
        width: 1200px;
        margin: 0 auto;
        height: 40px;
        box-sizing: border-box;
        /* 设置菜单底部水平线 */
        border-bottom: 1px solid darkgrey;
        /* 为菜单加背景色，避免菜单透明 */
        background-color: white;
    }

    /* 定义菜单项左浮动，一行显示 */
    .main>li {
        float: left;
    }

    /* 定义第 2 个菜单项的左边距 */
    .main>li:nth-child(2) {
        margin-left: 90px;
    }

    /* 定义最后一个菜单项右浮动，右对齐 */
    .main>li:last-child {
        float: right;
    }

    /* 定义鼠标悬停菜单项时底部显示红色线条 */
    .main>li:hover {
        box-sizing: border-box;
        border-bottom: 2px solid red;
    }

    /* 定义鼠标悬停公司徽标菜单项时底部线条透明不显示 */
    .main>li:first-child:hover {
        border-bottom: 2px solid transparent;
    }
</style>
```

4）设计下拉菜单的样式，代码如下。

```
<style>
    /* 定义下拉菜单的样式，初始不显示*/
    ul.dropdown {
```

```
        display: none;
    }

    /*  鼠标悬停显示下拉菜单项 */
    ul li:hover ul.dropdown {
        background: white;
        padding: 22px;
        display: block;
    }
</style>
```

5）设计个人及家庭产品下拉菜单项的样式，代码如下。

```
<style>
    /*  个人及家庭产品下拉菜单的左侧内容的基本样式*/
    .left {
        margin: 40px 40px 10px 10px;
        float: left;
    }

    /*  个人及家庭产品下拉菜单的左侧内容的图像样式 */
    .left img {
        width: 700px;
    }

    /*  个人及家庭产品下拉菜单的左侧内容的 a 元素样式 */
    .left a {
        display: inline-block;
        width: 107px;
    }

    /*  个人及家庭产品下拉菜单的右侧内容的样式 */
    .right {
        float: right;
        margin: 20px 10px 10px 10px;
    }

    /*  个人及家庭产品下拉菜单的右侧内容的图像样式 */
    .right img {
        width: 330px;
    }
</style>
```

6）设计菜单的子绝父相（黏）定位，代码如下。

```
<style>
    /*  定义父菜单项黏性定位 */
    .main {
        position: sticky;
        top: 25px;
```

```
    }

    /*定义子菜单项绝对定位 */
    .dropdown {
        position: absolute;
        left: 0;
        top: 40px;
    }

    /* 定义最后一个菜单项绝对定位的位置偏移 */
    .main>li:last-child ul.dropdown {
        left: 1095px;
        padding: 0;
    }
</style>
```

10.2.2　设计侧边帮助菜单

设计侧边帮助菜单

1．需求分析

参考华为官网首页帮助菜单设计网页帮助菜单，显示效果如图 10-3 所示。

1）网页版心宽度 1200px，帮助菜单位于浏览器窗口的右侧上下居中位置，如图 10-3（a）所示。

2）帮助菜单是一种弹出式菜单，当鼠标悬停于帮助菜单上时，弹出帮助菜单项，显示图 10-3（b）所示的 4 类帮助。

3）将鼠标进一步悬停于帮助菜单项的按钮时，按钮添加红色背景效果，如图 10-3（b）第 2 个帮助菜单按钮“智能客服”所示。进一步悬停于信息查找项时，大于号右移产生动画效果，增加网页的交互效果。

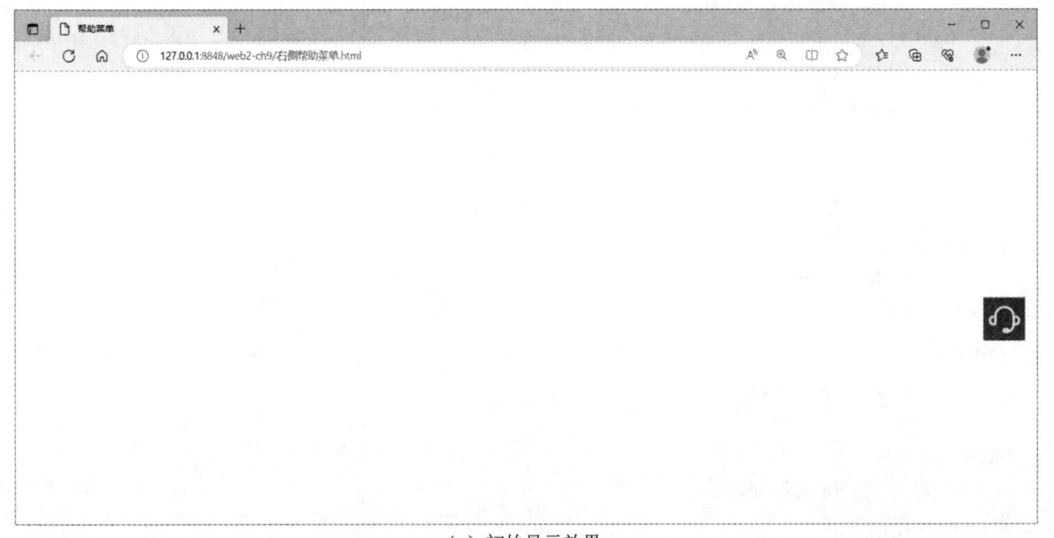

（a）初始显示效果

图 10-3　帮助菜单

（b）鼠标悬停于第 2 个帮助图标的显示效果

图 10-3 帮助菜单（续）

2. 技术分析

1）使用 display 属性控制弹出菜单的弹出（显示）与收回（隐藏）。

2）帮助菜单图标和帮助菜单均使用固定定位，显示在浏览器窗口的指定位置。

3）大于号右移是相对于自身的移动，使用相对定位进行位置移动。

4）4 类帮助分别放在 4 个 div 元素里，使用弹性布局均等分空间。

3. 编码实现

1）新建 HTML 项目，在 img 目录下准备名字分别为“帮助图标.jpg”“popup-icon1.png”“popup-icon2.png”“popup-icon3.png”“popup-icon4.png”的图像素材。

2）新建名为“右侧帮助菜单.html”的 HTML 文件，参考显示效果图 10-3，设计 HTML 内容代码如下。

```
<body>
    <div id="help">
        <img src="img/帮助图标.jpg" id="help-img">
        <div id="help-menu">
            <h1>在线客服</h1>
            <div id="menu-item">
                <!-- 第 1 列 -->
                <div class="item">
                    <img src="img/popup-icon1.png" >
                    <h3>个人及家庭产品</h3>
                    <p>热线：950800（7*24 小时）</p>
                    <p class="ph">
                        <a href="#">查找零售店</a>
                        <span class="gt">&gt;</span>
                    </p>
                    <p><a class="button" href="#">咨询客服</a></p>
                </div>
```

```
            <!-- 第 2 列 -->
            <div class="item">
                <img src="img/popup-icon2.png" >
                <h3>企业云服务</h3>
                <p>热线：4000-955-988|950808</p>
                <p class="ph">
                    <a href="#">预约售前专属顾问</a>
                    <span class="gt">&gt;</span>
                </p>
                <p><a class="button" href="#">智能客服</a></p>
            </div>
            <!-- 第 3 列 -->
            <div class="item">
                <img src="img/popup-icon3.png" >
                <h3>企业服务</h3>
                <p>热线：400-822-9999</p>
                <p class="ph">
                    <a href="#">查找经销商</a>
                    <span class="gt">&gt;</span>
                </p>
                <p><a class="button" href="#">咨询客服</a></p>
            </div>
            <!-- 第 4 列 -->
            <div class="item">
                <img src="img/popup-icon4.png" >
                <h3>运营商网络服务</h3>
                <p>热线：4008302118</p>
                <p class="ph">
                    <a href="#">技术支持中心</a>
                    <span class="gt">&gt;</span>
                </p>
                <p><a class="button" href="#">咨询客服</a></p>
            </div>
        </div>
    </div>
  </div>
</body>
```

3）设计元素基本样式，代码如下。

```
<style>
    /* 菜单容器的样式，版心宽度 1200px，内容水平居中对齐 */
    #help {
        width: 1200px;
        text-align: center;
        background-color: white;
    }

    /* 菜单项的样式，仅设置右边框 */
```

```
        .item {
            padding: 15px 10px 5px 15px;
            text-align: center;
            border-right: 1px solid #A9A9A9;
            margin: 35px 0px;
            width: 240px;
        }

        /* 去掉最后一个菜单项的（右）边框 */
        .item:last-child {
            border: none;
        }

        /* 设置菜单项图像的高度 */
        .item img {
            height: 67px;
        }

        /* 设置 a 元素的样式 */
        a {
            text-decoration: none;
            color: #333333;
        }

        /* 用 a 元素代替按钮，自定义按钮样式 */
        .button {
            display: inline-block;
            width: 110px;
            padding: 15px;
            margin: 15px 5px 5px 5px;
            border: 1px #A9A9A9 solid;
        }

        /* 大于号的样式 */
        .gt {
            color: #FF0000;
            font-size: 20px;
        }

        /*设置菜单项背景色，确保菜单项不透明*/
        #menu-item{
            background-color: white;
        }
</style>
```

4）设计菜单项弹性布局，代码如下。

```
<style>
    /* 菜单弹性布局 */
```

```
    #menu-item {
        display: flex;
    }

    .item {
        flex: 1;
    }
</style>
```

5）设计鼠标悬停时的元素样式，代码如下。

```
<style>
    /* 鼠标悬停于按钮时的按钮样式 */
    .button:hover {
        background-color: #FF0000;
        color: white;
    }

    /* 定义大于号相对定位,基于实现移动效果 */
    .gt {
        position: relative;
    }

    /* 鼠标悬停时箭头右移 8px */
    .ph:hover .gt {
        left: 8px;
    }
</style>
```

6）设计帮助菜单的显示与隐藏，代码如下。

```
<style>
    /* 帮助菜单初始不显示 */
    #help-menu {
        display: none;
    }

    /* 鼠标悬停于帮助图标时，显示帮助菜单 */
    #help:hover #help-menu {
        display: block;
    }
</style>
```

7）设计帮助图标和帮助菜单在视觉视口的位置，代码如下。

```
<style>
    /* 帮助菜单图标固定于视觉视口右侧居中的位置 */
    #help-img {
        position: fixed;
        right: 5vw;
        top: 50vh;
```

```
    }

    /* 帮助菜单固定于浏览器窗口指定位置 */
    #help {
        position: fixed;
        right: 5vw;
        top: 50px;
    }
</style>
```

任务 10.3　设计网页内容

10.3.1　设计轮播图

轮播图轮播若干张广告图像，需求与任务 8.3 类似，较任务 8.3 仅多一个功能，即在广告图像上叠加了一个“了解更多”超链接按钮，当鼠标悬停于“了解更多”超链接按钮时背景颜色变为红色，单击后可以链接到显示更多信息的网页。

轮播图整体实现可以参考任务 8.3，“了解更多”超链接按钮与轮播图位置指示一样，使用子绝父相定位中的子元素绝对定位，使其位于广告图像的指定位置，背景颜色变化效果与 10.2.2 节帮助菜单按钮的背景颜色变化实现技术一样，使用鼠标悬停伪类结合背景属性完成。

10.3.2　设计推荐信息

设计推荐信息

1. 需求分析

推荐信息显示效果如图 10-4 所示。

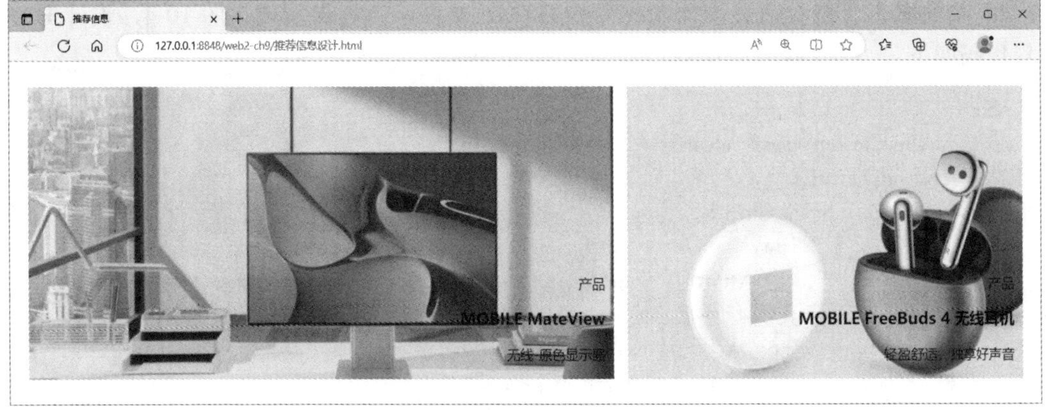

（a）初始显示效果

图 10-4　推荐信息显示效果

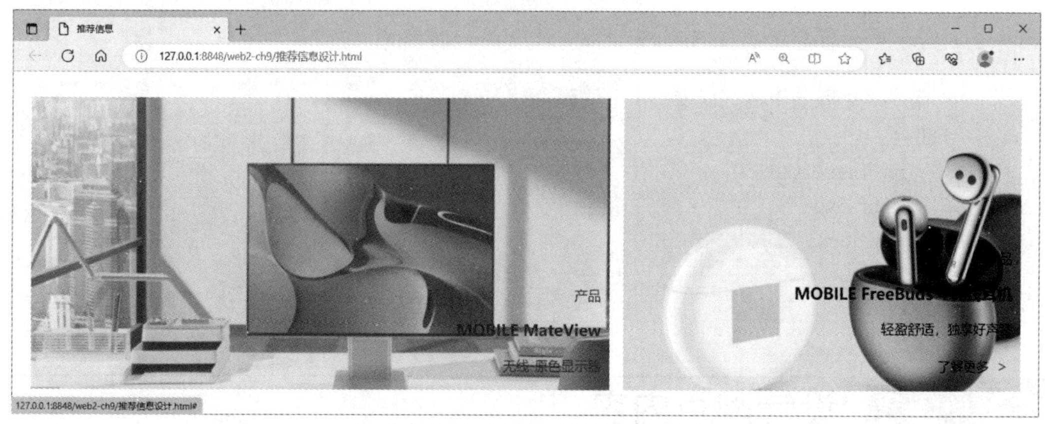

（b）鼠标悬停于第 2 张图像时的显示效果

图 10-4　推荐信息

1）网页初始显示效果如图 10-4（a）所示。

2）当鼠标悬停于图像上时，图像放大，同时显示“了解更多”超链接按钮，方便用户单击打开详情信息显示网页，显示效果如图 10-4（b）所示。

2. 技术分析

1）整体使用浮动布局，使用伪元素清除浮动。

2）图像放大与缩小的显示效果使用大小不同的背景图像实现，在视觉上产生放大与缩小的效果。因此，需要仔细计算图像的尺寸，并在绘图软件中绘制 2 幅大小不同的图像。准备好图像以后使用图像精灵技术显示图像。

3）通过修改相对定位的位置偏移值实现段落文字的上移和下移。

4）使用过渡属性实现背景图像切换和段落文字位置移动的动画效果。

3. 编码实现

1）新建 HTML 项目，在 img 目录下准备名字分别为“MateView_cn_1.jpg”“MateView_cn.jpg”“FreeBuds_4_cn_m_1.jpg”“FreeBuds_4_cn_m.jpg”的图像素材。

2）新建名为“推荐信息设计.html”的 HTML 文件，参考显示效果图 10-4，设计 HTML 内容代码如下。

```
<body>
    <div id="recom" class="clearfix">
        <div id="left">
            <div class="p">
                产品
                <h3>MOBILE MateView</h3>
                无线-原色显示器
                <p>
                    <a href="#">了解更多</a>
                    <span>&gt;</span>
                </p>
            </div>
        </div>
```

```
        <div id="right">
            <div class="p">
                产品
                <h3>MOBILE FreeBuds 4 无线耳机</h3>
                轻盈舒适，独享好声音
                <p>
                    <a href="#">了解更多</a>
                    <span>&gt;</span>
                </p>
            </div>
        </div>
    </div>
</body>
```

3）设计元素基本样式，代码如下。

```
<style>
    /* 设置推荐模块框模型尺寸，版心宽度 1200px */
    #recom {
        width: 1200px;
        margin: 30px auto;
    }

    /* 设置图像基本样式 */
    #left, #right {
        /* 不透明度 */
        opacity: 0.8;
        /* 文字样式 */
        text-align: right;
        color: black;
        padding: 10px;
        /* 文字溢出时，隐藏不显示 */
        overflow: hidden;
    }

    /* 左边图像的样式 */
    #left {
        width: 683px;
        height: 322px;
        background: url(img/MateView_cn_1.jpg);
    }

    /* 右边图像的样式 */
    #right {
        width: 460px;
        height: 322px;
        background: url(img/FreeBuds_4_cn_m_1.jpg);
    }

    /* 超链接元素的样式 */
    a {
        text-decoration: none;
```

```
        color: #000000;
    }

    /* 大于号的样式 */
    span {
        color: #FF0000;
        font-size: 18px;
    }
</style>
```

4）设计左右图像布局。这里可以用弹性布局，但是弹性布局需要严格规划图像的大小，计算也有一定的复杂度，简单起见用浮动布局实现，代码如下。

```
<style>
    /* 左边图像左浮动 */
    #left {
        float: left;
    }

    /* 右边图像右浮动 */
    #right {
        float: right;
    }

    /* 使用伪元素清除浮动 */
    .clearfix:after {
        content: "";
        display: block;
        clear: both;
    }
</style>
```

5）基于背景设计图像的动画，代码如下。

```
<style>
    /* 图像过渡动画设置 */
    #left, #right {
        transition: all 1s;
    }

    #left:hover {
        /* 背景和不透明度都发生变化，用不同大小背景图像结合背景起点设置图像放大效果 */
        background: url(img/MateView_cn.jpg) -46px -22px;
        opacity: 1;
    }

    #right:hover {
        /* 背景和不透明度都发生变化，用不同大小背景图像结合背景起点设置图像放大效果 */
        background: url(img/FreeBuds_4_cn_m.jpg) -32px -22px;
        opacity: 1;
    }
</style>
```

6）基于定位技术设计文字的动画，代码如下。

```
<style>
    .p {
        position: relative;
        top: 210px;
        transition: all 1s;
    }

    #left:hover .p,
    #right:hover .p {
        top: 165px;
    }
</style>
```

这里鉴于篇幅仅实现了网页第 1 行的推荐信息，第 2 行和第 3 行的推荐信息实现技术类似，请读者自行完成。

10.3.3　设计中分广告

中分广告采用背景与文字的组合方式，使用了按钮的背景效果，可以参考帮助菜单的按钮背景效果实现。文字内容的位置特殊，可以通过定位或设置边距值实现。

10.3.4　设计新闻与活动

新闻与活动基本布局在本书 5.1.4 节例 5-10 中已实现，内容标识可参考 7.2.1 节实现。涉及到的图像动画与推荐信息动画实现原理一样，按钮背景效果与帮助菜单按钮背景效果一样。

10.3.5　设计搜索框、链接与页脚

搜索框设计参见 7.1.3 节例 7.7，链接与页脚设计参考任务 2.3，结合浮动布局实现。

任务 10.4　总结网站设计

网站前端设计应从规划开始，首先应该规划网站首页的总体布局，包括确定是否使用版心及版心宽度。其次应注意网页模块的划分，在华为首页设计中，从大的角度分为内容和菜单两个模块，将内容模块又进一步细分为广告、推荐信息等 9 个模块，各个模块单独开发，既符合模块化设计的思想，又能方便网页的调试。最后应将模块进行整合，整合时需要注意 CSS 选择器的命名，解决冲突的一种方式是给每一个模块的选择器加模块前缀名。

网站对美观度要求较高，开始设计之前就要充分收集素材，并按总体设计要求处理素材资源的尺寸，确保素材符合总体设计要求。

附录 框架

1．frameset 元素

frameset 元素用来组织框架，通过一系列行或列（rows/cols）的值定义框架如何分割视觉视口。属性说明如附表 1 所示。

附表 1　frameset 元素的属性

属 性 名	说　明
cols	定义框架集中列的数目和各列占据的视觉视口宽度，会自动进行一定的调整，取值说明如下。 ● Pixels：像素值 ● %：百分占比 ● *：占用剩余空间
rows	定义框架集中行的数目和各行占据的视觉视口高度，会自动进行一定的调整，取值说明同 cols 属性。

frameset 元素不能与 body 元素一起使用，因此，在使用框架划分空间的 HTML 文件中不能使用 body 元素。

2．frame 元素

frame 元素定义放置在 frameset 元素中的框架，每个框架都是一个独立的 HTML 文件。frame 元素常用属性如附表 2 所示。

附表 2　frame 元素的常用属性

属 性 名	说　明
frameborder	定义在框架周围是否显示边框，取值说明如下。 ● 0：无边框 ● 1：有边框，默认值
marginheight	定义框架上方和下方的边距，取值为像素值
marginwidth	定义框架左侧和右侧的边距，取值为像素值
name	定义框架的名字

续表

属 性 名	说 明
noresize	定义是否允许调整框架的大小，默认取值为 noresize，表示不允许调整
scrolling	定义是否在框架中显示滚动条，取值说明如下。 ● yes：有滚动条 ● no：无滚动条 ● auto：由内容决定，需要时再显示。默认值
src	定义待显示在框架中的 HTML 文件的 URL

【例附 1】用框架设计一个显示效果如附图 1 所示的网页。

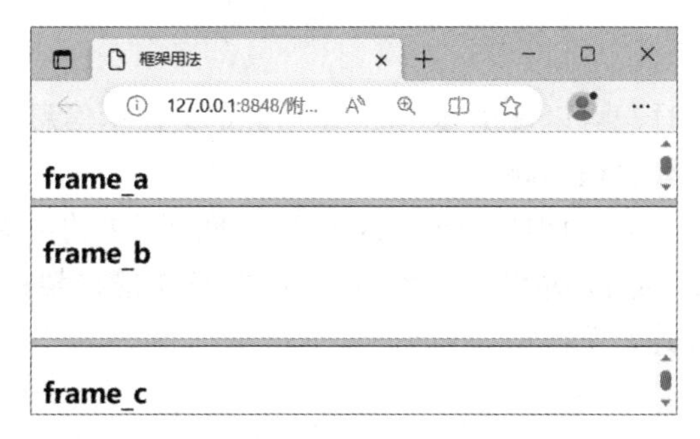

附图 1　按行排列的框架（显示效果）

1）新建 HTML 项目。

2）在项目下新建框架文件 frame_a.html，编写内容代码如下。

```
<body>
    <h3>frame_a</h3>
</body>
```

3）参考框架文件 frame_a.html 编写框架文件 frame_b.html 和 frame_c.html。

4）创建框架集文件 demo1.html，并编写代码如下。

```
<html>
    <head>
        <meta charset="utf-8">
        <title>框架用法</title>
    </head>
    <frameset rows="25%,50%,25%">
        <frame src="frame_a.html" />
        <frame src="frame_b.html" />
        <frame src="frame_c.html" />
    </frameset>
</html>
```

【例附 2】修改例附 1，使网页显示效果如附图 2 所示。

复制例附 1 的 HTML 项目，并重命名为 demo2，将框架集中的文件 demo1.html 重命名为 demo2.html，并将其属性名 rows 修改为 cols，即可实现框架的按列排列。

附图 2　按列排列的框架（显示效果）

3．noframes 元素

当浏览器不支持框架时，可以使用 noframes 元素定义提示信息，增加网页的可靠性，改善用户体验，提示信息必须放在 body 元素内。

【例附 3】修改例附 1，为其增加 noframes 元素，增加网页的可靠性，改善用户体验。

复制例附 1 的 HTML 项目，并重命名为 demo3，将其中的框架集文件 demo1.html 重命名为 demo3.html，并修改代码如下。

```
<html>
        <head>
                <meta charset="utf-8">
                <title>框架用法</title>
        </head>
        <frameset rows="25%,50%,25%">
                <frame src="frame_a.html" />
                <frame src="frame_b.html" />
                <frame src="frame_c.html" />
                <noframes>
                        <body>您的浏览器无法处理框架！</body>
                </noframes>
        </frameset>
</html>
```

【例附 4】使用框架实现导航，使网页显示效果如附图 3 所示，根据导航显示对应的内容，附图 3 为单击 frame_b 的显示效果。

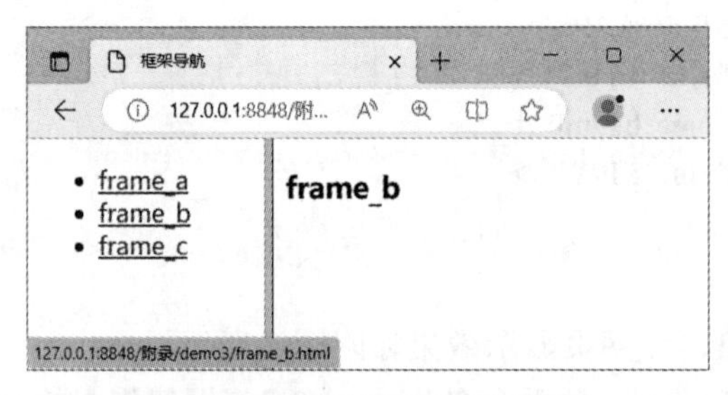

附图 3　框架导航（显示效果）

1)复制例附 1 的 HTML 项目，并重命名为 demo4。在项目中新建导航菜单文件 menu.html，编写内容代码如下。

```
<body>
	<ul>
		<li><a href="frame_a.html" target="view_frame">frame_a</a></li>
		<li><a href="frame_b.html" target="view_frame">frame_b</a></li>
		<li><a href="frame_c.html" target="view_frame">frame_c</a></li>
	</ul>
</body>
```

2）将其中的框架集文件 demo1.html 重命名为 index.html，并修改代码如下。

```
<html>
	<head>
		<meta charset="utf-8">
		<title>框架导航</title>
	</head>
	<frameset cols="160,*">
		<frame src="menu.html" />
		<frame src="frame_a.html" name="view_frame" />
	</frameset>
</html>
```

3）将 index.html 文件运行到浏览器。

要在框架中载入 a 元素链接的网页，a 元素的 target 属性值就必须设置为框架的名字，所以，这里 menu.html 文件中 a 元素的 target 属性取值为 index.html 文件中加载链接网页的 frame 元素的名字“view_frame”。

参考文献

[1] 刘培林，汪菊琴. HTML+CSS3+jQuery 网页设计案例教程[M]. 北京：电子工业出版社, 2021.

[2] 刘瑞新. 网页设计与制作教程——Web 前端开发[M]. 6 版. 北京：机械工业出版社, 2021.

[3] 黑马程序员. HTML5+CSS3 网站设计基础教程[M]. 2 版. 北京：人民邮电出版社, 2022.